Günther Valtinat

Aluminium im Konstruktiven Ingenieurbau

Günther Valtinat

Aluminium im Konstruktiven Ingenieurbau

Prof. Dr.-Ing. Günther Valtinat
Technische Universität Hamburg-Harburg
Denickestraße 15
21073 Hamburg

Umschlagbild: Auswahl aus Aluminium-Profilen und Verbindungen, G. Valtinat TUHH

Bibliografische Information Der Deutschen Bibliothek
Die Deutsche Bibliothek verzeichnet diese Publikation in der
Deutschen Nationalbibliografie; detaillierte bibliografische Daten
sind im Internet über <http://dnb.ddb.de> abrufbar.

ISBN 978-3-433-03365-4

© 2003 Ernst & Sohn
Verlag für Architektur und technische Wissenschaften GmbH & Co. KG, Berlin

Alle Rechte, insbesondere die der Übersetzung in andere Sprachen, vorbehalten.
Kein Teil dieses Buches darf ohne schriftliche Genehmigung des Verlages in irgendeiner Form – durch Fotokopie, Mikrofilm oder irgendein anderes Verfahren – reproduziert oder in eine von Maschinen, insbesondere von Datenverarbeitungsmaschinen, verwendbare Sprache übertragen oder übersetzt werden.

All rights reserved (including those of translation into other languages). No part of this book may be reproduced in any form – by photoprint, microfilm, or any other means – nor transmitted or translated into a machine language without written permission from the publisher.

Die Wiedergabe von Warenbezeichnungen, Handelsnamen oder sonstigen Kennzeichen in diesem Buch berechtigt nicht zu der Annahme, dass diese von jedermann frei benutzt werden dürfen. Vielmehr kann es sich auch dann um eingetragene Warenzeichen oder sonstige gesetzlich geschützte Kennzeichen handeln, wenn sie als solche nicht eigens markiert sind.

Printed and bound by CPI Group (UK) Ltd, Croydon, CR0 4YY

C9783433033654_170624

Vorwort

DIN 4113 ist seit 1958 die zuständige Norm-Bezeichnung für Entwurf, Berechnung, Bemessung und Konstruktion von Aluminiumbauwerken im Konstruktiven Ingenieurbau. Die erste Norm von 1958, unter Leitung von Prof. Weinhold in Hannover entwickelt, war der Anfang und die Grundlage bis zum Jahr 1980. Schon damals war das nicht lineare Werkstoffverhalten von Aluminium ein Punkt besonderer Untersuchungen, und es ist so geblieben bis heute. Seit 1980 gibt es die DIN 4113 Teil 1 für Entwurf, Berechnung, Bemessung und Konstruktion von ungeschweißten Konstruktionen aus Aluminium. Sie entstand unter der Obmannschaft von Prof. Dr.-Ing. Dr. sc. techn. h.c. Dr.-Ing. E.h. Otto Steinhardt von der Technischen Hochschule in Karlsruhe und vielen weiteren Fachleuten aus Karlsruhe, Darmstadt, Stuttgart, Düsseldorf, Singen und anderswoher.

Mit zunehmendem Interesse an dem Werkstoff und aufgrund der verstärkten nationalen und internationalen Forschung gab es zwei wichtige Neuerungen, die sich darin äußerten,

1. daß neben dem Teil 1 der DIN 4113 für ungeschweißte Aluminium-Konstruktionen auch ein Teil 2 für geschweißte Aluminium-Konstruktionen mit ihren festigkeitsreduzierten Wärmeeinflußzonen im Bereich von Schweißnähten vorbereitet wurde und

2. daß zum erstenmal in einer deutschen Norm der Traglastgedanke und die Nachweise mit Hilfe von Interaktionsformeln neben den herkömmlichen Nachweisformaten im zul σ-Niveau gleichberechtigt nebeneinander standen.

Eine starke Beeinflussung erhielt die deutsche Normungsarbeit durch die internationale Zusammenarbeit in der Technischen Kommission TC 2 „Aluminium Alloys Structures" der Europäischen Konvention der Stahlbauverbände, in der im Jahr 1978 unter dem Vorsitz von Prof. Dr.-Ing. Federico M. Mazzolani von der Universitá di Napoli Federico II in Neapel in langjähriger Arbeit die „European Recommendations for Aluminium Alloys Structures" geschaffen wurden. Diese Recommendations sind übrigens der Vorläufer des heutigen Eurocode 9 (ENV 1999-1-1) für Bauwerke in Aluminium. Durch die Mitgliedschaft von Prof. Steinhardt und mir in diesem Gremium seit 1973 bzw. 1974 war der internationale Einfluß auf die deutsche Normung für Aluminium gewaltig. Die DIN 4114 für Stahlbau, die mit ihrem ω-Verfahren für die Berechnung von Knickstäben seit 1952 und vorher sehr großen Impakt auf die Normungsarbeit in den anderen europäischen Ländern hatte, wurde langsam durch andere wissenschaftliche Entwicklungen, die Interaktionsnachweise im Traglastniveau in den Vordergrund stellten, abgelöst. Hierbei spielten die Forscher Massonet und Campus in Belgien eine überragende Rolle. Aus dieser internationalen Zusammenarbeit erwuchs die Idee, auch in Deutschland für die Stabilitätsberechnungen von Druckstäben Interaktionsnachweise aufzunehmen. Traditionell jedoch behielt das bewährte ω-Verfahren für die Stabilitätsberechnungen von Druckstäben als Grundidee der DIN 4114 von Klöppel parallel seine wichtige Stellung. Die große Schwierigkeit, zwei Berechnungsverfahren aufzunehmen, war, daß sich bei Fallberechnungen nach dem einen und nach dem anderen Verfahren nicht zwei nennenswert von einander verschiedene Belastbarkeiten ergeben durften. Man erzielte schließlich Einigkeit, das Berechnungsverfahren I und das Berechnungsverfahren II zum Nachweis von Druckstäben parallel aufzunehmen.

Der beabsichtigte Teil 2 der Norm DIN 4113 enthielt sehr viele Neuerungen zu den Festigkeiten einer Schweißnaht und der benachbarten Wärmeeinflußzone, die ganz frisch und erst in einem gewissen Rahmen durch entsprechende nationale und internationale Forschungen aufgeschlossen waren und die deshalb nicht wie in der sonstigen Normung, wo bewährte Vorgehensweisen normmäßig festgeschrieben werden, allgemein anerkanntes technisches Wissen waren. Zudem mußten alle Stabnachweise auf das Phänomen der Entfestigung in Schweißnahtbereichen umgestellt werden. Dies bewirkte, daß der Teil 2, mehrfach als Gelbdruck (Normentwurf) verbessert, der Öffentlichkeit vorgelegt und beraten wurde. Er blieb schließlich lange Gelbdruck und wurde durch die entsprechende amtliche Richtlinie des damaligen Instituts für Bautechnik für geschweißte Aluminium-Konstruktionen, für Schweißnahtfestigkeiten und für Schweißerprüfungen ergänzt.

Mit dem Teil 1, dem Gelbdruck des Teiles 2 und der IfBt-Richtlinie konnten Aluminium-Konstruktionen in Deutschland nach gültigen Vorschriften erstellt werden. Die Menge der Aluminium-Bauten blieb aber klein und auf bestimmte Aufgabenfelder begrenzt gegenüber Bauwerken aus Stahl oder anderen Baustoffen.

Mittlerweile sind auch im Zuge der Erarbeitung anderer nationaler und europäischer Aluminium-Vorschriften zahlreiche Neuerungen bekannt geworden, die durch Neubearbeitung der DIN 4113 dem Anwender zugänglich gemacht werden sollten. Hierunter fällt die Umstellung der Werkstoffbezeichnungen auf das amerikanische Dezimalsystem; dennoch werden die bisherigen deutschen Bezeichnungen, die sich auf die chemische Zusammensetzungen beziehen und die Legierungsanteile enthalten, parallel beibehalten. Darüber hinaus handelt es sich ganz wesentlich um die Ergänzung und Erweiterung der Werkstoffe, ihrer Festigkeitsangaben und ihrer zulässigen Spannungen für Bauteile und Lochleibungsdrücke bei hochfesten stählernen Schrauben. Mit dem Änderungsblatt A1 zu DIN 4113-1:1980-05, das 22 Seiten umfaßt und im Jahr 2002 herauskommen wird, und der endgültigen DIN 4113-2 „Berechnung geschweißter Aluminiumkonstruktionen", die ebenfalls im Jahre 2002 herauskommen wird, sind die Neuerungen verfügbar. Der zuständige NABau 08.07.00 hat sich entschieden, keine Umstellung der DIN 4113 auf das semiprobabilistische Sicherheitskonzept vorzunehmen, da zu erwarten ist, daß die zuständige Euro-Norm EN 1999 mit ihren Untergliederungen bald fertiggestellt sein wird. Aus DIN 4113-1 mit dem Änderungsblatt A1 und aus DIN 4113-2 wurden sämtliche Regelungen zu Herstellung und Ausführung herausgenommen, diese Angaben werden in einem weiteren Normenblatt DIN 4113-3 zusammengefaßt, das sich eng an die DIN 18800-7:2002-09 des Stahlbaus anlehnt und gleichzeitig auch Vorlage für die zuständige Arbeitsgruppe der europäischen Kommission CEN/TC 135 sein soll.

Auf internationalem Sektor wurde in der Unterkommission CEN/TC250/SC9 nach relativ kurzer und zügiger Bearbeitungszeit im Jahr 1997 der Eurocode 9 für Aluminium-Bauwerke fertiggestellt und 1998 als europäische Vornorm die ENV 1999-1-1, ENV 1999-1-2 und ENV 1999-2 in englisch, deutsch und französich herausgegeben. Die Vornorm ENV 1999-1-1 gilt allgemein für Aluminium-Bauwerke (Design of Structures), die Vornorm ENV 1999-1-2 gilt für Nachweise der Feuerwiderstandsdauern von Aluminium-Bauwerken (Fire Design) und die Vornorm ENV 1999-2 gilt für ermüdungsbeanspruchte Aluminium-Bauwerke (Structures Susceptible to Fatigue). Diese Vorschriften sind im Gegensatz zu den Eurocodes 2, 3 und 4 für Massivbau, Stahlbau und Verbundbau nicht als mit den deutschen Normen gleichrangige und verwendbare Bemessungsnormen eingestuft. Daher gab es in der Erprobungsphase auch keine effektiven Vergleichsanwendungen.

Dennoch hat jetzt nach einer dreijährigen Gültigkeitsdauer die sogenannte „conversion phase" begonnen, in der die Umschreibung der ENV in eine EN-Norm erfolgen muß. Diese conversion phase läuft zur Zeit. Darüber hinaus steht international im CEN/TC 135 die Schaffung einer europäischen Vorschrift „Execution and Erection" an, so daß aus der jetzigen ENV 1999-2 (Structures Susceptible to Fatigue) der umfangreiche Anteil über Herstellung und Ausführung herausgenommen werden kann.

Ich habe festgestellt, daß fortschrittliche Bauvorschriften heute nur noch international im Austausch und in Zusammenarbeit zwischen Herstellern, Anwendern, Wissenschaftlern und Bauaufsicht entstehen können. Auf dem Gebiet des Aluminiums ist dies in geradezu klassischer Weise erfolgt. Das vorliegende Buch soll für Anwender und Studierende den heutigen gesicherten Kenntnisstand der Aluminium-Bauweise darstellen sowie Hilfen bei Entwurf, Berechnung und Konstruktion geben. Es stellt einige Ausführungsbeispiele zusammen, aus welchen erkannt werden kann, daß nicht einfach die Übertragung der Stahlbaudenkweise auf den Entwurf mit Aluminium das Optimum ist, sondern daß durch das Aussehen, die Korrosionsfestigkeit, den nichtlinearen Spannungs-Dehnungs-Verlauf, die Aushärtbarkeit und die Entfestigung im engen Bereich von Schweißnähten etc. immer wieder Ideen gefragt sind, um die besonderen Vorteile dieses Werkstoffes zu nutzen und seine Nachteile zu beherrschen. Viele Architekten haben dies erkannt und überzeugen Bauherren von der vielseitigen Verwendbarkeit, der Individualität, der Schönheit und von den reduzierten Wartungserfordernissen von Bauwerken und Bauteilen aus Aluminium, selbst wenn dieser Werkstoff etwas teurer ist.

Meine wissenschaftliche Mitarbeiterin, Frau Dipl.-Ing. Ulrike Eberwien, hat die Völligkeitsmethode zur Ermittlung der nichtlinearen Momenten-Krümmungs-Beziehungen und des Tragmomentes von symmetrischen Aluminium-Querschnitten entwickelt und im Abschnitt 4.4 niedergelegt. Damit können für ungeschweißte und geschweißte, symmetrische Querschnitte der Klassen 1 und 2 relativ einfach und genau auch plastische Tragreserven nutzbar gemacht werden. Ich möchte ihr für diese Mithilfe beim Gelingen des Werkes bestens danken. Die technischen Zeichnungen wurden zum großen Teil von Frau Gudrun Hesse von der TUHH in sorgfältiger Ausführung erstellt, dafür danke ich ihr bestens. Ich danke auch den Firmen, die mir bei der Zusammenstellung des Bildmaterials von ausgeführten Bauwerken behilflich waren, und den Gesprächspartnern für ihre wertvollen Anregungen und Diskussionsbeiträge.

Hamburg, im Herbst 2002   Günther Valtinat

Inhaltsverzeichnis

1	**Einführung**	1
1.1	Allgemeines	1
1.2	Aluminium im Ingenieurbau	2
1.3	Überblick über Werkstoffe und Bezeichnungen	4
1.4	Wärmeeinflußzonen	4
1.5	Korrosionsfestigkeit	5
2	**Werkstoffe**	7
2.1	Aluminium-Legierungen	7
2.2	Werkstoff-Gesetze	12
2.3	Aluminium-Gußlegierungen	19
2.4	Werkstoffe für Verbindungsmittel	19
2.4.1	Schrauben, Muttern, Scheiben und Niete	19
2.4.2	Schweißzusatzwerkstoffe	22
2.4.3	Werkstoffgesetze der Wärmeeinflußzone (WEZ) und der Schweißnähte	22
2.4.4	Kleben	27
3	**Grundlagen der Berechnung und Bemessung**	29
3.1	Vorbemerkungen	29
3.2	Das moderne Bemessungskonzept mit Teilsicherheitsbeiwerten und Kombinationsfaktoren	30
3.2.1	Nachweis der Tragsicherheit	30
3.2.2	Nachweis der Gebrauchstauglichkeit, Teilsicherheitsbeiwerte, Kombinationsbeiwerte	32
4	**Bauteile**	35
4.1	Zugstäbe	35
4.2	Druckstäbe ohne Knickgefahr	38
4.3	Biegestäbe	38
4.3.1	Vorbemerkungen	38
4.3.2	Klasseneinteilung der Querschnitte	41
4.3.3	Elastische Grenzlast	42
4.3.4	Plastische Grenzlast	43
4.3.5	Dünnwandige Querschnitte mit lokaler Beulgefahr	44
4.3.6	Biegemoment und Querkraft	45
4.3.7	Versagen durch lokales Ausbeulen oder durch Instabilität	45
4.4	Die Völligkeitsmethode: Ein direktes Verfahren zur Ermittlung der Momenten-Krümmungs-Beziehung und des Tragmomentes eines symmetrischen Aluminiumquerschnittes	46
4.4.1	Einleitung	46
4.4.2	Biegemoment am Rechteckquerschnitt	46

4.4.3	Vereinfachte Berechnung von I-Querschnitten	48
4.4.4	Gültigkeit für andere symmetrische Querschnitte	51
4.4.5	Geschweißte Querschnitte	54
4.4.6	Zusammenfassung	58
4.5	Stabilitätsnachweise für Druckstäbe nach DIN 4113 Teil 1 und Teil 2	59
4.5.1	Einführung und Grundlagen	59
4.5.2	Spannungs-Dehnungs-Gesetz der DIN 4113 als dreiteiliger Sekantenzug	59
4.5.3	Tragmodell für die nichtlineare Spannungsverteilung in einem Querschnitt und Ermittlung des Widerstandes	61
4.5.4	Übergang auf den steglosen Querschnitt (Sandwich-Querschnitt)	64
4.5.5	Interaktionsformeln für den Knicknachweis nach DIN 4113 Teil 1, Rechnungsgang I	69
4.5.6	Biegedrillknicken	70
4.6	Druckstäbe	73
4.6.1	Allgemeines	73
4.6.2	Allgemeine Nachweisformel für das Stabilitätsversagen des planmäßig mittig gedrückten Stabes nach ENV 1999-1-1	75
4.6.3	Biege-Knicknachweis für den planmäßig mittig gedrückten Stab nach ENV 1999-1-1	75
4.6.4	Biege-Knicknachweis für den planmäßig außermittig gedrückten Stab nach ENV 1999-1-1	76
4.6.5	Biegedrillknicknachweis für den planmäßig mittig gedrückten Stab nach ENV 1999-1-1	79
4.6.6	Biegedrillknicknachweis für den planmäßig außermittig gedrückten Stab nach ENV 1999-1-1	79
5	**Lokales Beulen und Plattenbeulen**	**81**
5.1	Schlankheitsparameter β und Grenzwerte für die Einstufung in Querschnittsklassen	81
5.2	Nachweis einer dünnwandigen Stütze aus einem Rechteckhohlprofil unter Normalkraft- und Biegebeanspruchung nach DIN V ENV 1999-1-1: 1998	82
5.2.1	System, Querschnitt, Belastung und Nachweisformate	82
5.2.2	Zuordnung der Querschnitte zur Querschnittsklasse	84
5.2.3	Bemessungswiderstand auf Knicken um die y-y-Achse (starke Achse) für die reine Normalkraft N_{Ed}	87
5.2.4	Bemessungswiderstand auf Knicken um die y-y-Achse (starke Achse) für die kombinierte Einwirkung von Normalkraft N_{Ed} und Biegemoment $M_{y,Ed}$	88
5.2.5	Bemessungswiderstand auf Knicken um die z-z-Achse (schwache Achse) für die Einwirkung einer reinen Normalkraft N_{Ed}	89
5.2.6	Nachweis der Tragsicherheit des Stützenquerschnitts im Bereich der Schweißnähte an der Kopf- und Fußplatte	90

6	**Verbindungen**	91
6.1	Allgemeines	91
6.2	Geschraubte und genietete Verbindungen	93
6.2.1	Einführung und Wirkungsweise	93
6.2.2	Loch- und Randabstände	94
6.2.3	Scherverbindungen mit Kraftübertragung senkrecht zur Schraubenachse bzw. zur Nietachse	95
6.2.4	Zugverbindungen mit Kraftübertragung in Richtung der Schraubenachse bzw. der Nietachse	97
6.2.5	Kombinierte Beanspruchung von Schraubenverbindungen	98
6.2.6	Gleitfeste vorgespannte Verbindungen (GV-Verbindungen mit HV-Schrauben)	98
6.2.7	Kombinierte Beanspruchung vorgespannter Schraubenverbindungen durch Zug- und Scherkräfte	99
6.2.8	Kontaktkräfte	100
6.2.9	Lange Schraubenanschlüsse	101
6.2.10	Anschlüsse mit kombinierter Abscher- und Längskraftwirkung	102
6.2.11	Einschnittige Schraubenverbindungen	103
6.3	Augenstäbe und Bolzenverbindungen	104
6.4	Schweißverbindungen	106
6.4.1	Allgemeines	106
6.4.2	Schweißverfahren und Schweißnahtvorbereitungen für Verbindungen in Aluminium-Konstruktionen	106
6.4.3	Die Wärmeeinflußzone WEZ bei Schweißungen von Aluminium	108
6.4.4	Bemessungsformeln für Schweißverbindungen	111
6.4.4.1	Stumpfnähte	111
6.4.4.2	Kehlnähte	112
6.4.4.3	Tragsicherheitsnachweise in der WEZ bei Zugbeanspruchung	115
6.4.4.4	Tragsicherheitsnachweise in der WEZ bei Schubbeanspruchung	116
6.4.4.5	Kombinierte Scher- und Zugbeanspruchungen	118
7	**Konstruktive Hinweise**	119
7.1	Gewichtsvergleich zwischen Aluminium- und Stahlquerschnitten	119
7.2	Aluminiumkonstruktionen	125
7.2.1	Konstruktionen mit Schrauben- und Steckverbindungen	125
7.2.2	Aluminiumkonstruktionen mit Schweißverbindungen	132
Anhang	**Nichtlineare Momenten-Krümmungs-Beziehungen und plastische Momente von nicht geschweißten und geschweißten Aluminium-Profilen**	145
A.1	Einführung	145
A.2	Spannungs-Dehnungs-Diagramme für nicht geschweißten und geschweißten Aluminium-Werkstoff AlMgSi 1 (6062)	146
A.3	Momenten-Krümmungs-Beziehungen von nichtgeschweißten und geschweißten Aluminium-Querschnitten	152

| A.4 | Einfaches plastisches Moment M_{pl}, elastisches Moment M_{el} und Momente, die sich infolge Durchbiegungsbeschränkungen und Dehnungsbegrenzungen ergeben | 155 |
| A.5 | Schlußfolgerungen | 161 |

Literaturverzeichnis 163

Stichwortverzeichnis 167

1 Einführung

1.1 Allgemeines

Aluminium ist ein höchst attraktiver Werkstoff, der sich durch folgende Eigenschaften besonders auszeichnet:

- Glanz und Aussehen
- Leichtigkeit
- Vielfältigkeit der Profilformen
- Vielfältigkeit der Werkstoffe
- leichte Be- und Verarbeitbarkeit
- Schweißbarkeit
- hohe Festigkeit
- Dauerhaftigkeit
- höchste und hohe Korrosionsbeständigkeit
- einfache Oberflächenbehandlung mit zusätzlicher Farbgestaltung
- hohe Kerbschlagzähigkeit auch bei tiefen Temperaturen
- vollständig recyclebar

Durch seine besonderen Eigenschaften hat das Aluminium Architekten, Designer und Bauherren allzeit angezogen und zu speziellen Bauformen inspiriert.

Der Einsatz von Aluminium ist in sehr vielen Gebieten nicht mehr wegzudenken. Neben dem Konstruktiven Ingenieurbau sind es vor allem tragende und nicht tragende Ausbauelemente, die wegen ihrer hervorragenden vorgenannten Eigenschaften dauerhaft und schön gestaltet werden können. Weitere Anwendungsfelder sind das Transportwesen, wobei neben den Fahrzeugen selbst – z.B. PKW, LKW, U-Bahnwagen, S-Bahnwagen, Eisenbahnwagen, Schiffe – insbesondere Behältnisse für Waren und Güter aus Aluminium gefertigt werden. Erwähnt sei ferner das sehr wichtige und vielfältige Gebiet des Flugzeugbaus, dem aber andere Legierungswerkstoffe und andere Grundsätze zugrundegelegt werden. Auf die vielen weiteren Anwendungsgebiete außerhalb des eigentlichen Ingenieurwesens mit seinen tragenden und nicht tragenden Konstruktionselementen, z.B. das Verpackungswesen sei hingewiesen.

Entwurf, Berechnung und Konstruktion von Aluminiumbauteilen können nur von Ingenieuren und Konstrukteuren mit Erfahrungen und ausgezeichneten Kenntnissen dieses Werkstoffes fachgerecht vorgenommen werden. Die einfache Übertragung der Kenntnisse, Bauformen, Verarbeitungsmethoden, Transport- und Montageverfahren aus dem Stahlbau auf den Aluminiumbau führt nicht zur optimalen Nutzung dieses Werkstoffes. Es ist vielmehr nötig, daß spezielle Fachkenntnisse, Technologien und Bearbeitungsverfahren genutzt werden, um den Werkstoff Aluminium optimal zu nutzen.

Aluminium wird aus Bauxit gewonnen. Dieser Rohstoff ist in der Erdoberfläche in großen Mengen vorhanden, ein Zurneigegehen ist zur Zeit nicht absehbar. Zur Gewinnung von Aluminiumwerkstoffen für die oben genannten Anwendungsgebiete ist es erforderlich, nach vorgeschalteten chemischen Prozessen das Aluminium durch Elektrolyse aus der Tonerde zu gewinnen. Für diese Elektrolyse werden große Mengen

Strom gebraucht, deshalb ist der Preis des Aluminiums eng mit den Strompreisen gekoppelt. Aluminiumwerke haben sich frühzeitig durch Einkaufen in Wasserkraftwerke und sonstige Kraftwerke günstigere Strompreise gesichert. Manche Länder sind durch ihre reichhaltigen Wasserkraftenergien besonders im Vorteil bei der Herstellung von Aluminium.

1.2 Aluminium im Ingenieurbau

Die Verwendung von Aluminium-Legierungen bei tragenden Bauteilen führt zu schönen, sicheren und dauerhaft nutzbaren Konstruktionen. Aus diesem Grunde bestehen seit vielen Jahren in den entsprechenden Industrieländern Werkstoffnormen und Berechnungsnormen auf den verschiedensten Gebieten.

Im Zuge der Europäisierung des Marktes hat die EAA (European Aluminium Association) beschlossen, wie für andere Werkstoffgebiete auch, einen Eurocode 9 „Design of Aluminium Structures" zu erarbeiten. Seit 1993 ist CEN/TC 250/SC9 mit dieser Arbeit betraut. Der erste Entwurf für eine formale Abstimmung ist im Februar 1997 an die nationalen Standardisierungsorganisationen (z.B. DIN) versandt worden und lag der Öffentlichkeit zur Diskussion vor. Inzwischen wurde im CEN/TC 250/SC9 das „formal voting" durchgeführt, mit 100%iger Zustimmung der beteiligten Länder, damit existiert jetzt die ENV 1999-1-1, ENV 1999-1-2 und ENV 1999-2.

Vorläufer dieser europäischen Bestrebungen für einen Eurocode 9 ist die EKS (Europäische Konvention für Stahlbau) TC 2 (Technical Committee 2) „Aluminium Alloys Structures". Hier wurden in vielen Jahren Empfehlungen erarbeitet, die zwar keinen bindenden Charakter für nationale Normungsinteressen hatten, die aber bei der Überarbeitung der nationalen Normen sehr oft als Grundlage herangezogen wurden. Schon hierdurch wurde eine gewisse Vorharmonisierung der nationalen Normen in den europäischen Ländern über viele Jahre erreicht bzw. erleichtert.

Die wichtigsten Abschnitte dieser Berechnungsnormen umfassen folgende Teilgebiete:

1. Anwendungsgebiete
2. Grundprinzipien für Entwurf, Berechnung und Konstruktion von Aluminiumbauwerken
3. Legierungen
4. Gebrauchstauglichkeitsnachweise
5. Tragfähigkeitsnachweise
6. Verbindungen, hierunter zählen vor allem geschraubte Verbindungen, Schweißverbindungen, geklebte Verbindungen, hybride Konstruktionen
7. Herstellung und Montage
8. Tragfähigkeitsnachweise durch experimentelle Untersuchungen

Es wurden weitere Teile des Eurocode 9 wie folgt erarbeitet:

Feuerwiderstandsberechnungen von Aluminiumbauwerken (ENV 1999-1-2 [2])
Ermüdungsnachweis bei Aluminiumbauwerken (ENV 1999-2 [2])

Der Eurocode 9 wurde jetzt nach Zustimmung aller beteiligten Länder als ENV 1999 in den drei offiziellen Sprachen englisch, deutsch und französisch herausgegeben. Die Umsetzungsphase in den EN 1999 durch CEN/TC250/SC9 hat gerade begonnen. Der Zeitplan sieht vor, daß dies in zwei Jahren abgeschlossen sein soll.

1.2 Aluminium im Ingenieurbau

Der Eurocode 9 erfordert als Grundnorm eine erhebliche Anzahl von Anwendungsnormen aus den verschiedensten Gebieten, die deren spezielle Erfordernisse berücksichtigen. Insbesondere sind sehr viele Bezugsnormen zu Aluminium-Werkstoffen zitiert.

Der Eurocode 9 „Design of Aluminium Structures" folgt in seiner Konzeption und Gliederung den anderen europäischen Grundnormen:

ENV 1991:	Grundlagen und Belastungen
ENV 1992:	Massivbau
ENV 1993:	Stahlbau
ENV 1994:	Verbundbau
ENV 1995:	Holzbau
ENV 1996:	Mauerwerksbau
ENV 1997:	Gründungen
ENV 1998:	Erdbeben

Aus diesem Grunde wurde insbesondere das Sicherheitskonzept aus ENV 1993-1-1: 1992: Stahlbau im wesentlichen übernommen. Mit diesem Konzept wird sichergestellt, daß Bauteile und Bauwerke aus Aluminium sicher sind und ihre Gebrauchstauglichkeit behalten.

Dieses Sicherheitskonzept legt fest, daß sämtliche Tragfähigkeitsnachweise auf dem Bemessungslastniveau mit Lasten, bzw. Einwirkungen, die um die maßgebenden Teilsicherheitsbeiwerte γ_F erhöht sind, geführt werden. Die Teilsicherheitsbeiwerte für belastende Einwirkungen liegen in der Größenordnung von 1,35 und 1,5, für entlastende Belastungen liegen sie in der Größenordnung von 0,9 bis 1,0. Sind zwei oder mehr unabhängige, nicht ständige Lasten zu berücksichtigen, so darf auf der Basis der Wahrscheinlichkeit des Zusammentreffens der Höchstwerte aller nicht ständigen Lasten mit Hilfe von Kombinationsfaktoren ψ eine Ermäßigung vorgenommen werden. Die Kombinationsfaktoren bewegen sich in der Größenordnung von 0,9 und geringer. Fachnormen können andere Werte festlegen. Die mit den Bemessungslasten errechneten Spannungen in Querschnitten bzw. Schnittgrößen in Bauteilen bzw. Gesamtkonfigurationen der Lasten auf Bauwerke werden den Beanspruchbarkeiten gegenübergestellt. Die Beanspruchbarkeiten ergeben sich in der Regel aus dem maßgebenden Querschnittswert, einem Festigkeitswert und einem Teilsicherheitsbeiwert γ_M, der Systemungenauigkeiten und nicht erfaßte Unwägbarkeiten bei der Festigkeitsangabe berücksichtigt. Der Teilsicherheitsbeiwert γ_M für das Bemessungslastniveau auf der Widerstandsseite liegt in der Regel zwischen 1,1 für Bauteile und 1,25 für Verbindungen.

Der Gebrauchstauglichkeitsnachweis soll sicherstellen, daß Bauteile und Bauwerke aus Aluminium über die Nutzungsdauer gebrauchsfähig bleiben. Dazu ist erforderlich, daß z.B. große Durchbiegungen und Verformungen, nachteiliges Schwingungsverhalten, Störung des Aussehens durch Beulen etc. vermieden werden. Die Gebrauchstauglichkeitsnachweise werden mit den Gebrauchslasten und in der Regel verminderten, elastischen Tragfähigkeiten nachgewiesen.

1.3 Überblick über Werkstoffe und Bezeichnungen

Der Werkstoff Aluminium liegt seit jeher in einer umfangreichen Legierungspalette vor. Ein wichtiges Unterscheidungsmerkmal ist die folgende Eigenschaft:

- kalt oder warm aushärtbar
- nicht aushärtbar

Im Kapitel 2 – „Werkstoffe" – werden hierzu detaillierte Angaben gemacht. Die Werkstoffestigkeiten aushärtbarer Werkstoffe werden nach der Herstellung der Profile durch Kaltauslagern oder durch Warmauslagern je nach Zeit und Temperatur erheblich angehoben. Bei nicht aushärtbaren Legierungen bleiben die Festigkeiten durch Lagern unverändert. Die Verfestigung der Werkstoffe durch Kaltauslagern oder durch Warmauslagern kann in verschiedene Höhen getrieben werden. Zustände wie T6 sind in der Regel Zustände mit der größten Steigerungsrate in den Festigkeitswerten; Zustände w bedeuten weich.

In Deutschland wurden über Jahrzehnte die Legierungen so bezeichnet, daß man die wichtigsten Elemente und die Festigkeit erkennen konnte: AlMgSi1 F32 bedeutete, daß neben Aluminium die Legierungselemente Mg und Si in bestimmten Konzentrationen vorhanden sind und daß die Festigkeit des Werkstoffes 320 N/mm^2 betrug. Die Festigkeitsangaben waren abhängig von der Form des Halbzeuges, z. B. Bleche, Rohre oder Profile, und von der Erzeugnisdicke. Diese Bezeichnung, die auch in Frankreich und anderen europäischen Ländern über lange Zeit beibehalten wurde, wird im Eurocode 9 durch die vierstellige numerische Bezeichnung nach dem amerikanischen Numerierungssystem ersetzt. Fachleute können an der 1000er-Ziffer sofort erkennen, ob es sich um ein nicht aushärtbares oder ein aushärtbares Material handelt, und, welche Legierungselemente zugesetzt wurden. Im Kapitel 2 – Werkstoffe – wird eine Übersetzungstabelle zwischen ehemaliger deutscher und neuer numerischer Bezeichnung angegeben, die dem neuen Eurocode 9 [2] entnommen ist. Die Nummern 1xxx bis 3xxx gelten für die niedrigfesten Mg-Legierungen, die 5xxxer-Nummern stehen für wesentliche Mn-Anteile, die 6xxxer-Nummern kennzeichnen wesentliche Mg-Si-Anteile und die 7xxx-Nummern sind i. w. für Zn-Anteile reserviert (vgl. Tabelle 2-1).

1.4 Wärmeeinflußzonen

Alle kalt ausgehärteten oder warm ausgehärteten Legierungen erfahren durch Wärmebeeinflussung eine Reduktion ihrer Festigkeit auf ein niedrigeres Niveau. Demzufolge bewirken insbesondere Schweißungen an Aluminiumbauteilen eine Beeinträchtigung der Beanspruchbarkeit. Die Wärmeeinflußzone um Schweißnähte herum liegt in der Größenordnung von 25 bis 30 mm zu jeder Seite der Schweißnaht, in diesem Bereich ist in der Berechnung sprunghaft eine verminderte Festigkeit anzunehmen. In Wirklichkeit hat der Festigkeitsverlauf von der Naht zum unbeeinflußten Werkstoff hin einen kontinuierlichen Verlauf, dieser wird aber in der Berechnung durch die Einführung der diskreten WEZ (Wärmeeinflußzone) in Rechnung gestellt.

Die ungewollte Festigkeitsreduktion von Aluminiumquerschnitten mit Schweißungen erfordert besonderes Können bei Entwurf und Konstruktion, denn durch geschickte Anordnung der Schweißnähte kann die Beeinträchtigung der Beanspruchbarkeiten von Querschnitten erheblich positiv beeinflußt werden.

Bei normalkraft- und biegebeanspruchten Stäben mit Spannungen in Längsrichtung des Stabes unterscheidet man zwischen Längsnähten und Quernähten. Während Längsnähte innerhalb des Querschnitts lediglich in einigen Bereichen, nämlich den WEZ, Festigkeitsreduktionen bewirken, können Quernähte den gesamten Querschnitt beeinträchtigen. Es kommt also darauf an, Quernähte nicht innerhalb eines einzigen Querschnitts anzuordnen, sondern schräg oder versetzt.

Die Festigkeitsbeeinflussung von Querschnitten oder Querschnittsteilen durch Schweißnähte mit Mehrlagennähten kann besonders dadurch gemildert werden, daß man zwischen den einzelnen Lagen eine ausreichende Abkühlphase einschaltet. Hierdurch werden die Aufheizbereiche und damit die Festigkeitsbeeinträchtigung beschränkt.

1.5 Korrosionsfestigkeit

Der Werkstoff Aluminium ist durch seine hohe Korrosionsfestigkeit in den meisten Anwendungsgebieten besonders beliebt. So werden z. B. bestimmte Legierungen im Bereich von Straßenschildern und Autobahnschilderbrücken ohne weiteren Anstrich oder Schutz verwendet, ohne daß die winterliche Besprühung mit Streusalz irgendwelche Schäden anrichten kann. Andere Werkstoffe, selbst feuerverzinkte Stahlbauteile, versagen hier durch Korrosionsbefall.

Bei manchen Legierungen und bei speziellen aggressiven Atmosphären werden auch für Aluminiumlegierungen Schutzmaßnahmen empfohlen. Diese können z. B. Beschichten oder Eloxieren o. ä. sein. Um auch hinsichtlich der Korrosionssicherheit zufriedenstellende Ergebnisse zu erzielen, präsentiert der Eurocode 9 Anwendungstabellen mit entsprechenden Kennzeichnungen von zusätzlich empfohlenen Korrosionsschutzmaßnahmen. An diese Regeln sollte man sich unbedingt halten.

ALCAN EXTRUDED PRODUCTS

Alcan Singen GmbH

Ihr Partner
im Ingenieurbereich für
Profile und Großprofile

Auf Nummer Sicher gehen!

Aluminium-Begehplanken und -Treppenstufen verbinden anspruchsvolle Ästhetik und zuverlässige Funktion dauerhaft. Modernste Strangpreßtechnologie und ein über Jahrzehnte gewachsenes Know-how machen es möglich.

Die Multifunktionsprofile von Alcan Singen mit längsgerillter und quergefräster Oberfläche garantieren hohe Rutschsicherheit, Korrosionsbeständigkeit, hervorragende Steifigkeitswerte und ein dekoratives Design.

Mit diesen und weiteren Vorteilen hat sich der bewährte Konstruktionswerkstoff Aluminium in Architektur und Industrie ein breites Anwendungsspektrum geschaffen.

ALCAN EXTRUDED PRODUCTS
Alcan Singen GmbH
78221 Singen/Htwl.

**Informationen und
technische Beratung:**
Tel.   0 77 31 / 80 - 27 03
Fax   0 77 31 / 80 - 36 60
e-mail eberhard.boelle@alcan.com
www.stepsandplanks.com

2 Werkstoffe

2.1 Aluminium-Legierungen

Das reine Aluminium aus der Elektrolyse benötigt zusätzliche Legierungselemente, um bestimmte Eigenschaften des Werkstoffes in der Anwendung zu sichern. Wir beschäftigen uns in diesem Beitrag mit Aluminium-Legierungen, die auf diese Weise höhere Festigkeiten, höhere Duktilitäten, bessere Schweißbarkeit, besseren Korrosionswiderstand usw. entwickeln. Der reine Aluminiumwerkstoff ist bei Bauteilen aus den vorgenannten Bereichen nicht verwendbar.

Die Tabelle 2-1 enthält die in Europa gängigsten Legierungen sowohl in der numerischen Bezeichnung als auch in der chemischen Bezeichnung. Es sind ferner die Produktformen und die Dauerhaftigkeit gekennzeichnet.

Zunächst sollen die wichtigen mechanischen Eigenschaften des Werkstoffes Aluminium mitgeteilt werden:

- Elastizitätsmodul $\quad E = 70\,000$ N/mm^2
- Schubmodul $\quad G = 27\,000$ N/mm^2
- Querdehnungszahl $\quad \mu = 0{,}3$
- linearer Temperaturausdehnungskoeffizient $\quad \alpha_{th} = 23 \cdot 10^{-6}$ 1/°C
- Dichte $\quad \rho = 2\,700$ kg/m^3

Im neuen Sicherheitskonzept werden die Beanspruchbarkeiten aus den Festigkeitsdaten der Werkstoffe entwickelt. Hier hat es sich allgemein eingebürgert, daß die charakteristischen Werte für die 0,2%-Grenze (siehe Abschnitt 2.2) und für die Zugfestigkeit als 5%-Quantile zugrundegelegt werden. Da diese 5%-Quantilen für die verschiedenen Werkstoffe noch nicht festgelegt sind, wird heute allgemein der garantierte Mindestwert der 0,2%-Grenze $f_{0,2}$ und der garantierte Mindestwert der Zugfestigkeit f_u diesen 5%-Quantilen gleichgesetzt. Diese garantierten Mindestfestigkeitswerte sind althergebracht und haben in der bisherigen Berechnungs- und Bemessungspraxis gute Ergebnisse erzielt. Der Eurocode 9 [2] wie auch die DIN 4113 Teil 1 [3] legen diese garantierten Mindestfestigkeitswerte fest. Die Tabelle 2-2 enthält diese mechanischen Kennwerte in Abhängigkeit von der Legierung, vom Aushärtungszustand und von der Materialdicke für Bleche. Die Tabelle 2-3 enthält diese Werte für stranggepreßte Profile, Rohre, Stäbe und gezogene Rohre. Die Tabelle 2-4 enthält diese Festigkeitsangaben für geschweißte Rohre und die Tabelle 2-5 für Preßteile.

Tabelle 2-1
Aluminiumlegierungen für Halbzeuge
Anwendungsfelder und korrespondierende Bezeichnungen

Legierung		Bezeichnung nach DIN 1725	Produktform	Dauer-haftig-keit[1]
Werkstoff-nummern	Chemische Bezeichnung			
EN AW-3004	EN AW-Al Mn1Mg1	AlMn1Mg1		k. A.
EN AW-3005	EN AW-Al Mn1Mg0,5	AlMn1Mg0,5		k. A.
EN AW-3103	EN AW-Al Mn1	AlMn1	SH, ST, PL, ET	A
EN AW-5005 EN AW-5005A	EN AW-Al Mg1	AlMg1		k. A.
EN AW-5029	EN AW-Al Mg2Mn0,8	AlMg2Mn0,8		k. A.
EN AW-5052	EN AW-Al Mg2,5		SH, ST, PL	A
EN AW-5083	EN AW-Al Mg4,5Mn0,7	AlMg4,5Mn	SH, ST, PL, ET, S, EP, ER/B, DT FO	A
EN AW-5454	EN AW-Al Mg3Mn		SH, ST, PL	A
EN AW-5754	EN AW-Al Mg3		SH, ST, PL, FO	A
EN AW-6060	EN AW-Al MgSi	AlMgSi0,5	ET, EP, ER/B, DT	B
EN AW-6061	EN AW-Al Mg1SiCu	AlMg1SiCu	SH, ST, PL, ET, EP, ER/B, DT	B
EN AW-6063	EN AW-Al Mg0,7Si	nicht vorhanden	ET, EP, ER/B, DT	B
EN AW-6005	EN AW-Al SiMg(A)	AlMgSi0,7	EP	B
EN AW-6082	EN AW-Al Si1MgMn	AlMgSi1	SH, ST, PL, ET, EP, ER/B, DT, FO	B
EN AW-6106	EN AW-Al MgSiMn	nicht vorhanden		k. A.
EN AW-7020	EN AW-Al Zn4,5MgCu	AlZn4,5Mg1	SH, ST, PL, ET, SEP, ER/B, DT	C

SH – Blech (0,2 bis 3,0 mm dick)
ST – Flachmaterial
PL – Blech (3,0 bis 25 mm dick)
ET – stranggepreßte Rohre
EP – stranggepreßte Profile
SEP – einfache stranggepreßte Profile
ER/B – stranggepreßte Stäbe
DT – gezogene Rohre
FO – Preßteile

[1] Die Einstufung nach Dauerhaftigkeitsklassen bedeutet:
A: hervorragend, B: befriedigend bis gut, C: weniger gut bis mäßig [2], k. A.: keine Angabe.

2.1 Aluminium-Legierungen

Tabelle 2-2
Als charakteristische Werte festgelegter garantierter Mindestwert der 0,2-Grenze $f_{0,2k}$ und der Zugfestigkeit f_{uk} für Aluminiumhalbzeuge, Bleche und Flachmaterial

Legierung	Aushärtungs-zustand	Dicke mm über	Dicke mm bis zu	$f_{0,2k}$ 0,2%-Grenze N/mm²	f_{uk} Zugfestigkeit N/mm²	A_{50} Zugdehnung mindestens %
EN AW-3103	H14	0,2	25	120	140	2
EN AW-3103	H18	0,2	4	145	160	1
EN AW-5052	H12	0,2	4	160	210	4
EN AW-5052	H14	0,2	2	180	230	3
EN AW-5454	O/H111	0,2	8	85	215	12
EN AW-5454	H24/H34	0,2	25	200	270	5
EN AW-5754	O/H111	0,2	100	80	190	12
EN AW-5754	H24/H34	0,2	25	160	240	6
EN AW-5083	O/H111	0,2	50	125	275	11
EN AW-5083	O/H111	50	80	115	270	14
EN AW-5083	H24/H34	0,2	25	250	340	4
EN AW-6061	T4	0,4	12,5	110	205	12
EN AW-6061	H24/H34	0,4	12	140	290	6
EN AW-6082	T4	0,4	12	110	205	14
EN AW-6082	T6	0,4	6	260	310	6
EN AW-6082	T6	6	12,5	255	300	9
EN AW-6082	T651	12	100	240	295	8
EN AW-7020	T6	0,4	12,5	280	350	7
EN AW-7020	T651	12,5	40	280	350	6[1]

[1] Bezogen auf A, nicht auf A_{50}

Anmerkung: Die Mindestzugdehnung gilt nicht für den gesamten Dickenbereich, sondern allgemein mehr für das dünnere Material. Größere Werte der Zugdehnung treten gewöhnlich bei dickerem Material auf. Aktuelle Werte können Bezugsnormen entnommen werden.

Tabelle 2-3
Als charakteristische Werte festgelegter garantierter Mindestwert der 0,2-Grenze $f_{0,2k}$ und garantierte Mindestzugfestigkeit f_{uk} für Halbzeug – stranggepreßte Profile, Rohre, Stäbe und gezogene Rohre

Legierung	Produktform	Aushärtungszustand	Dimension t Wanddicke oder Dicke mm	$f_{0,2k}$ 0,2%-Grenze N/mm²	f_{uk} Zugfestigkeit N/mm²	A Mindestzugdehnung %
EN AW-5083	ET, EP, ER/B	F, H112	t ≤ 20	110	**260**	12
	DT	H12, H22 H32	t ≤ 10	200	280	6
	DT	H14, H24 H34	t ≤ 5	235	300	4
EN AW-6060	EP, ET, ER/B	T5	t ≤ 5	**120**	**160**	8
	EP	T5	5 < t ≤ 25	100	140	8
	ET, EP, ER/B	T6	t ≤ 15	**140**	**170**	8
	DT	T6	t ≤ 20	160	215	12
EN AW-6061	ET, EP, ER/B, DT	T6	t ≤ 20	240	**260**	**8**
EN AW-6063	EP, ET, ER/B	T5	t ≤ 3	**130**	**175**	8
	EP	T5	3 < t ≤ 25	110	160	**7**
	ET, EP, ER/B	T6	t ≤ 10	170	215	**8**
	DT	T6	t ≤ 20	190	220	10
EN W-6005A	EP/O	T6	t ≤ 5	225	270	8
	EP/O	T6	5 < t ≤ 10	215	260	8
	EP/O	T6	10 < t ≤ 25	200	250	8
	EP/H	T6	t ≤ 5	215	255	8
	EP/H	T6	5 < t ≤ 10	200	250	8
EN AW-6082	EP, ET, ER/B	T4	t ≤ 25	110	205	14
	EP/O, EP/H	T5	t ≤ 5	230	270	8
	EP/O, EP/H ET	T6	t ≤ 5	250	290	8
	EP/O, EP/H ET	T6	5 < t ≤ 25	260	310	10
	ER/B	T6	t ≤ 20	250	295	8
	ER/B	T6	20 < t ≤ 150	260	310	8
	DT	T6	t ≤ 5	255	310	8
	DT	T6	5 < t ≤ 20	240	310	10
EN AW-7020	EP/ER/B, DT, ET	T6	t ≤ 15	**280**	350	10

Fußnote siehe S. 11

2.1 Aluminium-Legierungen

Tabelle 2-4
Als charakteristische Werte festgelegter garantierter Mindestwert der 0,2-Grenze $f_{0,2k}$ und garantierte Mindestzugfestigkeit f_{uk} für Halbzeuge – Elektrisch geschweißte Rohre

Legierung	Aushärtungs-zustand	$f_{0,2k}$ 0,2%-Grenze N/mm²	f_{uk} Zugfestigkeit N/mm²	A Bruchdehnung mindestens %
EN AW-3103	Hx65	150	170	3
	Hx85	170	190	2

Tabelle 2-5
Als charakteristische Werte festgelegter garantierter Mindestwert der 0,2-Grenze $f_{0,2k}$ und garantierte Mindestfestigkeit f_{uk} für Halbzeuge – Preßteile

Legierung	Aushärtungs-zustand	Obergrenze der Dicke mm	Richtung	$f_{0,2k}$ 0,2%-Grenze N/mm²	f_{uk} Zugfestigkeit N/mm²	A Bruchdehnung mindestens %
EN AW-5754	H112	150	L	80	180	15
EN AW-5083	H112	150	L	120	270	12
			T	110	260	10
EN AW-6082	T6	100	L	260	310	6

Fußnote zu Tabelle 2-3

EP   – stranggepreßte Profile
EP/O – stranggepreßte offene Profile
EP/H – stranggepreßte Hohlprofile
ET   – stranggepreßte Rohre
ER/B – stranggepreßte Stäbe
DT   – gezogene Rohre

Anmerkung 1: Bei fettgedruckten Werten dürfen größere Dicken und höhere mechanische Festigkeitswerte angewendet werden, hierzu vergleiche man Bezugsnormen.
Anmerkung 2: Bei fettgedruckten Mindestbruchdehnungen sind höhere Werte für einige Profilnormen und andere Dicken möglich.
Anmerkung 3: In Fällen stranggepreßter Erzeugnisse mit den obengenannten Dickenbereichsangaben dürfen die höheren Werte verwendet werden, wenn der Hersteller dieses durch einen Qualitätsnachweis belegt.

2.2 Werkstoff-Gesetze

Das Werkstoff-Gesetz von Aluminium-Legierungen unterscheidet sich wegen seines frühzeitigen nichtlinearen Verlaufs grundsätzlich von dem Werkstoff-Gesetz für Stahl. Der Spannungs-Dehnungs-Verlauf im σ-ε-Diagramm hat je nach Aushärtungsgrad einen längeren oder kürzeren anfänglichen quasi linearen Verlauf, der mit der Steigung entsprechend dem Elastizitätsmodul E = 70000 N/mm² beginnt und bald nichtelastisch nichtlinear wird (vgl. Bild 2-1a). Nach dem nichtlinearen Abknicken des σ-ε-Gesetzes gibt es nicht einen horizontalen Verlauf, wie es die Streckgrenze bei Stahl darstellt, sondern die Linie steigt weiter langsam an bis zum Versagen. Abgeleitet von der 0,2%-Grenze bei bestimmten höherfesten Stählen wurde auch für Aluminium-Legierungen mit $f_{0,2}$ die 0,2%-Grenze eingeführt. Es handelt sich dabei um diejenige Spannung, bei der nach völliger Entlastung eine Dehnung von 0,2% als bleibende Dehnung zurückbleibt. Die Entlastungskurve verläuft von jedem Punkt aus gewöhnlich geradlinig unter einer Steigung, die dem E-Modul entspricht. Ganz analog können auch andere Grenzwerte, z. B. mit $f_{0,1}$ die 0,1%-Grenze oder mit $f_{1,0}$ die 1%-Grenze festgelegt werden.

Ziel der Forschung war es lange Zeit, die in experimentellen Untersuchungen gefundenen σ-ε-Verläufe von Aluminium-Legierungen durch mathematische Formulierungen darzustellen. Dabei sind die verschiedenen Streuungen zu beachten. Um eine rechnerische Basiskurve aus einem Büschel von σ-ε-Kurven aus Proben gleichen Werkstoffs herauszudestillieren, bedarf es vieler Überlegungen, die die Tragsicherheit und die Ökonomie bei der Anwendung in Bauteilen berücksichtigen müssen. So haben sich verschiedene Formen der Angleichung herausgebildet wie z.B.:

– der zweiteilige Sekanten- oder Tangentenzug (Bild 2-1b)
– der dreiteilige Sekanten- oder Tangentenzug (Bild 2-1c)
– Potenzfunktionen
– abschnittsweise Funktionen (Bild 2-1d)
– das Ramberg-Osgood-Gesetz

Das Bild 2-2 zeigt experimentell ermittelte σ-ε-Verläufe von drei verschieden festen, nicht aushärtbaren und aushärtbaren Werkstoffen. Man erkennt, daß das Ramberg-Osgood-Gesetz (ausgezogene Linien) die wirklichen Versuchsergebnisse als untere Grenzlinie sehr genau annähert. Deshalb wird dieses Gesetz heute bei detaillierteren Berechnungen mit finiten Elementen – insbesondere im Stabilitätsbereich – sehr oft angewendet. Es vermeidet durch seine Eigenschaft, daß die Kurve ständig – wenn auch in großen Dehnungsbereichen nur wenig – steigt, daß im Traglastbereich Instabilitäten in den Iterationsschleifen auftreten.

Das kontinuierliche Ramberg-Osgood-Gesetz in der Form $\varepsilon = \varepsilon(\sigma)$ präsentiert sich ursprünglich in der Form:

$$\varepsilon = \frac{\sigma}{E} + 0{,}002 \left(\frac{\sigma}{B}\right)^n \tag{2-1}$$

wobei E der Elastizitätsmodul ist, B und die Hochzahl n sind aus Versuchsergebnissen zu bestimmen. Die detaillierte Ableitung des Ramberg-Osgood-Gesetzes für Aluminium findet sich in [1], sie führt zu folgendem Ausdruck:

$$\varepsilon = \frac{\sigma}{E} + 0{,}002 \left(\frac{\sigma}{f_{0,2}}\right)^n \tag{2-2}$$

2.2 Werkstoff-Gesetze

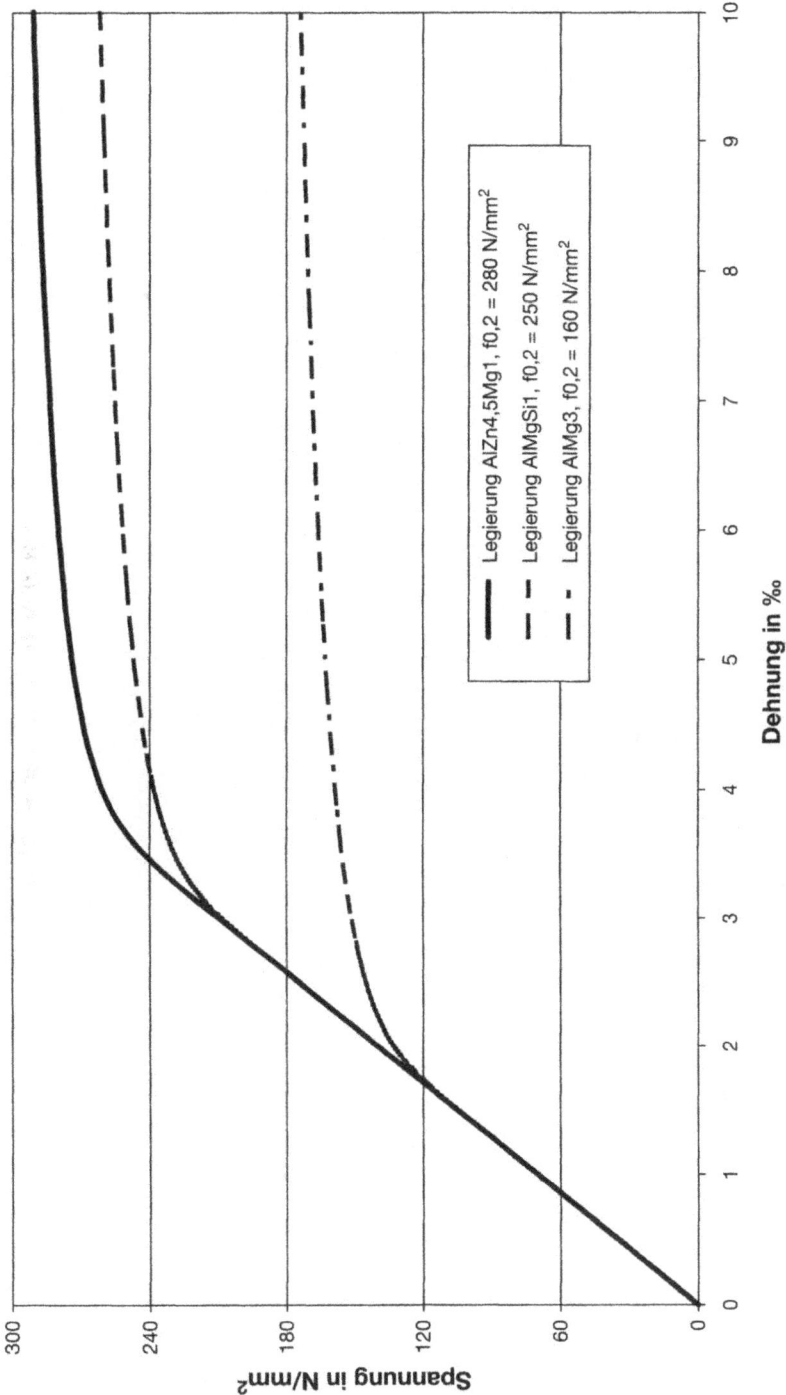

Bild 2-1a
Nichtlineare nichtelastische Spannungs-Dehnungs-Linien verschieden fester Aluminium-Legierungen

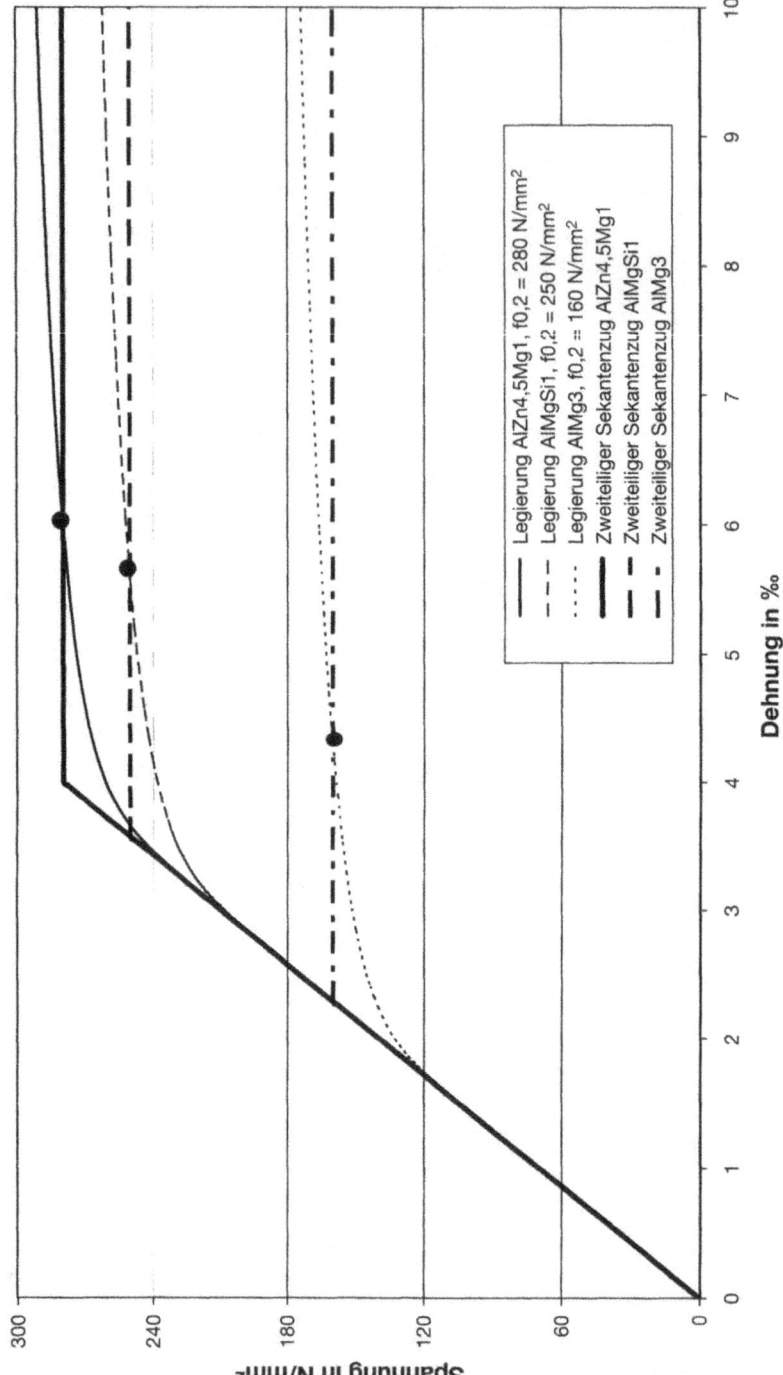

Bild 2-1b
Ersatz der Spannungs-Dehnungs-Linien von Aluminium-Legierungen durch einen zweiteiligen Sekantenzug

2.2 Werkstoff-Gesetze

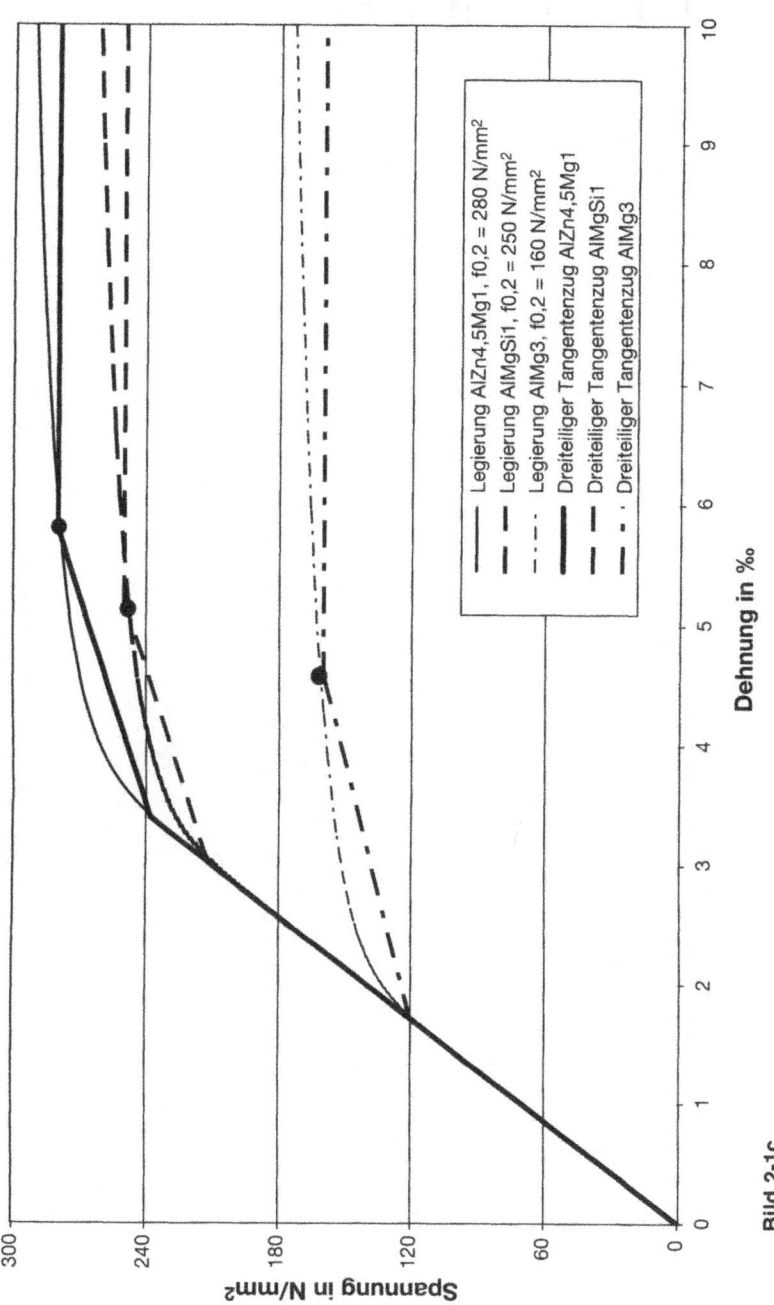

Bild 2-1c
Ersatz der Spannungs-Dehnungs-Linien von Aluminium-Legierungen durch einen dreiteiligen Sekantenzug

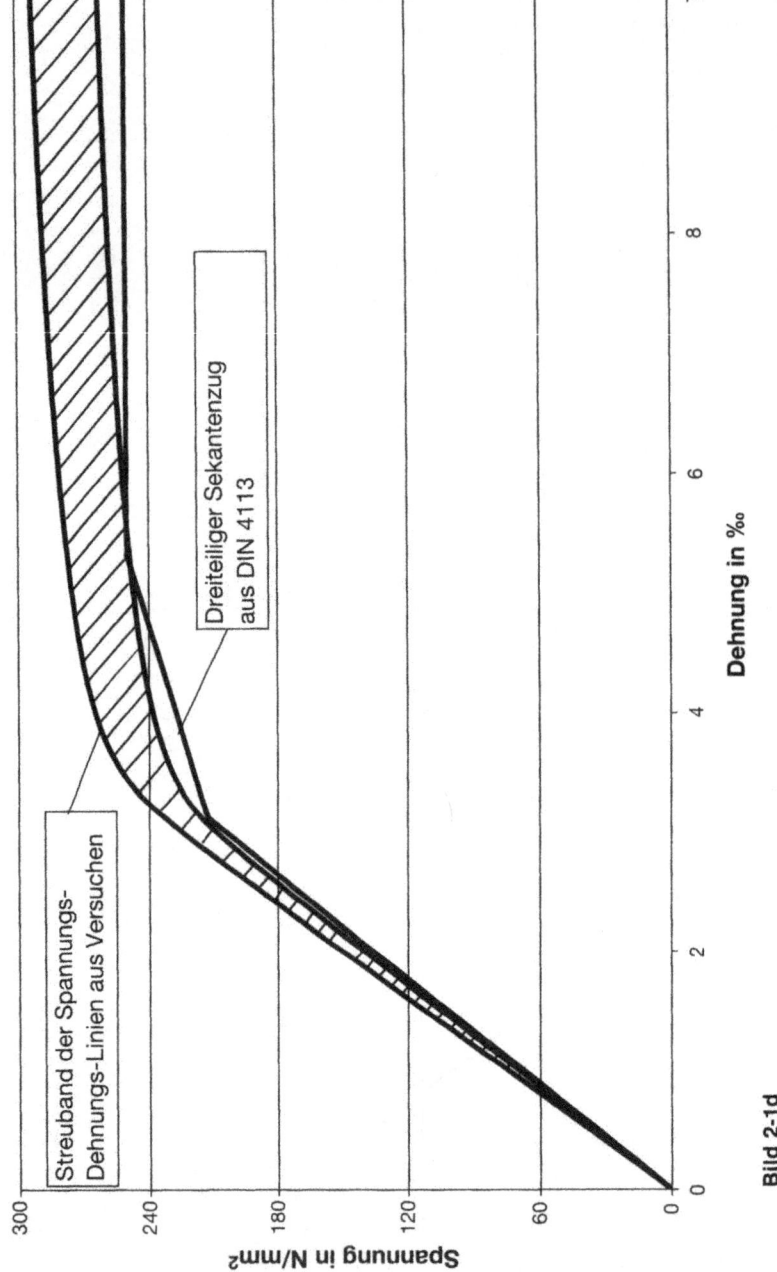

Bild 2-1d
Spannungs-Dehnungs-Linien für Aluminium-Legierungen nach DIN 4113, Ersatz des Streubereichs aus Messungen durch einen unteren dreiteiligen Sekantenzug

2.2 Werkstoff-Gesetze

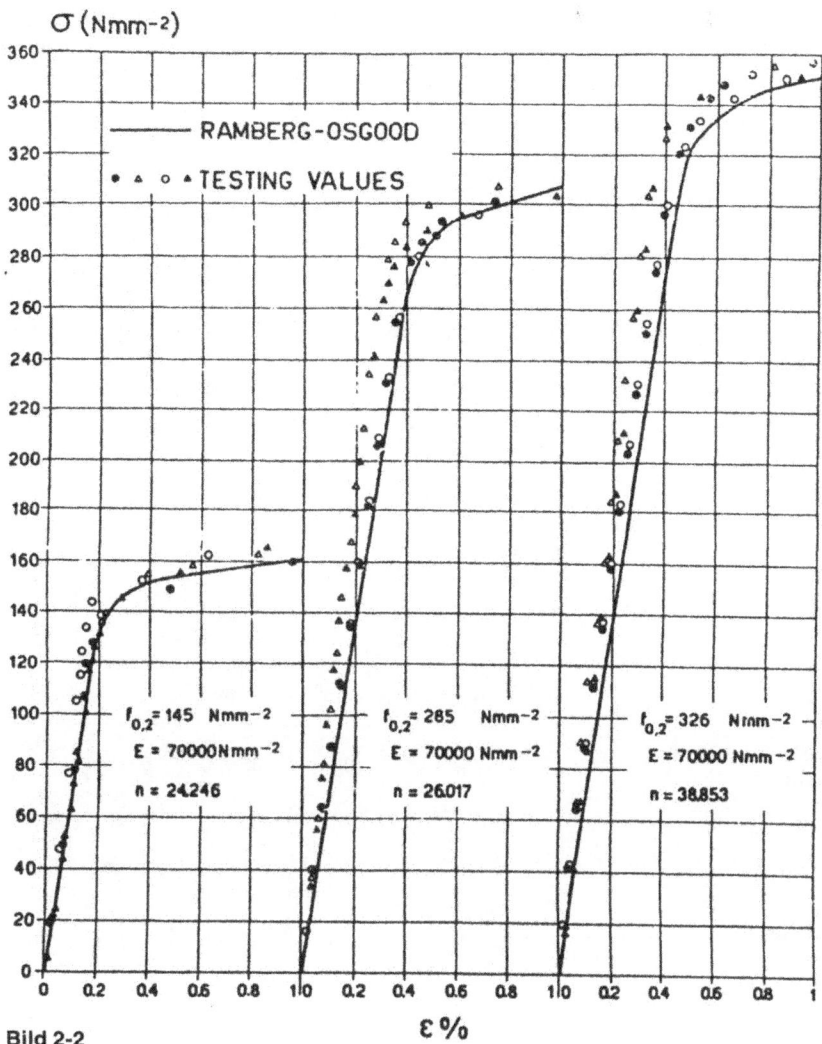

Bild 2-2
Verifizierung des Ramberg-Osgood-Gesetzes durch experimentelle Daten
(nach Mazzolani aus [1])

Dieser Formel liegen als Basis die 0,2%-Grenze $f_{0,2}$ und als Hochzahl der Wert

$$n = \frac{\ln 2}{\ln(f_{0,2}/f_{0,1})} \qquad (2\text{-}3)$$

zugrunde. Für den Fall $f_{0,2} = f_{0,1}$ wird $n = \infty$ und die Gleichung (2-2) geht in das linearelastisch-idealplastische Werkstoffgesetz über. Im Falle $f_{0,2} > f_{0,1}$ wird n endlich, und wir erhalten ein mehr oder weniger nichtlineares Stoffgesetz. Steinhardt hatte schon vor langer Zeit vorgeschlagen, die Hochzahl n aus der Gleichung (2-3) $0{,}1\,f_{0{,}2}$ mit $f_{0{,}2}$ in N/mm² zu setzen. Dies würde bedeuten, daß das Ramberg-Osgood-Gesetz allein mit den Festwerten E-Modul und $f_{0{,}2}$-Wert auskommt.

In [3] wird der dreiteilige Sekantenzug gemäß Bild 2-1d zugrundegelegt. Dieser Sekantenzug schließt das Büschel von σ-ε-Linien aus zahlreichen Versuchen von unten als Sekante ab, er beginnt deshalb mit einer Steigung, die einem geringeren Wert $E^* < E$ entspricht. Die anderen Werte $\bar{\sigma}$, $\bar{\mu}$ und n sind fiktive Werte, so daß das vorgenannte Ziel einer unteren Grenzlinie eingehalten ist. Das erste Abknicken des Sekantenzuges erfolgt bei $\bar{\mu}\,\bar{\sigma}$, wobei $\bar{\mu}$ für die infrage kommenden Werkstoffe entweder 0,85 oder 0,80 ist. Nach dem ersten Abknickpunkt verkleinert sich die Neigung der zweiten Sekante auf die Größe E^*/n, wobei der Wert n für höherfeste Legierungen 4,0 und für minderfeste Legierungen 5,0 ist; bei Legierungen mit mittlerer Festigkeit beträgt der Wert 4,5. Ab $\bar{\sigma}$ verläuft der Sekantenzug waagerecht. Dieser dreiteilige Sekantenzug kann aus Bild 2-1d und der Tabelle 2-6 entwickelt werden. Er gilt im wesentlichen für die Stabilitätsberechnung von Druckstäben nach [3].

Tabelle 2-6
Festwerte für Sekantenzüge nach DIN 4113-1

	Legierung	Dezimalbezeichnung	$\bar{\sigma}$ N/mm²	E^* N/mm²	$\bar{\mu}$	n
1	AlZn4,5Mg1 F35 AlZnMg(Cu)-Gruppe	7020	290	68 000	0,85	4,0
2	AlMgSi1 F32	6082	270	68 000	0,85	4,0
3	AlMgSi1 F28	6082	210	65 000	0,80	4,0
4	Mg-Si-Gruppe AlMgSi0,5 F22	6060 (6063) (6106)	170	65 000	0,85	4,5
5	AlMg4,5Mn G31	5083	230	65 000	0,80	5,0
6a	AlMg4,5Mn F27/28 Querschnitte aus Blech	5083	130	65 000	0,85	5,0
6b	AlMg4,5Mn F27 Rohre und Profile	5083	150	65 000	0,85	5,0
7	AlMg2Mn0,8 F24/G24, F25 AlMg3 F24/G24/F25	– 5754	170	65 000	0,85	4,5
8	AlMg2Mn0,8 F20	–	110	60 000	0,80	5,0
9	AlMg3 F18	5754	80	55 000	0,75	5,0
10	AlMg2Mn0,8 F/W19, F18 AlMg3 F/W19, F18	– 5754				

2.3 Aluminium-Gußlegierungen

Gelegenlich – und zukünftig sicher in vermehrtem Umfang – werden auch Aluminium-Guß-Legierungen eingesetzt. Diese Legierungen sind nach [2] in Tabelle 2-7 zusammengestellt:

Tabelle 2-7
Aluminium-Gußlegierungen für Bauteile, korrespondierende Bezeichnungen

Bezeichnung der Legierung		Dauerhaftigkeit
Numerische Bezeichnung	Chemische Bezeichnung	
EN AC-42100	EN AC-Al Si7Mg0,3	B
EN AC-42200	EN AC-Al Si7Mg0,6	B
EN AC-43200	EN AC-Al Si10Mg(Cu)	C
EN AC-44100	EN AC-Al Si12(b)	B
EN AC-51300	EN AC-Al Mg5	A

Die Angaben

A: hervorragend
B: gut bis befriedigend
C: weniger gut bis mäßig

gelten auch hier mit einem gewissen Vorbehalt nur als Anhaltspunkt für mögliche Einsätze.

Die Festigkeitswerte der Aluminium-Gußlegierungen sind in der Tabelle 2-8 zusammengestellt.

Die üblichen Regeln für Berechnung und Bemessung von Bauteilen sollten noch nicht auf Gußteile angewendet werden, da zu wenig Erfahrung mit ihnen vorliegt. Gußteile sollten nur als druckbeanspruchte Bauteile verwendet werden und dies auch nur dann, wenn genügend Versuchsergebnisse zur Sicherstellung der beabsichtigten Tragwirkungen vorhanden sind. Darüber hinaus sollte eine Qualitätsprüfung des Gusses selbst und des Gußteiles stattfinden.

2.4 Werkstoffe für Verbindungsmittel

2.4.1 Schrauben, Muttern, Scheiben und Niete

Schrauben und Niete finden in Verbindungen bei Aluminiumbauteilen und -bauwerken wesentlich vielseitigere Anwendung als bei Stahlbauwerken. So gibt es gerade im Bereich der kleinen Verbindungsmittel die verschiedensten Ausführungen von Aluminiumnieten als Vollniete, als Hohlniete, als Hohlniete mit Stahlkern, als einseitig einbaubare Niete und dergleichen. Diese Nietverbindungen werden im allgemeinen kalt

Tabelle 2-8
Als charakteristische Werte festgelegte garantierte Mindestwerte der 0,2%-Grenze $f_{0,2k}$ und garantierte Mindestfestigkeit f_{uk} für Aluminium-Gußlegierungen

Legierung	Guß-prozeß	Aushärtungs-zustand	$f_{0,2k}$ 0.2%-Grenze N/mm²	f_{uk} Zugfestig-keit N/mm²	A_{50} Bruchdehnung mindestens %
EN AC-42100	Sandguß	T6	190	230	2
	Formguß	T6	210	290	4
EN AC-42200	Sandguß	T6	210	250	1
	Formguß	T6	240	320	3
EN AC-43200	Sandguß	F	80	160	1
	Sandguß	T6	180	220	1
	Formguß	F	90	180	1
	Formguß	T6	200	240	1
EN AC-44100	Sandguß	F	70	150	4
	Formguß	–	80	170	5
EN AC-51300	Sandguß	F	90	160	3
	Formguß	–	100	180	4

Anmerkung: Die obigen mechanischen Mindestwerte gelten für separat angefertigte Gußprüfstücke und nicht für das Gußteil selbst.

hergestellt. Es ist nicht möglich, sämtliche Verbindungsformen mit Nieten, die bei tragenden und nicht tragenden Aluminiumkonstruktionen angewendet werden, hier aufzuzählen und zu behandeln.

Neben den dauerhaften Verbindungen mit Nieten gibt es Schraubenverbindungen, wobei Schrauben sowohl aus Aluminium bestehen können als auch aus Stahl und aus nichtrostendem Stahl. Bei Stahlschrauben ist sicherzustellen, daß ein Korrosionsschutz chemische Kontaktkorrosion zwischen Schrauben und Aluminium verhindert. Ein bewährter Korrosionsschutz für die Stahlschrauben ist hierbei die Feuerverzinkung.

Hochfeste Stahlschrauben (HV-Schrauben) werden im allgemeinen angewendet, wenn es erforderlich ist, hohe Vorspannkräfte in den Schrauben zu erzielen, um z.B. gleitfeste Verbindungen herzustellen. Hierbei sind drei wichtige Gesichtspunkte zu beachten:

1. Die Flächenpressung zwischen Unterlegscheibe und Bauteil aus der hohen Vorspannung darf die kritischen Werte (i. allg. 0,2-Grenze $f_{0,2}$) des Bauteilwerkstoffes nicht überschreiten.

2.4 Werkstoffe für Verbindungsmittel

2. Der unterschiedliche Wärmeausdehnungskoeffizient des Aluminiums im gepreßten Paket und des Stahlwerkstoffes der Schraube kann zu einem Vorspannkraftabfall oder zu einer Vorspannkraftüberhöhung führen.
3. Der Kriecheffekt des Aluminiumwerkstoffes im gepreßten Paket erfordert u. U. einmaliges oder wiederholtes Nachspannen der HV-Schraube.

Die Tabelle 2-9 gibt einen Überblick über die verwendeten und verwendbaren Verbindungsmittel im Bereich der Niete und Schrauben.

Tabelle 2-9
Als charakteristische Werte festgelegte garantierte Mindestwerte der 0,2-Grenzen $f_{0,2k}$ und der Zugfestigkeiten f_{uk} für Niete und Schrauben aus Aluminium, Stahl und nichtrostendem Stahl

Werkstoff	Verbindungs-mittel	Aluminium-legierung bzw. Festig-keitsklasse	Aushärtungs-zustand	$f_{0,2k}$ 0,2%-Grenze N/mm²	f_{uk} Zugfestig-keit N/mm²
Aluminium-legierung	Vollniete	5056A	O	145	270
		5086	O	100	240
		6082	T4[1]	k. A.	200
		6082	T6[1]	k. A.	295
	Hohlniete	5154A	O oder F	k. A.	215
	Schrauben	6082	T6	260	310
		6061	T6	245	310
		2017A	T4	250	380
		7075	T6	440	510
Stahl	Schrauben	4.6	–	240	400
		5.6	–	300	500
		6.8	–	480	600
		8.8	–	640	800
		10.9	–	900	1000
Nichtrostender Stahl	Schrauben	A4	A4-50	210	500
		A4	A4-70	450	700
		A4	A4-80	600	800

[1] kalt gepreßt
[2] k. A.: keine Angabe

2.4.2 Schweißzusatzwerkstoffe

Die Schweißzusatzwerkstoffe bei Aluminium sind auf die Grundwerkstoffe abzustimmen. Um nicht ein gravierendes Undermatching, das heißt eine deutlich niedrigere Festigkeit, in der Schweißnaht gegenüber der Wärmeeinflußzone des Grundwerkstoffes zu erhalten und um chemische Probleme sowie Aufhärtungen bei Werkstoffpaarungen zu vermeiden, werden nur bestimmte Kombinationen von Grundwerkstoff und Schweißzusatzwerkstoff empfohlen. Als Schweißzusatzwerkstoffe kommen die Materialien mit der Gruppeneinteilung gemäß Tabelle 2-10 zur Anwendung.

Tabelle 2-10
Schweißzusatzwerkstoffe und ihre Gruppeneinteilung

Gruppen der Schweißzusatzwerkstoffe	Legierung
Typ 3	3103
Typ 4	4043A, 4047A[1)]
Typ 5	5056A, 5356, 5556A, 5183

[1)] 4047A wird speziell verwendet, um Schweißrisse und hohe Eigenspannungen zu vermeiden. In den meisten anderen Fällen wird 4043A empfohlen.

Anmerkung: siehe prEN 1011-4 Tabelle B.5 für weitere Schweißzusatzwerkstoffe und ihre Kennwerte.

Für Aluminiumschweißverbindungen mit gleichen oder verschiedenen Grundwerkstoffen werden Schweißzusatzwerkstoffe nach Tabelle 2-11 empfohlen. DIN 4113 Teil 2 [4] enthält eine ähnliche Zusammenstellung, jedoch wird hier die entsprechende Tabelle aus [2] angegeben.

2.4.3 Werkstoffgesetze der Wärmeeinflußzone (WEZ) und der Schweißnähte

Warm- oder kaltausgehärtete Aluminiumlegierungen (dies sind in der Regel die Legierungen der 6000er und der 7000er Serie) erfahren durch die Schweißwärme eine deutliche Festigkeitsabminderung im Bereich der Schweißnaht. Die Zone der Festigkeitsabminderung wird Wärmeeinflußzone WEZ genannt. Nach längerer (Kalt-)Lagerzeit kann bei bestimmten Werkstoffen eine begrenzte, aber doch nennenswerte Erholung eintreten. Warmauslagerung nach dem Schweißen kann zu beachtlichen Steigerungen führen. Aluminiumlegierungen der Serien 5000 und niedriger sind – abgesehen von denjenigen mit dem Aushärtungszustand H24/H34 in Tabelle 2-2 – im allgemeinen nicht aushärtbar, sie besitzen deshalb in der Regel schon niedrigere Festigkeiten im Grundwerkstoff als die aushärtbaren Legierungen. Ihre Festigkeitseigenschaften werden durch Schweißungen in der Regel nicht oder allenfalls kaum beeinflußt.

2.4 Werkstoffe für Verbindungsmittel

Tabelle 2-11
Auswahl und Zuordnung geeigneter Schweißzusatzwerkstoffe für Schweißverbindungen von Aluminiumlegierungen

Grundwerk-stoff 1	Grundwerkstoffkombinationen[1]						
	Grundwerkstoff 2						
	Al-Si Gußwerk-stoffe	Al-Mg Gußwerk-stoffe	3000er Legierungs-serie	Andere 5000er Legierungs-serie	5083	6000er Legierungs-serie	7020
7020	NR[2]	Typ 5 Typ 5 Typ 5	Typ 5 Typ 5 Typ 4	Typ 5 Typ 5 Typ 5	5556A Typ 5 5556A	Typ 5 Typ 5 Typ 4	5556A Typ 5 Typ 4[4]
6000er Legierungs-serie	Typ 4 Typ 4 Typ 4	Typ 5 Typ 5 Typ 5	Typ 4 Typ 4 Typ 4	Typ 5 Typ 5 Typ 5	Typ 5 Typ 5 Typ 5	Typ 5 Typ 4 Typ 4	
5083	NR[2]	Typ 5 Typ 5 Typ 5	Typ 5 Typ 5 Typ 5	Typ 5 Typ 5 Typ 5	5556A Typ 5 Typ 5		
andere 5000er Legierungs-serie	NR[2]	Typ 5 Typ 5 Typ 5	Typ 5 Typ 5 Typ 5	Typ 5[3] Typ 5			
3000er Legierungs-serie	Typ 4 Typ 4 Typ 4	Typ 5 Typ 5 Typ 5	Typ 3 Typ 3 Typ 3				
Al-Mg Gußwerk-stoffe	NR[2]	Typ 5 Typ 5 Typ 5					
Al-Si Gußwerk-stoffe	Typ 4 Typ 4 Typ 4						

[1] Im Schnittpunkt von Zeile und Spalte sind in der Regel drei Typen von Zusatzwerkstoffen dargestellt, der oberste Typ gibt die höchste Festigkeit an, der mittlere Typ gibt den Zusatzwerkstoff mit dem besten Korrosionsverhalten an, der untere Typ vermeidet Schweißrisse.

[2] NR = Nicht empfehlenswert. Das Schweißen von Legierungen, die 2 und mehr % Mg enthalten, mit Al-Si Zusatzwerkstoffen oder umgekehrt wird nicht empfohlen, weil eine beschleunigte Anreicherung von Mg_2Si die Übergangszonen versprödet.

[3] Der Korrosionswiderstand der Schweißnaht ist umso besser, je näher die chemische Zusammensetzung des Zusatzwerkstoffes an derjenigen des Grundwerkstoffes liegt. Deshalb wird für aggressive Umgebung vorzugsweise der Grundwerkstoff 5454 mit Schweißgut 5454 verbunden. Jedoch kann dies manchmal nur auf Kosten der Schweißnahtgüte erreicht werden.

[4] Anwendung wegen geringerer Festigkeit und Deformationseigenschaften nur in speziellen Fällen empfohlen.

Anmerkung: In prEN 1011-4 Tabelle B.5 finden sich weitere Angaben über die Kombination Grundwerkstoff, Schweißzusatzwerkstoffe und ihre Auswahl.

Für den praktischen Gebrauch können bei nichtaushärtbaren Legierungen die Festigkeitswerte im Bereich der Schweißnaht wie für den Grundwerkstoff im niedrigsten Zustand angesetzt werden. Sowohl 0,2 %-Grenze als auch Zugfestigkeit schwanken im Hinblick auf andere Streuungen in den Bauteilberechnungen nur unwesentlich, die Streuungen sind vernachlässigbar.

Bevor die Festigkeitswerte in der WEZ für aushärtbare Werkstoffe angegeben werden, sollen hier Untersuchungen über die Ausdehnung der WEZ mitgeteilt werden. In [6] sind in einem umfangreichen Forschungsvorhaben die Ausdehnung der WEZ und die Festigkeiten von schweißnahtparallelen, herausgeschnittenen Streifen (siehe Anhang, Bild A-2) untersucht worden, um den genauen Festigkeitsverlauf in Abhängigkeit vom Abstand von der Nahtmitte kennenzulernen. Die Mittelachsen der einzelnen Streifen, die zu Zugstäben verarbeitet wurden, haben Abstände von 5 mm, 10 mm, 15 mm, 20 mm, 25 mm und 30 mm jeweils links und rechts von der Nahtachse, die Zugstäbe waren 3 mm dick, 2 mm betrug der Sägeschnitt. Bei den Untersuchungen wurde davon ausgegangen, daß zur Nahtachse Symmetrie herrscht, so daß z. B. die Versuchsergebnisse aus Streifen, die entweder 10 mm Abstand nach links oder 10 mm Abstand nach rechts von der Naht hatten, als zusammengehörig und gleichwertig angesehen wurden.

In den Bildern A-3 a–f und A-4 a–f sind die zugehörigen σ-ε-Diagramme dargestellt.

In den Bildern A 3 a–f ist die Abszisse feiner unterteilt, die Auftragung erfolgt hier bis zu 0,6 % Dehnung, um detailliertere Auskunft über den Punkt des Beginns der Nichtlinearität und über den weiteren Verlauf bis zur 0,2 %-Grenze zu erhalten, in den Bildern A-4 a–f ist das Spannungs-Dehnungs-Diagramm bis zu einer Dehnung von 6 % aufgetragen. In den Bildern sind der Mittelwert mit Konfidenzintervall, die 5 %- und die 95 %-Quantile aufgetragen. Zusätzlich ist dargestellt, welchen Verlauf das Ramberg-Osgood-Gesetz nach Gleichung (2-2), allerdings mit der Hochzahl

$$n^* = n \frac{R_{p0,2}}{R_m} \tag{2-4}$$

hat (n* nach Gleichung (2-4) ist in Gleichung (2-2) anstatt n einzusetzen).

Die Auswertung der Versuche ergab, daß die Nahtumgebung hinsichtlich der Festigkeitsverläufe durch 8 Materialgesetze sehr gut angenähert werden kann. Mit dem an die Versuche angepaßten Wert der Hochzahl n* nach Gleichung (2-4) und dem Ramberg-Osgood-Gesetz nach Gleichung (2-2) ergaben sich hier diese Materialgesetze wie folgt: (Materialgesetz M1 gilt für den unbeeinflußten Grundwerkstoff, Materialgesetz M8 gilt für die Schweißnaht selbst, die Materialgesetze M2 bis M7 liegen dazwischen),

n ergab sich dabei aus

$$n = \log\left(\frac{E^* \varepsilon_{max} - \sigma_{max}}{0,002 \cdot E}\right) \cdot \left[\log\left(\frac{\sigma_{max}}{f_{0,2}}\right)\right]^{-1} \tag{2-5}$$

Über die sehr detaillierte Untersuchung der Festigkeiten im Bereich der Schweißnaht hinaus gibt es zahlreiche Untersuchungen, die Härtemessungen benutzen, um den Abfall der 0,2 %-Grenze, der Zugfestigkeit und der Bruchdehnung in der WEZ zu verfolgen. Stellvertretend für die Angaben in [1] und [6] zeigt das Bild A-5 eigene Versuchsergebnisse und Literaturauswertungen im Vergleich. Man erkennt, daß sicherlich ab 30 mm Abstand von der Naht die Beeinflussung durch die WEZ abgeklungen ist.

2.4 Werkstoffe für Verbindungsmittel

Tabelle 2-12
σ-ε-Gesetze M1 bis M8 für Grundwerkstoff, WEZ und Naht

Material-Nr.	M1	M2	M3	M4	M5	M6	M7	M8
Schweißnahtmittenabstand (mm)	35|40|45|50	30	25	20	15	10	5	0
$f_{0,2}$ (N/mm²)	314,1	311,9	303,3	284,8	238,8	150,8	147,4	125,1
E (N/m²)	71 145	69 618	70 616	70 982	71 110	71 448	69 307	67 057
f_u (N/mm²)	337,9	336	326,5	307	268,4	180	205,0	186
ε_{max} (‰) aus Versuchen	60	60	60	60	60	35	35	35
n	48,24	44,57	45,06	44,32	38,55	15,75	8,41	7,01

Die tatsächlichen Verläufe der mechanischen Kenndaten in der WEZ sind für die praktische Berechnung unbrauchbar, aus diesem Grunde wird eine Vereinfachung nach den Bildern 6-20 bzw. 6-21 eingeführt. Der dabei auftretende Festigkeitssprung bei b_{WEZ} gleicht Minderfestigkeiten auf der einen Seite gegen größere Festigkeiten auf der anderen Seite aus.

Die Breite der WEZ b_{WEZ} ist nach [4] gemäß Bild 6-19 definiert.

Diese vereinfachte Annahme liegt auf der sicheren Seite, differenziertere Ansätze sind in [2] und [7] enthalten, diese differenzierteren Angaben berücksichtigen auch die Blechdicke, das Erfordernis mehrerer Nahtlagen, die Abkühlungsphasen zwischen den einzelnen Nahtlagen, das Schweißverfahren usw.

Nachdem die Grundlagen, die Festigkeitsdaten und die Ausdehnung der Wärmeeinflußzone und schließlich ihr rechnerischer Ansatz definiert sind, wird im folgenden die Festigkeitsabminderung zusammengestellt:

Die Tabelle 2-13 zeigt die rechnerischen $f_{0,2 WEZk}$-Werte für die einzelnen Werkstoffe und ihre Zustände sowie die Erzeugnisprodukte. Man stellt fest, daß dort die Legierungen der 5000er Serie und niedriger, sofern sie verfestigte Zustände G bzw. F haben, auch Abminderungen bei $f_{0,2 WEZk}$ gegenüber $f_{0,2k}$ besitzen.

Im Vergleich zu Tabelle 2-13 gibt die Tabelle 2-14 aus [2] die vergleichbaren WEZ-Abminderungsfaktoren für die einzelnen Legierungen und ihre Zustände an. Dabei wird auch noch berücksichtigt, ob mit dem MIG-Schweißverfahren oder dem WIG-Schweißverfahren geschweißt wurde (letzeres Verfahren soll nur für Blechdicken bis 6 mm oder für Reparaturen eingesetzt werden).

Genauere Angaben über die Breite der WEZ nach [2] können dort in Abhängigkeit der Blechdicke, der Anzahl der Lagen, der Kühlzeiten zwischen den einzelnen Lagen, der Schweißverfahren etc. entnommen werden.

Tabelle 2-13 Legierungen für Konstruktionsteile, Festigkeiten und Kennwerte für die Berechnung von Schweißnahtverbindungen in N/mm² [1)]

Zeile	1	2			3			4			5
	Legierung nach DIN 1725 Teil 1	Mindestzugfestigkeit Mindeststreckgrenze für Bleche nach DIN 1715 Teil 1			Mindestzugfestigkeit Mindeststreckgrenze für Rohre nach DIN 1716 Teil 1			Mindestzugfestigkeit Mindeststreckgrenze für Profile nach DIN 1748 Teil 1			Rechnerische $\beta_{0,2}$ (50 mm)-Werte für die Wärmeeinflußzone (WEZ) $f_{0,2 WEZk}$
		Zustand	f_{uk}	$f_{0,2k}$ [2)] Dicke mm	Zustand	f_{uk}	$f_{0,2k}$ [2)] Wanddicke mm	Zustand	f_{uk}	$f_{0,2k}$ Wanddicke mm	
1	AlZn4,5Mg1 (7020)	F35 / F34	350 / 340	275 / 270 bis 15 / 15 bis 60	F35	350	290 bis 20	F35	350	290 bis 30	180
2	AlMgSi1 (6082), (6061)	F32 / F30 / F30	315 / 295 / 295	255 / 245 / 240 bis 10 / 10 bis 20 / 20 bis 100	F31	310	260 bis 20	F31	310	260 bis 20	125
3	AlMgSi1 (6082), (6061)	F28	275	200 3 bis 20	F28	275	200 jede	F28	275	200 bis 10	125
4	AlMgSi0,5 (6060, 6063)	–	–	–	F22	215	160 jede	F22	215	160 jede	80
5	AlMg4,5Mn (5083)	G31	310	205 6 bis 40	–	–	– –	–	–	– –	125
6	AlMg4,5Mn (5083)	W28 / F27	275 / 275	125 / 125 bis 5 / 2 bis 30	F27	270	140 $\geq 3{,}5$	F27	270	140 jede	
7	AlMg2Mn0,8 AlMg3 (5754)	F24 / G24	240 / 240	190 / 160 bis 5 / bis 5	F25	250	180 bis 5 (bis 80 ⌀)	–	–	– –	
8	AlMg2Mn0,8	–	–	–	F20	200	100 ≥ 3	F20	200	100 jede	80
9	AlMg3 (5754)	–	–	–	F18	180	80 ≥ 1	F18	180	80 jede	
10	AlMg2Mn0,8 AlMg3 (5754)	F19 / W19	190 / 190	80 / 80 25 bis 50 / bis 25	W18	180	80 bis 10	–	–	– –	

[1)] Für Kraftgrößen wird nach DIN 1301 die Einheit kN (Kilonewton) 1 kN = 10³ N verwendet (1 kN · 1/9,80665 Mp) und 1 kN ≈ 0,1 Mp bzw. 1 kN/m² ≈ 0,01 kp/cm².

[2)] Die Festigkeitskennwerte gelten jeweils für die Bereiche der in den Normen DIN 1745 bis DIN 1749 angegebenen Grenzdicken, bei sonstigen Dicken müssen gewährleistete $\beta_{0,2}$-Werte mit dem Lieferwerk vereinbart und durch ein Abnahmeprüfzeugnis nach 3.1 B – DIN 50049 – nachgewiesen werden.

2.4 Werkstoffe für Verbindungsmittel

Tabelle 2-14 WEZ-Abminderungsfaktoren ρ_{WEZ} (nach [2])

Für Strangpreßprodukte, Bleche, Flachbleche, gezogene Rohre und Preßteile in den Zuständen O und F beträgt der Abminderungsfaktor $\rho_{WEZ} = 1,0$.			
Für Strangpreßprodukte, Bleche, Flachmaterial, gezogene Rohre und Preßteile der 6xxx- und 7xxx-Legierungen in den Zuständen T4, T5 und 6 gilt:			
Legierung	Zustand	ρ_{WEZ} (MIG-Schweißung)	ρ_{WEZ} (WIG-Schweißung)
6xxx	T4	1,0	–
	T5	0,65	0,60
7xxx	T6	0,65	0.50
	T6	0,80 (A)[1]	0,60 (A)[1]
		1,0 (B)[1]	0,80 (B)[1]
Für Bleche, Flachmaterial und Preßteile der 5xxx-, 3xxx- und 1xxx-Legierungen im Zustand H gilt:			
Legierung	Zustand	κ_{WEZ} (MIG-Schweißung)	κ_{WEZ} (WIG-Schweißung)
5xxx	H22	0,86	0,86
	H24	0,80	0,80
3xxx	H14, 16, 18	0,60	0,60
1xxx	H14	0,60	0.60

[1] Die Werte für A gelten, wenn Zugspannungen rechtwinklig zur Schweißnahtachse verlaufen, die Werte B gelten für alle anderen Fälle, insbesondere für Längsspannungen, querverlaufende Druckspannungen und Schubspannungen.

2.4.4 Kleben

Im Eurocode 9 [2] finden sich zum ersten Mal Angaben über geklebte Verbindungen bei Aluminiumbauteilen. Es handelt sich hierbei in der Regel um Ein- oder Zweikomponenten-Epoxidharzkleber, um Acrylharzkleber oder um Ein- oder Zweikomponenten-Polyurethan-kleber. Es können auch anaerobische Kleber verwendet werden. Besonderen Einfluß auf die Klebefestigkeit haben

– die chemische Analyse des Klebers
– die Umgebungsumstände während des Aufbringens und Erhärtens,
  z.B. Temperatur, Feuchtigkeit, Verarbeitung
– die Kontaktflächenvorbereitung

Der Kleber reagiert im allgemeinen empfindlich auf Temperatur- und Feuchtigkeitsschwankungen, und er unterliegt dem Alterungsprozeß. Aus diesem Grunde ist es besonders wichtig, sich in experimentellen Untersuchungen, die die Wirklichkeit detailliert berücksichtigen, Klarheit über das Trag- und Verformungsverhalten von Klebverbindungen mit dem eingesetzten Kleber zu verschaffen.

Brückenbauwerke im Überblick

Sven Ewert
Brücken
Die Entwicklung der Stannweiten und Systeme
2002. Ca. 250 Seiten, ca. 120 Abbildungen.
Gb., ca. € 47,90* / sFr 82,-
ISBN 3-433-01612-7
Erscheint: Oktober 2002

Das Werk beschreibt die Entwicklung der wichtigsten Tragstrukturen, zeigt Unterschiede hinsichtlich System, Konstruktion und Montage, geht auf richtungsweisende Schadensfälle ein, verweist auf beteiligte Personen und beschreibt die jeweils am weitesten gespannten Bauwerke mit vielen Bildern, tabellarischen Zusammenstellungen und grafischen Größenvergleichen.

Eine wertvolle, aktuelle Zusammenstellung aller möglichen Brückensysteme, interessant sowohl für Fachleute und für an Brücken interessierte Laien, da das Buch einen aktuellen Überblick über den gesamten Brückenbau gibt.

* Der €-Preis gilt ausschließlich für Deutschland

Ernst & Sohn
Verlag für Architektur und technische Wissenschaften GmbH & Co. KG

Für Bestellungen und Kundenservice:
Verlag Wiley-VCH
Boschstraße 12
69469 Weinheim
Telefon: (06201) 606-152
Telefax: (06201) 606-184
Email: service@wiley-vch.de

www.ernst-und-sohn.de

Was Sie schon immer über Baustatik wissen wollten!

Karl-Eugen Kurrer
Geschichte der Baustatik
2002. Ca. 400 Seiten.
Gb., ca. € 79,-* / sFr 132,-
ISBN 3-433-01641-0
Erscheint: November 2002

Was wissen Bauingenieure heute über die Herkunft der Baustatik? Wann und welcherart setzte das statische Rechnen im Entwurfsprozess ein? Beginnend mit den Festigkeitsbetrachtungen von Leonardo und Galilei wird der Herausbildung einzelner baustatischer Verfahren und ihrer Formierung zur Disziplin der Baustatik nachgegangen. Erstmals liegt der internationalen Fachwelt ein geschlossenes Werk über die Geschichte der Baustatik vor. Es lädt den Leser zur Entdeckung der Wurzeln der modernen Rechenmethoden ein.

* Der €-Preis gilt ausschließlich für Deutschland

Ernst & Sohn
Verlag für Architektur und technische Wissenschaften GmbH & Co. KG

Für Bestellungen und Kundenservice:
Verlag Wiley-VCH
Boschstraße 12
69469 Weinheim
Telefon: (06201) 606-152
Telefax: (06201) 606-184
Email: service@wiley-vch.de

www.ernst-und-sohn.de

3 Grundlagen der Berechnung und Bemessung

3.1 Vorbemerkungen

Berechnung und Bemessung von Bauteilen und Bauwerken aus Aluminium fanden bisher in Deutschland mit Hilfe der DIN 4113 Teil 1 [3] und mit Hilfe des Entwurfs DIN 4113 Teil 2 [4] statt. Alle Berechnungen wurden unter Gebrauchslasten ohne einen zusätzlichen Lasterhöhungsfaktor durchgeführt; bei Stabilitätsuntersuchungen wurden die Lasten mit Hilfe der Sicherheitsbeiwerte für den Lastfall H: 1,7 und für den Lastfall HZ: 1,5 erhöht. Auf der Widerstandsseite war der Begriff der „zulässigen Spannungen" bzw. der „zulässigen Kräfte" geprägt durch eine Festigkeitsgrenze, dividiert durch einen Sicherheitsbeiwert, entsprechend den zuvorgenannten Zahlen. Das heißt, die Widerstände wurden auf einem „zulässigen Niveau" errechnet und den Aktionen gegenübergestellt; in Stabilitätsfällen wurden die Festigkeitsgrenzen selbst ohne Sicherheitsbeiwerte benutzt. Für Bauteile war der maßgebende Festigkeitswert die 0,2%-Grenze $f_{0,2}$, die einen garantierten Mindestwert darstellte. Die festgelegten garantierten Mindestwerte sind im Kapitel 2 niedergelegt. Bei Verbindungen trat die Versagenslast an die Stelle der 0,2%-Grenze bei Bauteilen. Das höhere Niveau der Versagenslast bei Verbindungen gegenüber der 0,2%-Grenze bei Bauteilen wurde im allgemeinen zur Ermittlung der „zulässigen Kräfte" von Verbindungsmitteln mit höheren Sicherheitsbeiwerten als 1,7 im Lastfall H bzw. 1,5 im Lastfall HZ abgesichert, hier kamen Sicherheitsbeiwerte in der Größenordnung von 2,5 und 2,2 zum Zuge. Die Benutzung von Tragfähigkeiten als Festigkeitsgrenzen bei Verbindungen basiert auf der Tatsache, daß die Last-Verformungs-Linien von Verbindungen andere Charakteristiken haben als die σ-ε-Gesetze der Werkstoffe.

Die moderne Berechnung der Tragsicherheit von Bauwerken, die sich auch in der nationalen deutschen Norm DIN 18800 Teile 1 bis 4 für Stahlbauten durchgesetzt hat und die allen Eurocodes zugrundeliegt, benutzt zwei verschiedene Lastniveaus und berechnet damit

- den Nachweis der Tragsicherheit auf dem Bemessungslastniveau und
- den Nachweis der Gebrauchstauglichkeit auf dem Gebrauchslastniveau.

Während die ausreichende Tragsicherheit in den Landesbauordnungen vom Gesetzgeber gefordert wird, ist der Bauherr bzw. der Nutzer zusätzlich an der Gebrauchstauglichkeit des Bauwerks interessiert. Der Tragsicherheitsnachweis sorgt dafür, daß Personenschäden und Sachschäden durch Versagen von Bauteilen und Bauwerken nicht eintreten, er garantiert also die öffentliche Sicherheit und Ordnung. Der Gebrauchstauglichkeitsnachweis dagegen sorgt für die Nutzungsfähigkeit des Bauwerks über die vorgesehene Nutzungszeit und soll z. B. verhindern, daß größere Verformungen von Bauteilen und Bauwerken mit der Folge von Rißbildungen in Wänden und Glasscheiben, mit der Folge unzumutbarer Schwingungen, mit der Folge unzumutbarer Verformungen, so daß z. B. Regenwasser auf dem Dach nicht mehr abläuft, etc. vermeiden.

Der Nachweis der Tragsicherheit wird im modernen Bemessungskonzept auf dem Bemessungslastniveau erbracht. Dabei werden alle Einwirkungen (Lasten, Temperaturbeanspruchungen, Stützensenkungen etc.) mit den zuständigen Teilsicherheitsbeiwerten γ_F erhöht, und es werden die Widerstände, die sich z. B. aus den Querschnittswerten und den Festigkeitswerten ergeben, mit den Teilsicherheitsbeiwerten für die Widerstände γ_M vermindert. Dies ist der Regelfall.

Der Gebrauchstauglichkeitsnachweis wird mit den Gebrauchslasten und Teilsicherheitsbeiwerten $\gamma_F = 1,0$, d. h. ohne Erhöhung geführt, die Widerstände werden mit dem Teilsicherheitsbeiwert $\gamma_M = 1,0$ belegt. Der Gebrauchstauglichkeitsnachweis wird also auf dem Niveau der wirklichen Lasten geführt.

Im folgenden wird näher auf das moderne Bemessungsverfahren mit

– Nachweis der Tragsicherheit und
– Nachweis der Gebrauchstauglichkeit

eingegangen.

3.2 Das moderne Bemessungskonzept mit Teilsicherheitsbeiwerten und Kombinationsfaktoren

3.2.1 Nachweis der Tragsicherheit

Der Nachweis der Tragsicherheit soll sicherstellen, daß ein Bauwerk oder ein Bauteil mit sehr hoher Wahrscheinlichkeit allen während seiner Lebensdauer auftretenden Einwirkungen ohne Schaden für die Öffentlichkeit widersteht, oder anders ausgedrückt, die Wahrscheinlichkeit eines Versagens sehr gering ist. Diese angestrebte sehr niedrige Versagenswahrscheinlichkeit liegt bei 10^{-6} bis 10^{-8}. Für die Berechnung von Wahrscheinlichkeiten müssen ganz allgemein die Einflußparameter als stochastische Größen vorliegen. Dieses war bisher ungewöhnlich, erhielt man doch z. B. von den Werkstoff- und Halbzeugherstellern garantierte Mindestwerte für 0,2%-Grenzen und für Zugfestigkeiten.

Die Berechnung vorgenannter Wahrscheinlichkeiten für Bauteile und Bauwerke ist mit sehr hohem Aufwand verbunden. Aus diesem Grunde wurde in den Grundlagen für die Festlegung von Sicherheitsanforderungen für bauliche Anlagen [10] im Jahre 1977 festgelegt, daß die Überlebenswahrscheinlichkeit durch den Sicherheitsindex β ersetzt wird. Um die vorgenannten sehr niedrigen Versagenswahrscheinlichkeiten nicht zu überschreiten, ist ein Sicherheitsindex β von ca. 3,8 bis 4,6 erforderlich. Der Sicherheitsindex β ist der Abstand zwischen dem Koordinatennullpunkt und einer auf der s-r-Ebene senkrecht stehenden Ebene, die den Wahrscheinlichkeitshügel in die Bereiche „Überlebenswahrscheinlichkeit" und „Versagenswahrscheinlichkeit" abtrennt (vgl. hierzu [10, 11]). Dabei werden in der s-r-Ebene die Einwirkungen (s) und die Widerstände (r) mit ihren Wahrscheinlichkeiten im normierten System aufgetragen. Bei den Einwirkungen geht man von dem oberen charakteristischen Wert aus:

$$S_k = m_S + 0,7 \cdot \beta \cdot \sigma_S$$

Bei den Widerständen geht man dabei von dem unteren charakteristischen Wert

$$R_k = m_R - 0,8 \beta \cdot \sigma_R$$

aus.

3.2 Das moderne Bemessungskonzept

In diesen Formeln bedeuten:

S_k charakteristischer Wert der Einwirkungen
m_S Mittelwert der Einwirkungen

0,7 aus $\dfrac{\sigma_S}{\sqrt{\sigma_S^2 + \sigma_R^2}}$

β Sicherheitsindex
σ_S Standardabweichung der Einwirkungen
R_k charakteristischer Wert des Widerstandes
m_R Mittelwert des Widerstandes

0,8 aus $\dfrac{\sigma_R}{\sqrt{\sigma_S^2 + \sigma_R^2}}$

σ_R Standardabweichung des Widerstandes

Auch diese Formeln für den Tragsicherheitsnachweis sind für den täglichen Gebrauch zu aufwendig, und Mittelwerte und Streuungen sind bei vielen Belastungen, Einwirkungen und Widerständen noch nicht herausgearbeitet worden. Deshalb werden die charakteristischen Werte der Einwirkungen zunächst von den normmäßig gegebenen Nennlasten (z. B. DIN 1055, 1072 etc.). übernommen. Entsprechend werden auf der Widerstandsseite die „charakteristischen Werte der Festigkeiten" gleich den bis heute üblichen „garantierten Mindestwerten der Festigkeiten" gesetzt; bei den Querschnittswerten werden die Nennwerte, die sich aus den Nennwerten der Querschnittsabmessungen ohne Berücksichtigen der Toleranzen ergeben, verwendet. Damit sind

- die auf statistischer Basis ermittelten charakteristischen Werte der Einwirkungen S_k und
- die auf statistischer Basis ermittelten charakteristischen Werte der Widerstände R_k, errechnet aus den stochastisch verteilten Festigkeitswerten und den stochastisch verteilten Querschnittswerten

heute noch nicht durchgängig verwirklicht, sondern nur in Einzelfällen, und es werden normativ traditionelle Werte als charakteristische Werte gesetzt.

Um einerseits ausreichende Sicherheitsabstände gegen Versagen zu haben, andererseits aber auch die auf diesem Weg implizierten Unsicherheiten abzudecken, wurden aus den charakteristischen Werten der Einwirkungen mit Hilfe von Teilsicherheitsbeiwerten für Einwirkungen und Kombinationsbeiwerten für Einwirkungen die Bemessungswerte der Einwirkungen S_d sowie mit Hilfe von Teilsicherheitsbeiwerten für Widerstände die Bemessungswerte der Widerstände R_d entwickelt. Der Tragsicherheitsnachweis stellt sich in dem sehr einfachen Ausdruck

$$\frac{S_d}{R_d} \leq 1{,}0$$

dar. Sofern dieser Nachweis auf der Ebene der Schnittgrößen (z. B. Zugkräfte) geführt wird, lautet er

$$N_{Ed} \leq N_{t,Rd}$$

Der Nachweis muß mit zwei maßgebenden Einwirkungen S_d bzw. zwei maßgebenden Schnittgrößenwerten N_{Ed} geführt werden:

$$S_d = \sum_{i=1}^{n} \gamma_G G_{i,k} + \gamma_F Q_k$$

$$S_d = \sum_{i=1}^{n} \gamma_G G_{i,k} + \sum_{j=1}^{m} \gamma_F \psi_j Q_{j,k}$$

Hierin bedeuten symbolisch:

$\sum_{i=1}^{n} \gamma_G G_{i,k}$ die Summe der mit den Teilsicherheitsbeiwerten γ_G multiplizierten ständigen Lasten $G_{i,k}$; hierbei ist $\gamma_G = 1{,}35$ bei belastender Wirkung von G und γ_G zwischen 0,9 und 1,0 bei entlastender Wirkung von G

$\gamma_F Q_{l,k}$ die einflußreichste Belastung (leading load) aus einer Reihe von mehreren unabhängigen Belastungen mit dem Wert $\gamma_F = 1{,}5$ (für die verschiedenen Punkte des Bauwerks ist jedesmal aus der Reihe der unabhängigen nichtständigen Lasten die einflußreichste Belastung herauszusuchen)

$\sum_{j=1}^{n} \gamma_F \psi_j Q_{j,k}$ die Summe aller mit den Teilsicherheitsbeiwerten $\gamma_F = 1{,}5$ und mit den Kombinationsbeiwerten $\psi_j = 0{,}9$ multiplizierten nichtständigen Lasten $Q_{j,k}$; hierbei kann ψ_j je nach Anwendungsfall auch von 0,9 unterschiedliche Werte annehmen

Das Prinzip ist hierbei, sowohl die ungünstigste nichtständige Last mit einem erhöhten Teilsicherheitsbeiwert als auch den Fall aller nichtständigen Lasten mit dem gleichen Teilsicherheitsbeiwert in Verbindung mit einem ermäßigenden Kombinationsbeiwert zu berücksichtigen, weil die Wahrscheinlichkeit des Zusammentreffens der Maximalwerte aller nichtständigen Lasten höchst gering ist.

Die Bemessungswiderstände errechnen sich wie folgt:

$$R_d = R_k / \gamma_{M,i}$$

Hierin bedeuten:

R_k der charakteristische Wert des Widerstandes (= untere Quantile des Widerstandes)

$\gamma_{M1} = 1{,}1$ Teilsicherheitsbeiwert für den Widerstand bei Bauteilen

$\gamma_{M2} = 1{,}25$ Teilsicherheitsbeiwert nach ENV 1999-1-1 für den Widerstand bei Verbindungen

In individuellen Fällen können die Teilsicherheitsbeiwerte von den oben genannten Werten abweichen (vgl. hierzu z.B. Klebverbindungen mit $\gamma_{M3} = 3{,}0$).

3.2.2 Nachweis der Gebrauchstauglichkeit, Teilsicherheitsbeiwerte, Kombinationsbeiwerte

Die Gebrauchstauglichkeitsnachweise werden im allgemeinen mit den gleichen Einwirkungen $G_{i,k}$ und $Q_{j,k}$ geführt wie sie den Tragsicherheitsnachweisen zugrundeliegen, allerdings sind im Gebrauchstauglichkeitsnachweis die Teilsicherheitsbeiwerte γ_F

3.2 Das moderne Bemessungskonzept

und die Kombinationsbeiwerte ψ i.d.R. mit 1,0 einzusetzen. Ob beim Gebrauchstauglichkeitsnachweis immer alle nichtständigen Lasten in ihrer vollen Größe zu berücksichtigen sind, hängt von ihrem tatsächlichen gleichzeitigen Auftreten ab. Hier hat der Entwurfsingenieur sinnvolle Kombinationen zusammenzustellen.

Die Widerstände für den Gebrauchstauglichkeitsnachweis werden aus den Querschnittswerten und den Festigkeitswerten ermittelt; der Teilsicherheitsbeiwert γ_M wird hier im allgemeinen mit 1,0 berücksichtigt. Diese Vorgehensweise kann im Vergleich zum früheren Bemessungskonzept mit zulässigen Spannungen zu höheren Ausnutzungsgraden bei der Gebrauchstauglichkeit führen, deshalb ist der Entwurfsingenieur in seiner Beurteilungskompetenz gefordert, die richtigen Einwirkungen in der richtigen Größenordnung zu berücksichtigen.

4 Bauteile

4.1 Zugstäbe

Zugstäbe existieren in der Regel nicht alleine für sich selbst, sondern die durch sie zu übertragenden Kräfte müssen durch Anschlüsse in den Zugstab eingeleitet werden. Die Anschlüsse können als Einleitungskonstruktion Schraubenverbindungen mit Scher-Lochleibungs-Wirkung mit Schrauben mit Lochspiel oder mit Paßschrauben (SL-Verbindungen oder SLP-Verbindungen), gleitfeste vorgespannte Schraubenverbindungen mit HV-Schrauben mit Lochspiel oder mit HV-Paßschrauben (GV-Verbindungen oder GVP-Verbindungen), Nietverbindungen, Schweißverbindungen, Klebverbindungen, Klemmverbindungen, Steckverbindungen und dergleichen sein. In den meisten Fällen der Einleitung größerer Kräfte in den Zugstab schwächen die Verbindungen den Bruttoquerschnitt entweder durch Querschnittsreduktionen infolge Lochabzuges oder durch festigkeitsreduzierte Wärmeeinflußzonen (WEZ) infolge Schweißens. Klebverbindungen, Klemmverbindungen, Steckverbindungen und sehr oft auch GV- bzw. GVP-Verbindungen besitzen nur geringe oder keine Beeinträchtigungen im Anschlußbereich.

Das Versagen eines Zugstabes kann wie folgt definiert werden:

- Versagenszustand 1: Durch Plastizieren des Bruttoquerschnittes in denjenigen Stabbereichen, wo der Bruttoquerschnitt vorliegt.
- Versagenszustand 2: Durch Bruchversagen in den geschwächten Anschlußbereichen.

Der Versagenszustand 1 ist mit ausreichender Duktilität verbunden, was in statisch unbestimmten, redundanten Systemen Kraftumlagerungen und/oder Systemumlagerungen ermöglicht. Vor einem Versagen treten im allgemeinen große Verformungen auf. Der Versagenszustand 2 ist in der Regel weniger bis erheblich weniger duktil als der Versagenszustand 1. Wenn der verbleibende Nettoquerschnitt in einem geschraubten Anschluß oder der verbleibende wärmebeeinflußte Querschnitt in einem geschweißten Anschluß erheblich geringere Festigkeiten hat als der Bruttoquerschnitt des Stabes, dann wird hier nach Überwinden der lokalen Plastizitätsgrenze die Bruchfestigkeit erreicht, bevor es im restlichen Zugstab zu Plastizierungen gekommen ist. Dann tritt schon nach sehr geringen Verformungen Bruchversagen ein. Gelingt es dagegen, das Verhältnis von Nettoquerschnitt eines geschraubten Anschlusses zum Bruttoquerschnitt des Stabes bzw. das Verhältnis des wärmebeeinflußten Querschnittes eines geschweißten Anschlusses zum Bruttoquerschnitt des Stabes so groß zu machen, daß vor dem Bruchversagen im Nettoquerschnitt bzw. im wärmebeeinflußten Querschnitt auch im Bruttoquerschnitt des Stabes deutliche Plastizierungen auftreten, dann sind vor dem Bruchversagen größere Duktilitäten gegeben, mit welchen Kraftumlagerungen und/oder Systemumlagerungen ermöglicht werden. Solche Fälle können noch als duktil angesehen werden. Nachfolgend soll hier das vorgenannte Prinzip an zwei Beispielen erläutert werden:

1. Beispiel: Geschraubter Anschluß eines Flachbleches (siehe Bild 4-1)

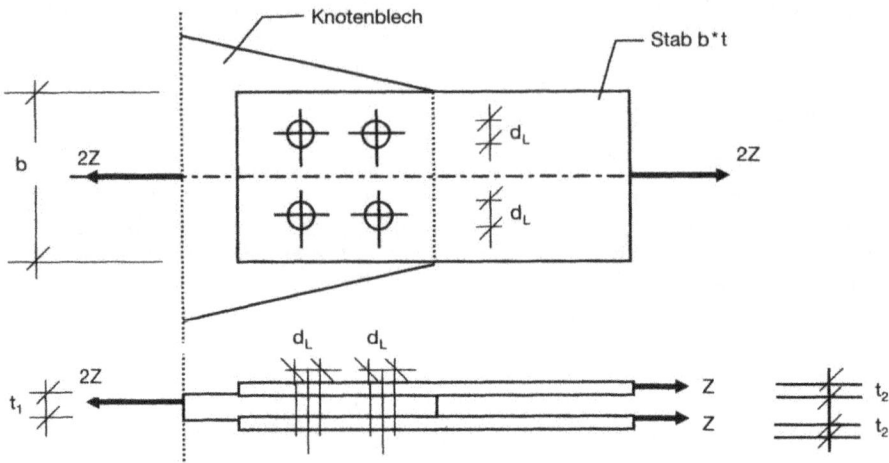

Bild 4-1 Geschraubter Anschluß eines Flachbleches

$$\text{Bruttoquerschnitt} \quad A = b \cdot t$$
$$\text{Lochabzug} \quad \Delta A = 2 \cdot d_L \cdot t$$
$$\text{Nettoquerschnitt} \quad A_{net} = A - \Delta A$$

Die vorgenannte Duktilitätsforderung kann in folgender Gleichung ausgedrückt werden.

$$A_{net} f_u > A \cdot f_{0,2}$$

Daraus resultiert das erforderliche Verhältnis Nettoquerschnitt/Bruttoquerschnitt gemäß

$$\frac{A_{net}}{A} > \frac{f_{0,2}}{f_u}$$

2. Beispiel: Schweißanschluß eines Flachbleches mit Flankenkehlnähten (siehe Bild 4-2)

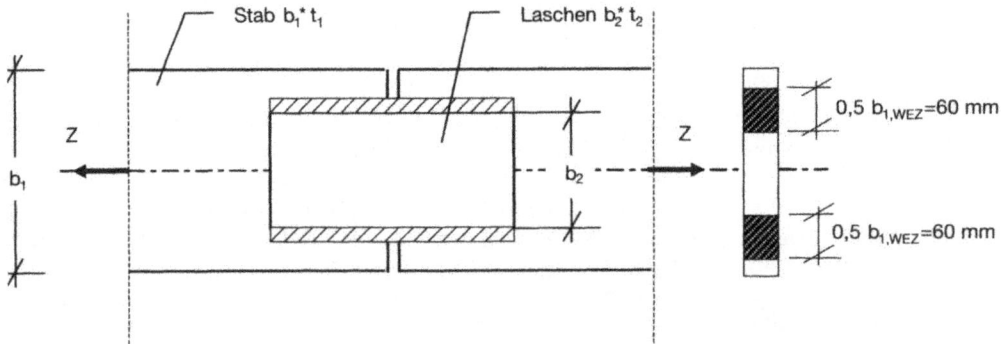

Bild 4-2 Geschweißter Anschluß eines Flachbleches mit Flankenkehlnähten

4.1 Zugstäbe

Bruttoquerschnittsfläche $\quad A_1 = b_1 \cdot t_1$

Querschnittsfläche mit WEZ $\quad A_{1,\varkappa} = b_1 \cdot t_1 - (1 - \varkappa_{WEZ}) b_{1,WEZ} \cdot t_1$

Reduktionsfaktor $\quad \varkappa_{WEZ} = f_{0,2\,WEZ}/f_{0,2}$ oder $f_{WEZ,\varepsilon_{gr}}/f_{\varepsilon_{gr}}$

Die oben genannte Duktilitätsforderung führt hier zu folgender Forderung:

$$A_{1,\varkappa} \cdot f_{\varepsilon_{gr}} > A_1 \cdot f_{0,2}$$

Daraus ergibt sich das Verhältnis der Querschnittsfläche in der wärmebeeinflußten Zone zur Bruttoquerschnittsfläche wie folgt:

$$\frac{A_{1,\varkappa}}{A_1} > \frac{f_{0,2}}{f_{\varepsilon_{gr}}} \Rightarrow \frac{b_1 - 4 \cdot 30 \cdot (1 - \varkappa)}{b_1} > 0{,}85 \text{ für den Werkstoff 6082T6}$$

Damit muß b_1 mindestens 400 mm breit sein, um diese Forderung zu erfüllen. Man erkennt daran, daß es kaum möglich sein wird, bei Werkstoffen, die durch Schweißen stark entfestigen, d.h. die einen kleinen $\varkappa_{WEZ}$-Wert haben, diese Forderung zu erfüllen.

Um Kompatibilität und ausreichende Sicherheit zu haben, ist es für den Fall, daß Grundmaterial, wärmebeeinflußtes Material und Schweißnaht in ein und demselben Querschnitt gleichzeitig auftreten, erforderlich, eine für alle Werkstoffe gültige Grenzdehnung ε_{gr} festzulegen, bei der die verschiedenen Spannungs-Dehnungs-Gesetze des Grundwerkstoffes, der Wärmeeinflußzone und der Schweißnaht noch weit genug von ihrem jeweiligen Bruchversagen ε_u entfernt sind. Es ergeben sich dann die folgenden Grenzwerte der Spannungen für

- den Grundwerkstoff: $\quad f_{\varepsilon_{gr}}$
- die Wärmeeinflußzone: $\quad f_{WEZ,\varepsilon_{gr}}$
- die Schweißnaht: $\quad f_{w,\varepsilon_{gr}}$

Als Grenzdehnung ε_{gr} wurden von Mazzolani [1, 14] die Werte $5\varepsilon_{0,2}$ bis $10\varepsilon_{0,2}$ vorgeschlagen. Hier kann auf keinen Fall für die drei Materialien jeweils ihr f_u eingesetzt werden, weil bei diesen Werten sehr unterschiedliche Bruchdehnungen ε_u erreicht werden.

Für die Bemessung des Zugstabes ist die Kenntnis der Beanspruchung N_{Ed} (Bemessungsstabkraft) und der Beanspruchbarkeit $N_{t,Rd}$ erforderlich; die Nachweisformel lautet:

$$N_{Ed} \leq N_{t,Rd}$$

Hierin ist, wenn der Nachweis im Stabbruttoquerschnitt geführt wird

$$N_{t,Rd} = A f_0 / \gamma_{M1}$$

und es bedeuten weiter:

A $\quad$ Bruttoquerschnitt
f_0 $\quad$ Grenzspannung $f_{0,2}$
$\gamma_{M1} = 1{,}1$ $\quad$ Teilsicherheitsbeiwert für den Widerstand für Bauteile

Im Nettoquerschnitt von Schraubenanschlüssen ist die Beanspruchbarkeit außerdem mit dem folgenden Wert nachzuweisen:

$$N_{t,Rd} = N_{tnet,Rd} = A_{net} \cdot f_u / \gamma_{M2}$$

Hierin bedeuten:

A_{net} die Nettoquerschnittsfläche, die sich aus der Bruttoquerschnittsfläche durch Abzug der Lochquerschnittsflächen in der kritischen Rißlinie ergibt

$f_u = f_{\varepsilon_{gr}}$ Grenzfestigkeit des Bauteilwerkstoffes bei einer festgelegten Grenzdehnung

$\gamma_{M2} = 1{,}25$ Teilsicherheitswert für den Widerstand bei Verbindungen

Bei Querschnitten, die durch Schweißnähte beeinflußt sind, ist die Beanspruchbarkeit außerdem mit folgendem Wert nachzuweisen:

$$N_{t,Rd} = N_{tw,Rd} = A_\varkappa \cdot f_{\varepsilon_{gr}} / \gamma_{M2}$$

Hierin bedeuten:

$A_\varkappa = A - A_{WEZ}(1 - \varkappa_{gr})$

$\varkappa_{gr} = \min(f_{WEZ,gr}/f_{\varepsilon_{gr}} \; ; \; f_{w,\varepsilon_{gr}}/f_{\varepsilon_{gr}})$

ε_{gr} Festgelegte Grenzdehnung, bei der sowohl im Grundwerkstoff als auch im wärmebeeinflußten Material als auch in der Schweißnaht noch kein Bruch erfolgt, im allgemeinen zwischen $5\,\varepsilon_{0,2}$ und $10\,\varepsilon_{0,2}$.

$f_{\varepsilon_{gr}}$ die für den Grundwerkstoff sich bei der Grenzdehnung ε_{gr} ergebende Spannung, $f_{0,2}$ ist konservativ

$f_{WEZ,\varepsilon_{gr}}$ die sich im wärmebeeinflußten Werkstoffbereich bei der Grenzdehnung ε_{gr} ergebende Spannung, $f_{WEZ,0,2}$ ist konservativ

$f_{W,\varepsilon_{gr}}$ die sich in der Schweißnaht bei der Grenzdehnung ε_{gr} ergebende Spannung, $f_{WEZ,0,2}$ ist konservativ

$\gamma_{M2} = 1{,}25$ Teilsicherheitsbeiwert für Verbindungen

4.2 Druckstäbe ohne Knickgefahr

Die Berechnung und Bemessung von Druckstäben ohne Knickgefahr ist nach den gleichen Grundsätzen durchzuführen wie für Zugstäbe. Folgende Änderungen dürfen berücksichtigt werden:

- Bei Schraubenverbindungen ist ein Abzug der Schraubenlochquerschnitte im Anschluß nicht erforderlich, wenn Druckplastizierungen im Nettobereich hingenommen werden können. In diesem Falle ist der Nachweis wie für Bruttoquerschnitte zu führen.
- Bei Schweißverbindungen können die Nachweisformen für den Zugstab übernommen werden.

4.3 Biegestäbe

4.3.1 Vorbemerkungen

Die Tragsicherheit von Biegestäben aus Aluminium kann durch folgende Versagenszustände bedingt sein:

1. Überschreiten des elastischen Grenzmomentes
2. Überschreiten der elastischen Querkraft

4.3 Biegestäbe

3. Überschreiten der elastischen Grenzspannung durch die Vergleichsspannung
4. Überschreiten des plastischen Grenzmomentes
5. Überschreiten der plastischen Querkraft
6. Überschreiten des Interaktionstragverhaltens
7. Überschreiten des Stabilitätstragvermögens des Gesamtstabes (Gesamtstabilität)
8. Überschreiten der lokalen Stabilität durch lokales Beulen
9. Überschreiten der Tragfähigkeiten von Anschlüssen und Stößen

Die elastische Traggrenze (Versagenszustände 1, 2 und 3) ist dadurch gekennzeichnet, daß in der meistbeanspruchten Faser des Querschnittes die elastische Grenzspannung $f_{0,2}$ erreicht wird. Diese elastische Grenzlast ist eine fiktive rechnerische Grenzlast, die gegenüber der plastischen Grenzlast immer auf der sicheren Seite liegt. Die Berechnung der elastischen Grenzlast erfolgt nach der linearen Elastizitätstheorie 1. oder 2. Ordnung. In beiden Fällen geht man von der Hypothese aus, daß ein Bauwerk oder ein Bauteil nach Entlasten voll in den ursprünglichen Zustand ohne bleibende Deformationen zurückgeht. Bei der elastischen Grenzlast gemäß obiger Definition werden rechnerisch keinerlei Querschnittsreserven oder Systemreserven, die sich entwickeln können, wenn plastische Spannungen aktiviert werden, in Anspruch genommen.

Die plastischen Grenzlasten gemäß den obigen Versagenszuständen 4, 5 und 6 nutzen Querschnittsreserven und Systemreserven durch Inanspruchnahme der Plastizierungsfähigkeit des Werkstoffes. Nur duktile Werkstoffe besitzen eine plastische Tragfähigkeit. Die plastische Grenzlast ist ebenfalls eine fiktive rechnerische Grenzlast, die sich von der sicheren Seite her an die wirkliche Traglast annähert. Sie liegt höher als die elastische Grenzlast.

Das plastische Moment wird im Stahlbau auf der Basis des Modells eines voll durchplastizierten Querschnittes berechnet. Die Widersinnigkeit hierbei liegt darin, daß in der Intersektionslinie Druckfließen und Zugfließen direkt nebeneinanderliegen, was physikalisch unmöglich ist. Darüber hinaus steigern sich die Randdehnungen für diesen Spannungszustand theoretisch über alle Maßen, was physikalisch ebenfalls unmöglich ist. Bei Stahl S235(St37) und S355(St52) kann das plastische Moment dennoch mit diesem Spannungszustand berechnet werden, weil in dem dabei zugrundegelegten bilinearen Werkstoffgesetz die Eigenschaft zu erheblicher Verfestigung, die schon nach einem relativ kurzen Fließbereich einsetzt, nicht berücksichtigt wird. Große Dehnungen in Randfaserbereichen treten deshalb bei Stahl nicht auf, auch keine Bruchdehnungen, demgegenüber überschreiten jedoch die Spannungen in Verfestigungsbereichen erheblich die Fließspannung und steigern sich bis zur jeweiligen Verfestigungsspannung. Bei Aluminium gibt es nicht einen gleichgearteten Verfestigungsbereich in den σ-ε-Verläufen wie bei Stahl. Deshalb ist die Fließgelenkmethode mit einem oder mehreren Fließgelenken mit Behutsamkeit anzuwenden. Nähern sich die Dehnungen in hochbeanspruchten Bereichen – z.B. in Randfasern – der Bruchdehnung, so haben diese Fasern Spannungen, die die 0,2%-Grenze nur relativ wenig überschreiten. Dies gleicht nicht den Fehlbedarf an Tragkapazität der null-liniennahen Querschnittsbereiche aus, das volle plastische Spannungsdiagramm kann dann nicht aktiviert werden. Deshalb ist eine entscheidende Bedingung bei der rechnerischen Ermittlung des plastischen Momentes die Forderung, daß die Dehnung in der meistbeanspruchten Faser beschränkt bleibt. Die Grenze wurde von Mazzolani [1, 14] auf etwa $10\,\varepsilon_{0,2}$ festgesetzt. Das zugehörige plastische Moment heißt ultimate bending moment M_u. Das Verhältnis von M_u/M_{pl} liegt damit in der Regel um 1,0, es kann bei Material ohne nennenswerte Verfestigung jenseits von $\varepsilon_{0,2}$ unter 1,0, bei Material mit Verfestigung über 1,0 liegen. Für einen I-Querschnitt mit den Abmessungsverhältnissen

Höhe h in mm
Flanschbreite b = 0,5 h
Flanschdicke t = h/20
Stegdicke s = h/25

ergeben sich die in Tabelle 4-1 zusammengestellten Faktoren, mit welchen der Formbeiwert α_{pl} zu multiplizieren wäre, um das Fließzonentragmoment M_u bei einer maximalen Dehnung der meistgedehnten Faser von $\varepsilon_{gr} = 10\,\varepsilon_{0,2}$ zu erreichen.

Tabelle 4-1
Reduktionsfaktoren für den Formbeiwert α_{pl}

Werkstoff	$f_{0,2}$ N/mm²	I-Querschnitt, Höhe h in mm b = h/2, t = h/20, s = h/25					
		100	150	200	250	300	400
7020 T6	280	0,949 (1,12)	0,949 (1,12)	0,949 (1,12)	0,949 (1,12)	0,949 (1,12)	0,949 (1,12)
6082 T6	250	0,949 (1,13)	0,949 (1,13)	0,949 (1,13)	0,949 (1,13)	0,949 (1,13)	0,949 (1,13)
6063 T6	170	0,949 (1,18)	0,949 (1,18)	0,949 (1,18)	0,949 (1,18)	0,949 (1,18)	0,949 (1,18)
6060 T6	140	0,949 (1,22)	0,949 (1,22)	0,949 (1,22)	0,949 (1,22)	0,949 (1,22)	0,949 (1,22)
5754 H24/H34	250	0,949 (1,13)	0,949 (1,13)	0,949 (1,13)	0,949 (1,13)	0,949 (1;13)	0,949 (1,13)
5454 H24/H34	200	0,949 (1,16)	0,949 (1,16)	0,949 (1,16)	0,949 (1,16)	0,949 (1,16)	0,949 (1,16)

Die Tabellenwerte sind das Verhältnis des teilplastischen Momentes $M_{10\varepsilon_{0,2}}$ auf der Basis eines bilinaren σ-ε-Gesetzes mit

$$\sigma = E \cdot \varepsilon \qquad \text{für } 0 \leq \varepsilon \leq \varepsilon_{0,2}$$

und

$$\sigma = f_{0,2} = \text{const.} \quad \text{für } \varepsilon_{0,2} < \varepsilon \leq \varepsilon_{gr} = 10\,\varepsilon_{0,2}$$

und des rechnerischen vollplastischen Momentes M_{pl}. Die Klammerwerte sind das Verhältnis des Momentes M_u auf der Basis des Ramberg-Osgood-Gesetzes für M1 nach Tabelle 2-12 bis zu einer Grenzdehnung von

$$\varepsilon_{gr} = 10\,\varepsilon_{0,2}$$

und des rechnerischen vollplastischen Momentes M_{pl}. Die zugehörigen Momente M_u basieren nicht auf der Fließgelenktheorie, sondern auf der Fließzonentheorie und kommen der wirklichen Traglast am nächsten. Man erkennt hieran, daß dieses M_u für die hier geprüften Querschnitte immer größer ist als das klassische M_{pl} mit vollem Spannungsdiagramm $f_{0,2}$. Dies gilt für Klasse 1- und Klasse 2-Querschnitte (siehe Abschnitt 4.3.2).

Eine analytische Vorgehensweise zur Berechnung der kompletten Momenten-Krümmungs-Beziehungen für symmetrische Querschnitte der Klasse 1 ohne und mit Schweißung wird im Abschnitt 4.4 dargestellt. Diese Beziehung wäre für eine genauere nichtlineare Berechnung der Deformationen von Trägern und Rahmen sowie der Schnittgrößen in statisch unbestimmten Systemen anzuwenden.

Die plastische Querkraft kann für Querschnitte mit Flanschen ohne weitere Überlegungen unter der Annahme ermittelt werden, daß der gesamte Steg durch Schubspannungen zum Fließen gebracht wird.

Die Interaktionsbeziehungen wurden auf der Basis von Dehnungsbegrenzungen von Valtinat/Dangelmaier in [15] behandelt.

4.3.2 Klasseneinteilung der Querschnitte

Die Klassifizierung teilt die Biegequerschnitte in vier Klassen ein, Grundlage für diese Einteilung ist die Sicherheit gegen lokales Ausbeulen von abstehenden Flanschen ohne und mit Randverstärkungen, oder von beidseitig gehaltenen Flanschen, z.B. in Kastenquerschnitten und von Stegen [5, 16]. Die vier Klassen sind wie folgt definiert:

Klasse 1: Zur Klasse 1 gehören Querschnitte, die nicht nur das volle plastische Gelenk ausbilden, sondern zusätzlich ohne lokales Ausbeulen noch so viel Rotationskapazität haben, daß sich weitere plastische Gelenke ausbilden können und eine Umlagerung der Schnittgrößen nach Fließgelenktheorie möglich ist.

Klasse 2: Querschnitte der Klasse 2 können das volle plastische Gelenk bilden, haben aber nur eine begrenzte Rotationskapazität, Systemreserven können nicht in Anspruch genommen werden.

Klasse 3: Querschnitte der Klasse 3 können in der meistbeanspruchten Faser des Vollquerschnitts auf der Druckseite maximal die 0,2%-Grenze $f_{0,2}$ entwickeln, doch verhindert die Schlankheit aus den Querschnittsabmessungen infolge lokalen Beulens die Ausbildung von plastischen Widerständen.

Klasse 4: Querschnitte der Klasse 4 haben so schlanke Querschnittsteile, daß auf der Druckseite lokales Ausbeulen vor Erreichen der 0,2%-Grenze $f_{0,2}$ auftritt, diese Querschnitte können nicht einmal den vollen elastischen Widerstand ausbilden, sondern für sie sind je nach Berechnungsmethode zur Ermittlung des Bemessungswiderstandes entweder bei vollen Spannungen Querschnittsreduktionen erforderlich, oder es müssen bei Ansatz des vollen Querschnitts die Spannungen reduziert werden.

Die Klassifizierung der Querschnitte hängt von den Abmessungen der einzelnen Querschnittsteile, die im Druckbereich liegen, ab. Verschiedene Querschnittsbereiche wie z.B. Flansche und Stege können unterschiedlichen Klassen zugeordnet sein. Entscheidend für die Einstufung der einzelnen Querschnittselemente sind die Dicke und die Abmessung rechtwinklig zur Längsspannung (Breite). Ferner haben die Lagerungen der Ränder besonderen Einfluß auf das lokale Beulen, so sind Flansche z.B. abstehende Querschnittselemente, die nur an einem Rand gelagert sind, während Stege an beiden Längsrändern gelagerte Querschnittselemente sind. Randverstärkungen oder Lippen oder angepreßte bzw. angeschweißte Längssteifen können die Klasse eines Querschnittes bis zur Klasse 1 anheben.

Der Abschnitt 5.2 enthält ein ausführliches Beispiel zur Handhabung der Klasseneinteilung beim Tragsicherheitsnachweis einer Stütze.

4.3.3 Elastische Grenzlast

Der Nachweis des elastischen Grenztragvermögens eines Biegequerschnittes der Klassen 1, 2 und 3 unter Biegebeanspruchung ist mit der Bedingung

$$\sigma = \frac{M_d}{W} \leq f_{0,2d} = f_{0,2k}/\gamma_{M1}$$

zu erbringen.

Hierbei sind:

M_d das Bemessungsmoment aus den Bemessungslasten
W   das Widerstandsmoment des Querschnittes und
$\gamma_{M1} = 1,1$

Wenn neben dem Biegemoment eine Normalkraft vorhanden ist, lautet die Nachweisformel

$$\sigma = \frac{N_d}{A} \pm \frac{M_d}{W} \leq f_{0,2d} = f_{0,2k}/\gamma_{M1}$$

Hierin bedeuten weiterhin:

N_d die Bemessungsnormalkraft
A   die maßgebende Querschnittsfläche

Bei zweiachsiger Biegung mit Normalkraft lautet die Nachweisformel

$$\sigma = \frac{N_d}{A} \pm \frac{M_{yd}}{W_y} \pm \frac{M_{zd}}{W_z} \leq f_{0,2d} = f_{0,2k}/\gamma_{M1}$$

Hierbei bedeuten:

M_{yd} sowie M_{zd} die Bemessungsmomente um die jeweiligen Hauptachsen des Querschnittes
W_y und W_z die Widerstandsmomente um die entsprechenden Hauptachsen des Querschnitts

Der Nachweis der elastischen Grenzquerkraft ist mit der folgenden Gleichung zu führen

$$\tau = \frac{Q_d \cdot S}{I \cdot s} \leq \tau_{0,2d} = \frac{f_{0,2d}}{\sqrt{3}} = \frac{f_{0,2k}}{\sqrt{3} \cdot \gamma_{M1}}$$

4.3 Biegestäbe

Hierin bedeuten:

Q_d die Bemessungsquerkraft
S   das statische Moment des abgeschnittenen Querschnittsteils bezogen auf die Querschnittshauptachse
I   das Trägheitsmoment des Querschnitts
s   die Stegdicke

Diese Formel kann bekanntlich bei Querschnitten mit Flanschen wie z.B. I-, U- und Kastenquerschnitten durch den vereinfachten Nachweis

$$\tau = \frac{Q_d}{A_{Steg}} \leq \tau_{0,2d} = \frac{f_{0,2d}}{\sqrt{3}} = \frac{f_{0,2k}}{\sqrt{3} \cdot \gamma_{M1}}$$

ersetzt werden.

Hierin bedeutet:

A_{Steg} die Querschnittsfläche des Steges

Beim Zusammentreffen von Normalspannungen und Schubspannungen im Querschnitt ist der Vergleichsspannungsnachweis zu führen.

$$\sigma = \sqrt{\sigma_x^2 + 3\tau_{xy}} \leq f_{0,2d} = f_{0,2k}/\gamma_{M1}$$

Hierin bedeuten:

σ_x die Normalspannung aus Normalkraft und Biegemoment im Bemessungszustand,
τ_{xy} die Schubspannung aus der Bemessungsquerkraft

Die oben genannten Formeln können für Druckbeanspruchungen so verwendet werden, wenn Querschnitte der Klassen 1 bis 3 vorliegen. Liegt ein Querschnitt der Klasse 4 vor, so sind die oben genannten Bedingungen für die Spannungsnachweise auf die kritische Druckspannung $\sigma_{cr,d}$ zu reduzieren, um lokales Ausbeulen zu vermeiden.

Bei Quernähten gelten die vorgenannten Formeln, wobei für $f_{0,2}$ der Wert $f_{0,2,WEZ}$ einzusetzen ist.

Für geschweißte Querschnitte mit Längsnähten können die gleichen Formeln angewendet werden, wenn man die Querschnittsfläche A durch

$$A_\varkappa = A - (1 - \varkappa) \sum_{i=1}^{n} A_{WEZ,i}$$

und das Trägheitsmoment I durch

$$I_\varkappa = I - (1 - \varkappa) \left(\sum_{i=1}^{n} A_{WEZ,i} \cdot z_i^2 \right)$$

ersetzt und mit der ungeschwächten Werkstoffspannung rechnet.

4.3.4 Plastische Grenzlast

Die plastische Grenzlast auf Biegung kann nur von Querschnitten der Klassen 1 und 2 erreicht werden. Bei Querschnitten der Klasse 1 ist es nach Abschnitt 4.3.1 auch möglich, höhere als die plastischen Momente als Grenzlasten zu erreichen, wenn nicht die

0,2-Grenze angesetzt wird sondern der zur Grenzdehnung ε_{gr}, gehörende f_{gr}-Wert; ε_{gr} ist bei nicht duktilen Materialien gleich $5\varepsilon_{0,2}$ bzw. bei duktilen Materialien gleich $10\varepsilon_{0,2}$. Bei Klasse 2-Querschnitten kann man nur bis zum klassischen plastischen Moment gehen.

Es gilt für das Grenzmoment:

$$M_{pl,Rd} = f_{0,2} \cdot \alpha \cdot W_{el}/\gamma_{M1}$$

Hierin sind:

α der plastische Beiwert nach Tabelle 4-2
W_{el} das elastische Widerstandsmoment
γ_{M1} der Teilsicherheitsbeiwert für die Widerstandsseite

Tabelle 4-2
Werte für α

Querschnittsklasse	Ungeschweißt	Geschweißt
1	W_{pl}/W_{el} [1]	W_{ple}/W_{ele} [1]
2	W_{pl}/W_{el}	W_{ple}/W_{ele}

[1] Mit weiteren Erhöhungen nach ENV 1999-1-1.

W_{pl} – das plastische Widerstandsmoment
W_{ele} – das wirksame elastische Widerstandsmoment, das Blechdickenreduzierungen infolge WEZ berücksichtigt
W_{ple} – das plastische Widerstandsmoment, das Blechdickenreduzierungen infolge WEZ berücksichtigt

Weitere Angaben erhält man aus ENV 1999-1-1 (Eurocode 9).

Eine detaillierte Vorgehensweise zur Berechnung der gesamten Momenten-Krümmungs-Beziehung und des wirklichen Tragmomentes unter Ausnutzung plastischer Dehnungen und unter Beachtung des wirklichen nichtlinearen Spannungs-Dehnungs-Verlaufs für symmetrische Querschnitte wird im Abschnitt 4.4 mitgeteilt. Damit ist es möglich, die nichtlineare Berechnung von Balken- und Rahmensystemen unter Einschluß der Deformationen vorzunehmen.

4.3.5 Dünnwandige Querschnitte mit lokaler Beulgefahr

Die elastische Grenzlast auf Biegung von Querschnitten der Klasse 4 kann nur erreicht werden, wenn die Dünnwandigkeit und die damit verbundene Gefahr des lokalen Beulens z.B. durch Querschnittsreduktion beachtet wird.

Es gilt für das Grenzmoment:

$$M_{pl,Rd} = f_{0,2} \cdot \alpha \cdot W_{el}/\gamma_{M1}$$

4.3 Biegestäbe

Hierin sind:

α der plastische Beiwert nach Tabelle 4-3

W_{eff} das elastische Widerstandsmoment, das Blechdickenreduzierungen infolge der Dünnwandigkeit des Klasse 4-Querschnitts berücksichtigt

W_{effe} das wirksame elastische Widerstandsmoment, das Blechdickenreduzierungen infolge WEZ und Blechdickenreduzierungen infolge der Dünnwandigkeit des Klasse 4-Querschnitts berücksichtigt, es braucht nur die ungünstigere Blechdickenreduzierung beachtet zu werden

Tabelle 4-3
Werte für α

Querschnittsklasse	Ungeschweißt	Geschweißt
4	W_{eff}/W_{el} [1]	W_{effe}/W_{ele} [1]

[1] Weitere Angaben siehe ENV 1999-1-1 (Eurocode 9).

4.3.6 Biegemoment und Querkraft

Sofern die Querkraft nicht klein ist, reduziert sie die Tragfähigkeit auf Biegung von M_{pl} auf $M_{pl, Q, Rd}$. Dies ist durch Reduktion der Grenznormalspannung in demjenigen Querschnittsteil, der vornehmlich zur Aufnahme der Querkraft geeignet ist, zu berücksichtigen, wenn die Querkraft 50% der plastischen Querkraft, d.h. $0.5\,Q_{pl}$ überschreitet. Die reduzierte Grenznormalspannung zur Berechnung des reduzierten plastischen Momentes $M_{pl, Q, Rd}$ lautet:

$$f_{Rd, red} = \sqrt{1 - (Q_d/Q_{pl, Rd})^2} \cdot f_{0,2}/\gamma_{M1}$$

Für I-Querschnitte der Klassen 1 bis 3 kann vereinfacht angesetzt werden:

$$M_{pl, Q, Rd} = t_f \cdot b_f \cdot (h_s - t_f) \cdot \frac{f_{0,2}}{\gamma_{M1}} + \frac{t_{steg} \cdot h_{steg}^2}{4} \cdot \frac{f_{0,2, steg}}{\gamma_{M1}}$$

Bei Klasse 4-Querschnitten oder bei Querschnitten mit Schweißungen ist der Beiwert α wie vor zu berücksichtigen.

4.3.7 Versagen durch lokales Ausbeulen oder durch Instabilität

Gerade bei Aluminium-Bauteilen ist es sehr wichtig, der Gefahr durch lokales Beulen oder durch Biegedrillknicken zu begegnen. Hierzu sind umfangreiche Vorgehensweisen in der ERAAS und in ENV 1999-1-1 festgelegt. Bei druckbeanspruchten Querschnitten der Klasse 4 mit gleichbleibender Wanddicke ist für jedes Querschnittselement eine Abminderung der Dicke entsprechend seiner Schlankheit und der Streckgrenze mit dem Faktor ρ_c vorzunehmen. Ein Beispiel mit einer dünnwandigen Stütze unter Druck bzw. Druck und Biegung wird später im Kapitel 5 behandelt.

4.4 Die Völligkeitsmethode: Ein direktes Verfahren zur Ermittlung der Momenten-Krümmungs-Beziehung und des Tragmomentes eines symmetrischen Aluminiumquerschnittes

Dipl.-Ing. Ulrike Eberwien

4.4.1 Einleitung

Die nichtlineare Berechnung von Balken- und Rahmensystemen kann mit Hilfe von Momenten-Verkrümmungs-Beziehungen durchgeführt werden. Die Verformung eines Systems, das lokal in plastische Bereiche übergegangen ist, kann durch ein solches Vorgehen abgebildet werden. Doch aufgrund des nichtlinearen Spannungs-Dehnungs-Zusammenhangs von Aluminium sind numerische Methoden notwendig, um die Momenten-Verkrümmungs-Beziehung eines Querschnitts zu berechnen. Im Eurocode 9 Anhang G [2] ist ein vereinfachtes Berechnungsmodell zur Erzeugung von Momenten-Verkrümmungs-Beziehungen enthalten. Mit der Völligkeitsmethode wird ein neues Verfahren zur vereinfachten Ermittlung von Momenten-Verkrümmungs-Beziehungen für symmetrische Aluminiumquerschnitte vorgeschlagen, das auf der exakten Lösung für den Rechteckquerschnitt basiert. Die Gültigkeit des Verfahrens wird auch für geschweißte Querschnitte gezeigt.

4.4.2 Biegemoment am Rechteckquerschnitt

Das Biegemoment eines Rechteckquerschnitts kann bekanntermaßen durch die in Gleichung (4-1) dargestellte Integration berechnet werden.

$$M = \int_A \sigma z \, dA = b \int_{-h/2}^{h/2} \sigma z \, dz \tag{4-1}$$

Wird die Gültigkeit der Bernoulli-Hypothese vorausgesetzt, kann die Querschnittskoordinate z (siehe Bild 4-3) substituiert werden

$$z = \frac{h}{2} \cdot \frac{\varepsilon}{\varepsilon_{ef}}, \qquad \frac{dz}{d\sigma} = \frac{h}{2} \cdot \frac{\varepsilon'}{\varepsilon_{ef}} \tag{4-2}$$

wobei $\varepsilon' = d\varepsilon/d\sigma$ die erste Ableitung der Dehnung nach der Spannung ist. Die Integrationsgrenzen gehen hierdurch von der Randkoordinate $z = h/2$ auf die Randspannung σ_{ef} (Index ef = extreme fibre) über. Durch Ausnutzung der Symmetrie genügt die Integration über den halben Bereich. Gleichung (4-1) kann daher in der Form

$$M = 2 \frac{1}{\varepsilon_{ef}^2} \cdot \frac{bh^2}{4} \int_0^{\sigma_{ef}} \sigma \varepsilon \varepsilon' \, d\sigma \tag{4-3}$$

geschrieben werden.

4.4 Die Völligkeitsmethode

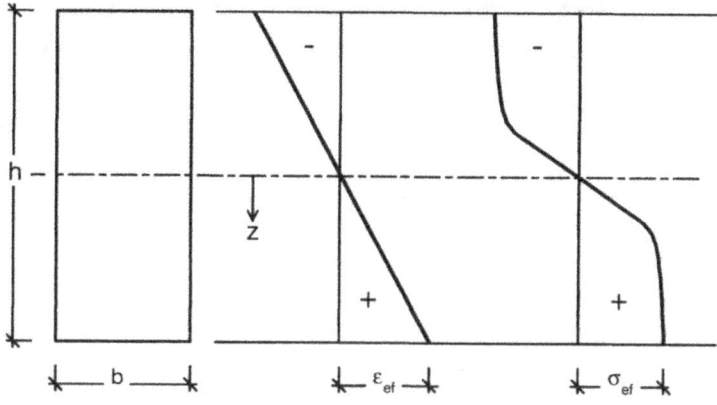

Bild 4-3
Rechteckquerschnitt mit linearem Dehnungs- und nichtlinearem Spannungsverlauf

Zur Beschreibung des Werkstoffverhaltens von Aluminium wird das Ramberg-Osgood-Gesetz nach Gleichung (4-4)

$$\varepsilon = \frac{\sigma}{E} + 0{,}002 \left(\frac{\sigma}{f_{0,2}}\right)^n \qquad (4\text{-}4)$$

verwendet. Zur Lösung des Integrals nach Gleichung (4-3) werden

$$\varepsilon_{el} = \frac{\sigma}{E}, \quad \varepsilon_r = 0{,}002 \left(\frac{\sigma}{f_{0,2}}\right)^n \qquad (4\text{-}5a, b)$$

und

$$\varepsilon' = \frac{1}{E} + n \frac{0{,}002}{f_{02}} \left(\frac{\sigma}{f_{0,2}}\right)^{n-1} \qquad (4\text{-}6)$$

gesetzt. Das Biegemoment ergibt sich somit nach Gleichung (4-7) zu

$$M = \frac{bh^2}{4} \left(1 - \frac{\frac{1}{3}\varepsilon_{el}^2 + \frac{2}{n+2}\varepsilon_{el}\varepsilon_r + \frac{1}{2n+1}\varepsilon_r^2}{\varepsilon_{ef}^2} \right) \sigma_{ef} = \alpha_{pl}(1-\psi) W_{el} \sigma_{ef} \qquad (4\text{-}7)$$

Für den Rechteckquerschnitt bildet Gleichung (4-7) eine direkte, exakte Lösung des Problems $M = M(\sigma_{ef})$ und daher ebenfalls für $M = M(\varkappa)$, denn

$$\varkappa = \varkappa(\varepsilon_{ef}) = \frac{\varepsilon_{ef}}{h/2} = \frac{2}{h} \left[\frac{\sigma_{ef}}{E} + 0{,}002 \left(\frac{\sigma_{ef}}{f_{0,2}}\right)^n \right] \qquad (4\text{-}8)$$

Gleichung (4-7) setzt das Biegemoment eines rechteckigen Querschnitts mit einem Werkstoff, der nach dem Ramberg-Osgood-Gesetz beschrieben werden kann, in eine lineare Beziehung zu dem elastischen Biegemoment mit der gleichen Randfaserspannung σ_{ef}. Der Koeffizient β

$$\beta = \alpha_{pl}(1-\psi) \qquad (4\text{-}9)$$

hängt hierbei sowohl von der Querschnittsgeometrie – zusammengefaßt im plastischen Formbeiwert α_{pl} – ab als auch von den Materialeigenschaften – zusammengefaßt in dem Parameter ψ. Der Einfluß beider Faktoren auf den Koeffizienten β ist unabhängig voneinander.

Die drei Haupteigenschaften der direkten Lösung für den Rechteckquerschnitt sind daher:

1. lineare Beziehung zum elastischen Moment durch $W_{el} \cdot \sigma_{ef}$
2. unabhängiger Einfluß der Querschnittsgeometrie durch α_{pl}
3. unabhängiger Einfluß des Werkstoffs durch ψ

Die Eigenschaften von Geometrie und Material werden in beiden Fällen durch je einen zusammenfassenden Parameter repräsentiert.

4.4.3 Vereinfachte Berechnung von I-Querschnitten

In Anlehnung an die direkte Lösung für den Rechteckquerschnitt wird versucht, die positiven Aspekte der drei Haupteigenschaften auf eine allgemeinere Lösung für einen symmetrischen Querschnitt zu übertragen. Bild 4-4 zeigt die Spannungsverläufe eines symmetrischen Querschnitts für drei unterschiedliche Spannungszustände.

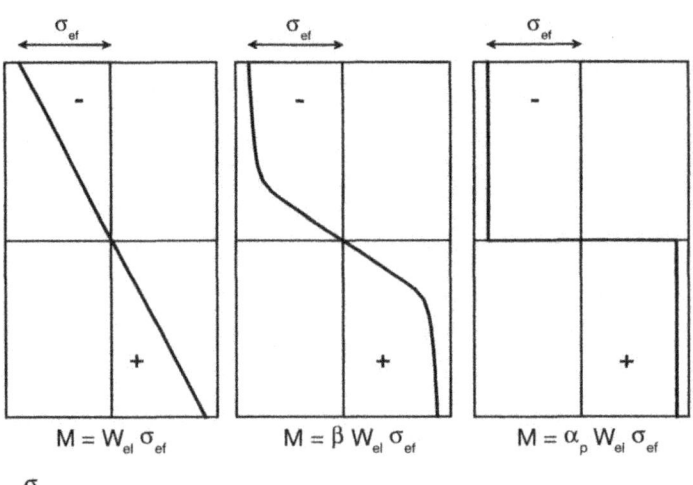

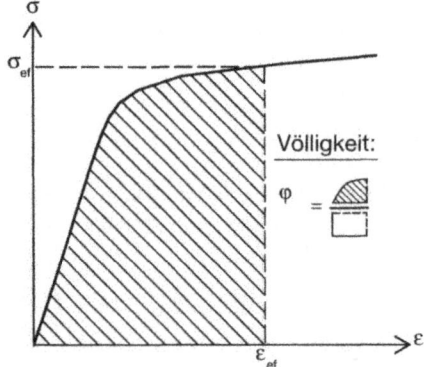

Bild 4-4
Drei unterschiedliche Spannungsverläufe für einen symmetrischen Querschnitt: linear, nichtlinear, vollplastisch; Definition der Völligkeit φ

4.4 Die Völligkeitsmethode

Offensichtlich kann der Koeffizient β durch Interpolation bestimmt werden. Die Völligkeit φ nach Gleichung (4-10), d.h. der Flächeninhalt unterhalb der Spannungs-Dehnungs-Kurve bezogen auf das Produkt aus Randspannung und -dehnung, siehe Bild 4-4, wird als Grundlage für die Interpolation verwendet (siehe auch [34]).

$$\varphi = \frac{\frac{1}{2}\varepsilon_{el} + \frac{n}{n+1}\varepsilon_r}{\varepsilon_{ef}} \qquad (4\text{-}10)$$

Um die Gestalt der erforderlichen Interpolationsfunktion für den Koeffizienten β einschätzen zu können, wird mit Hilfe eines numerischen Verfahrens die exakte Momenten-Verkrümmungs-Beziehung verschiedener I-Querschnitte berechnet. Dieses numerische Verfahren besteht aus einem Schichtenmodell des Querschnitts, auf das eine bestimmte Verkrümmung aufgebracht wird. Das dazugehörige Moment wird durch numerische Integration des Spannungsverlaufes bestimmt.

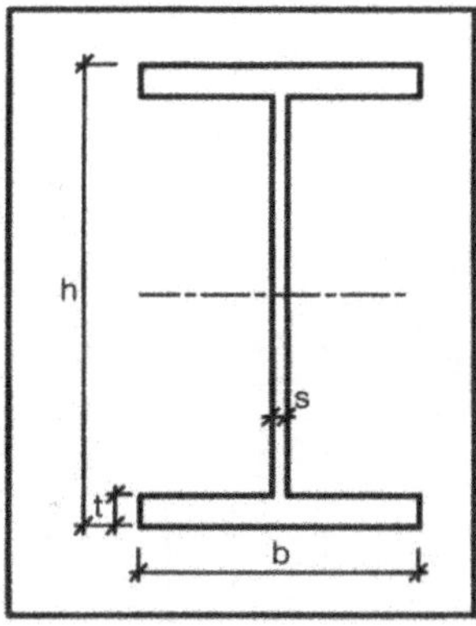

Nr.	h	b [mm]	t	s	α_{pl}
1	200	200	12	6	1.1
2	400	300	29	12.5	1.12
3	400	300	39	22	1.16
4	200	75	–	–	1.5

Bild 4-5
I-Querschnitte, geometrische Abmessungen

Aus der Momenten-Verkrümmungs-Beziehung eines bestimmten Querschnitts und der zu jedem Verkrümmungszustand gehörenden Randfaserspannung kann die entsprechende φ-β-Linie abgeleitet werden. Bild 4-6 zeigt einige dieser Linien verschiedener I-Querschnitte (siehe Bild 4-5) mit unterschiedlichen Materialeigenschaften (E-Modul = 70000 N/mm², Exponenten n = 10, 20, 30 und 0,2-Dehngrenzen $f_{0,2}$ = 150, 200, 250 N/mm²).

Aus Bild 4-6 wird ersichtlich, daß der Koeffizient β nicht von der 0,2-Dehngrenze abhängt und nur leicht vom Exponenten n beeinflußt wird. In Übereinstimmung mit den drei Haupteigenschaften, die für die exakte Lösung am Rechteckquerschnitt abgeleitet werden konnten, soll diese leichte n-Abhängigkeit im folgenden vernachlässigt werden. Die Materialeigenschaften werden ausschließlich durch die Völligkeit φ vertreten.

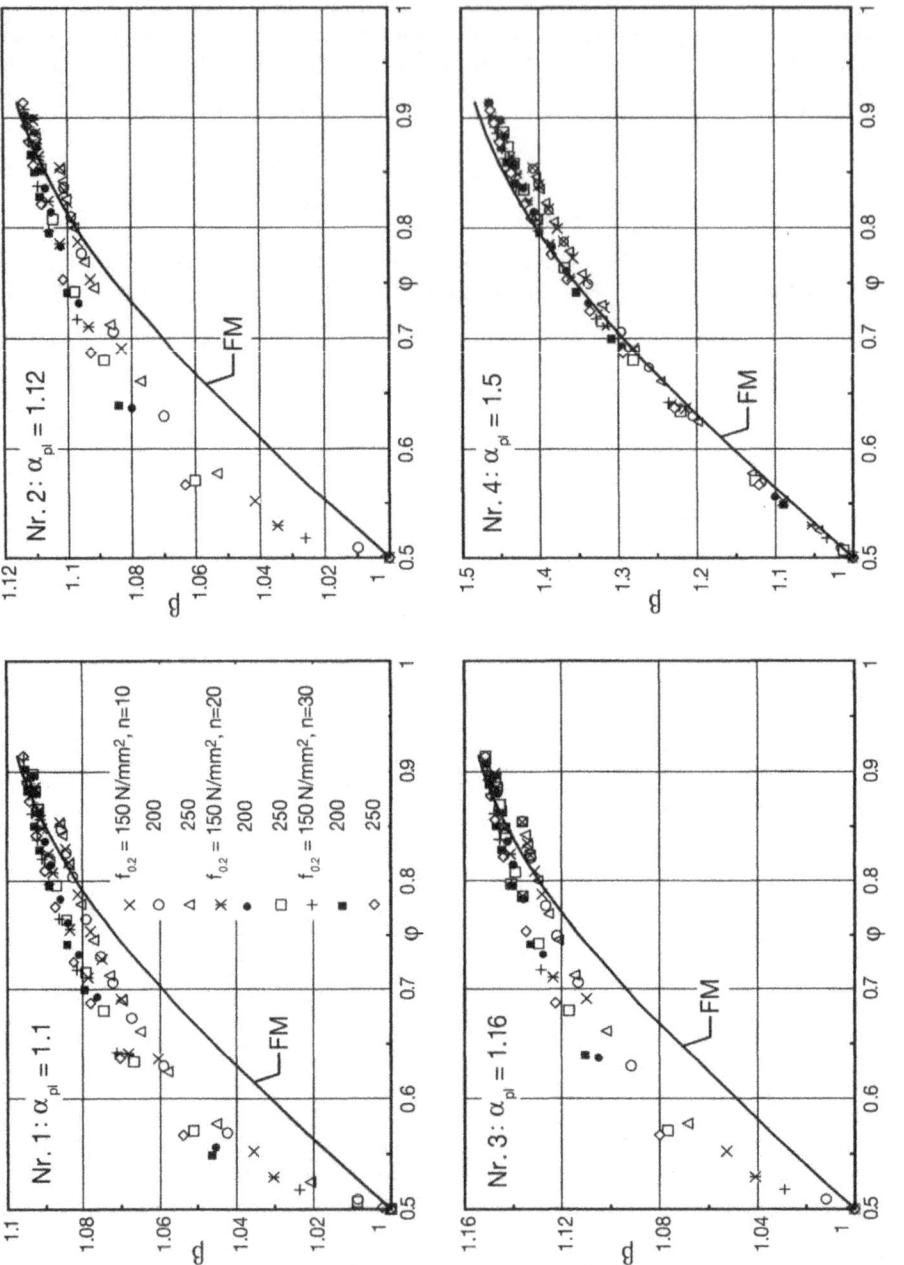

Bild 4-6
φ-β-Diagramme für I-Querschnitte nach Bild 4-5 (numerisch und FM)

4.4 Die Völligkeitsmethode

Die Interpolationsfunktion für den Koeffizienten β muß für eine gute Anpassung an die numerischen Ergebnisse leicht gekrümmt sein, siehe Bild 4-6. Daher wird eine der trigonometrischen Funktionen als Gerüst für die Interpolation verwendet. Die Auswertung der Randbedingungen, d.h. β = 1 wenn φ = 0,5 und β = $α_{pl}$ wenn φ = 1, führt zu der Darstellung

$$β = 1 - (α_{pl} - 1) \cos π φ \qquad (4\text{-}11)$$

Die durchgezogene Linie in Bild 4-6 stellt die Auswertung dieser Interpolationsfunktion nach Gleichung (4-11) für die vier betrachteten I-Querschnitte dar. Besonders für kleine Werte von $α_{pl}$ zeigt die erzielte Anpassung Abweichungen vom numerischen Ergebnis. Wird trotz dieser Abweichungen Gleichung (4-11) als Bestimmungsgleichung für den Koeffizienten β eingesetzt, bildet Gleichung (4-12) ein direktes Verfahren zur Berechnung des Biegemoments eines symmetrischen Querschnitts. Aufgrund der Verwendung der Völligkeit φ als Interpolationsgrundlage soll die so entwickelte Vorgehensweise im folgenden Völligkeitsmethode (engl. Fullness Method, FM) genannt werden.

$$M = β W_{el} σ_{ef} \qquad (4\text{-}12)$$

Der Vergleich der Momenten-Verkrümmungs-Beziehungen nach dem numerischen Verfahren mit den Ergebnissen der Völligkeitsmethode ist trotz der Abweichungen, die für den Koeffizienten β beobachtet werden konnten, sehr überzeugend (siehe Bild 4-7). Die Ergebnisse sind als dimensionslose Werte dargestellt. Die Momente werden auf das elastische Grenzmoment $M_{0,2}$, die Verkrümmungen auf $\varkappa_{0,2}$ – die Verkrümmung, die zu einer Randdehnung $ε_{0,2}$ gehört, – bezogen.

Neben den Ergebnissen des numerischen Verfahrens und der Völligkeitsmethode enthält Bild (4-7) außerdem die Ergebnisse des Berechnungsmodells nach EC 9 Anhang G, das von Mazzolani [14] entwickelt wurde. Für kleine Exponenten n weichen dieses Modell und die Völligkeitsmethode im Bereich von Verkrümmungen, die größer als $2\varkappa_{0,2}$ sind, leicht voneinander ab.

4.4.4 Gültigkeit für andere symmetrische Querschnitte

An dieser Stelle muß festgehalten werden, daß die Interpolationsfunktion für den Koeffizienten β nach Gleichung (4-11) für I-Querschnitte aufgestellt wurde. Die geometrischen Eigenschaften des Querschnitts werden nur durch den geometrischen Formfaktor $α_{pl}$ wiedergegeben. Dieser ist aber unabhängig von der Gestalt des Querschnitts, also davon ob es sich z.B. um einen I-Querschnitt mit zusätzlichen Lippen handelt oder ob der Querschnitt eine von der I-Form völlig abweichende Gestalt besitzt. Die Verallgemeinerung auf andere symmetrische Querschnittsformen ist daher zu untersuchen. In Bild 4-8 sind vier verschiedene Querschnittstypen dargestellt. Für jeden Querschnittstyp sind außerdem explizite Abmessungen eines bestimmten Querschnitts angegeben.

Für diese Querschnitte ist sowohl das numerische Verfahren als auch die Völligkeitsmethode (Gleichungen 4-11 und 4-12) ausgewertet worden. Bild 4-9 zeigt die so erzeugten φ-β-Diagramme und die dimensionslosen M-ϰ-Diagramme für ein Ramberg-

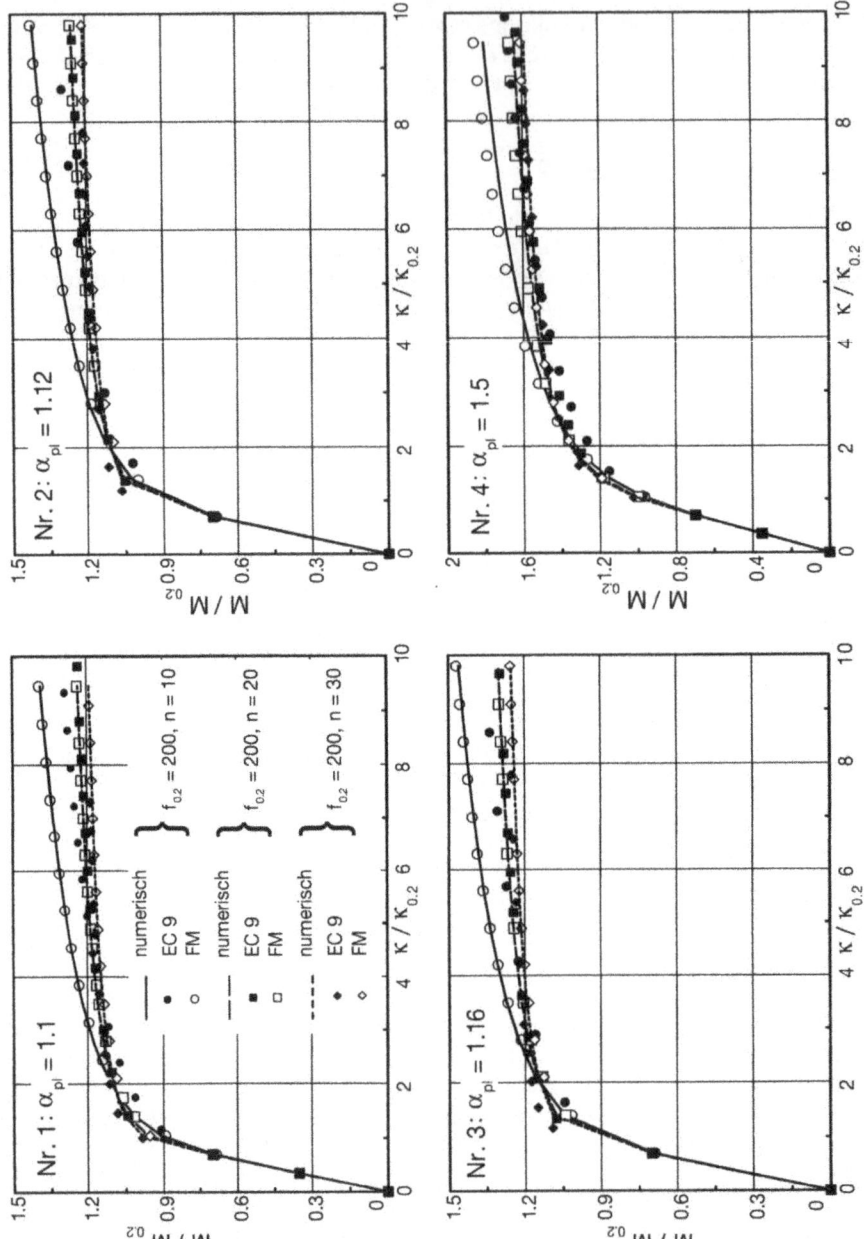

Bild 4-7
Moment-Verkrümmungs-Verläufe für I-Querschnitte nach Bild 4-5 (numerisch, Modell nach EC9, FM)

4.4 Die Völligkeitsmethode

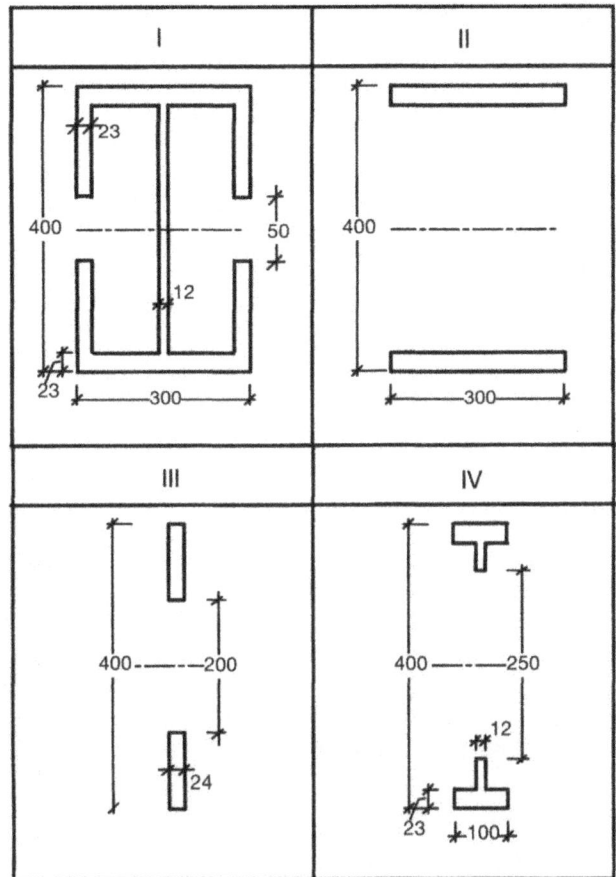

Bild 4-8
Verschiedene symmetrische Querschnittsformen

Osgood-Material mit $f_{0,2} = 200$ N/mm^2 und n = 20. Die Anpassung der φ-β-Diagramme hängt wiederum vom geometrischen Formfaktor α_{pl} ab. Die gezeigte Abweichung ist aber nicht größer als für die untersuchten I-Querschnitte. Die M-ϰ-Diagramme zeigen die erwartet gute Übereinstimmung zwischen den Ergebnissen des numerischen Verfahrens und der Völligkeitsmethode.

Es scheint daher grundsätzlich möglich, die Gleichungen (4-11) und (4-12) auch für Querschnitte anzuwenden, deren Form vom I-Querschnitt abweicht. Bei der Fülle von Querschnittsformen, die aus Aluminium hergestellt werden können, ist jedoch darauf zu achten, daß die Völligkeitsmethode bei extremen Abweichungen von der I-Form bzw. den hier untersuchten Formen nach Bild 4-8 zusätzlich überprüft werden sollte.

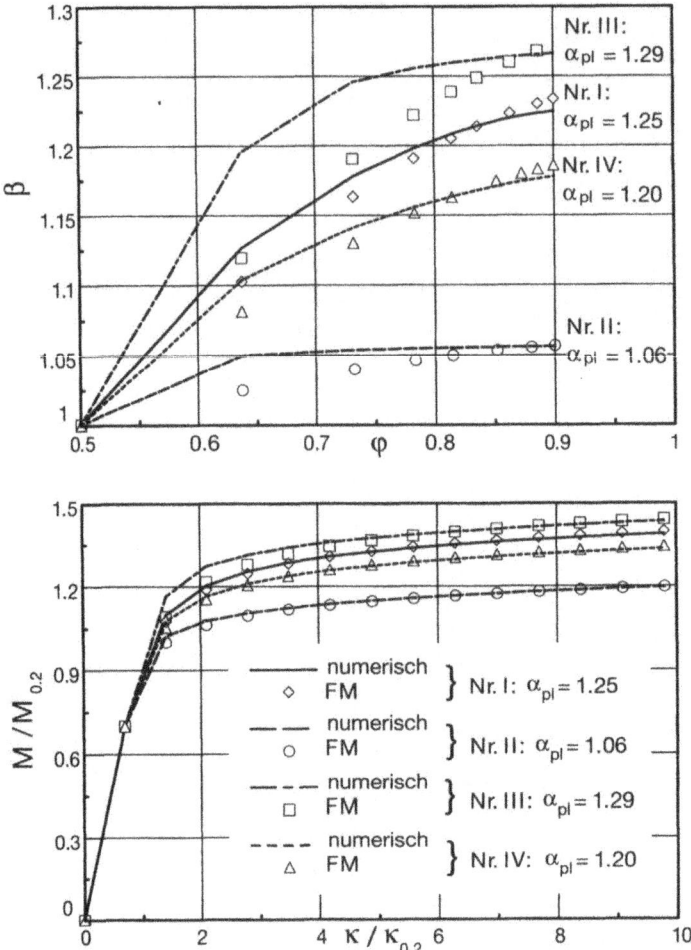

Bild 4-9
φ-β-Diagramm und Momenten-Verkrümmungs-Beziehung für symmetrische Querschnitte nach Bild 4-8

4.4.5 Geschweißte Querschnitte

Die Aufweichung des Werkstoffs durch Schweißen wird allgemein durch eine Wärmeeinflußzone (WEZ oder engl. HAZ) berücksichtigt. Für die HAZ werden eine festgelegte Ausdehnung und konstante Materialeigenschaften, die ebenfalls durch das Ramberg-Osgood-Gesetz abgebildet werden können, angenommen. Diese Vereinfachung führt zu einer Idealisierung des geschweißten Querschnitts als ein Zwei-Material-System, wie es in Bild 4-10 dargestellt ist.

Die Völligkeitsmethode ist gut geeignet, die Momenten-Verkrümmungs-Beziehung für einen symmetrischen Aluminiumquerschnitt zu bestimmen, der aus einem Material

4.4 Die Völligkeitsmethode

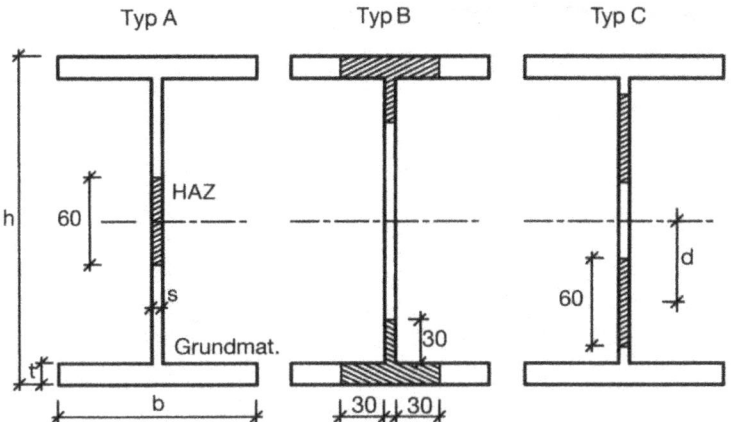

Bild 4-10
I-Querschnitte mit unterschiedlicher Anordnung der Schweißnaht

besteht. Daher werden die beiden Materialkomponenten des geschweißten Querschnitts voneinander getrennt (Bild 4-9). Jeder Teilquerschnitt besteht jetzt aus einem einzigen Material: Grundmaterial (PM, engl.: Parent Material) bzw. HAZ-Material. Für diese Teilquerschnitte kann das Biegemoment getrennt – d.h. für jeden der Teilquerschnitte werden die Parameter W_{el}, α_{pl}, φ usw getrennt bestimmt – mit Hilfe der Völligkeitsmethode berechnet werden. Die Teilmomente können anschließend zum Gesamtmoment für das Zwei-Material-System addiert werden (siehe Bild 4-11). Der Dehnungszustand, also die Verkrümmung, muß natürlich für beide Teilmomente gleich sein.

Wegen des Ramberg-Osgood-Gesetzes wird für die Völligkeitsmethode die Randfaserspannung σ_{ef} – und nicht die Randfaserdehnung ε_{ef} – als Eingangsparameter für die Berechnung verwendet. Die unterschiedlichen Materialeigenschaften von Grundmaterialquerschnitt und HAZ-Querschnitt führen aber bei gleichem Dehnungszustand zu unterschiedlichen Randfaserspannungen σ_{ef}. Nämlich eine für den Grundmaterialquerschnitt und eine für den HAZ-Querschnitt. Von diesen Spannungen kann aber nur eine als Eingangswert für die Berechnung vorgegeben werden. Die zweite muß zum Eingangswert passend bestimmt werden.

Dieses Problem wird dadurch gelöst, daß die Randfaserspannung für den Grundmaterialquerschnitt zur Berechnung des zugehörigen Momentenanteils vorgewählt wird, (Gleichungen 4-11, 4-12). Aus dieser Spannung und mit den Abmessungen des Grundmaterialquerschnitts wird auch die Verkrümmung $\varkappa$ bestimmt. Die für die Berechnung des HAZ-Momentenanteils benötigte Spannung muß nun so eingestellt werden, daß sich daraus für den HAZ-Querschnitt die bereits bekannte Verkrümmungs $\varkappa$ des Gesamtquerschnitts ergibt. Aufgrund der Schwierigkeiten, die mit der Lösung der Gleichung $\sigma = \sigma(\varepsilon)$ für ein Ramberg-Osgood-Material verknüpft sind, wird nicht die Spannung bestimmt, die zu der Randfaser des HAZ-Querschnitts gehört, sondern der Faserabstand, der zu einer geschätzten Randspannung $\sigma_{ef,HAZ}$ und der daraus ableitbaren Dehung gehört.

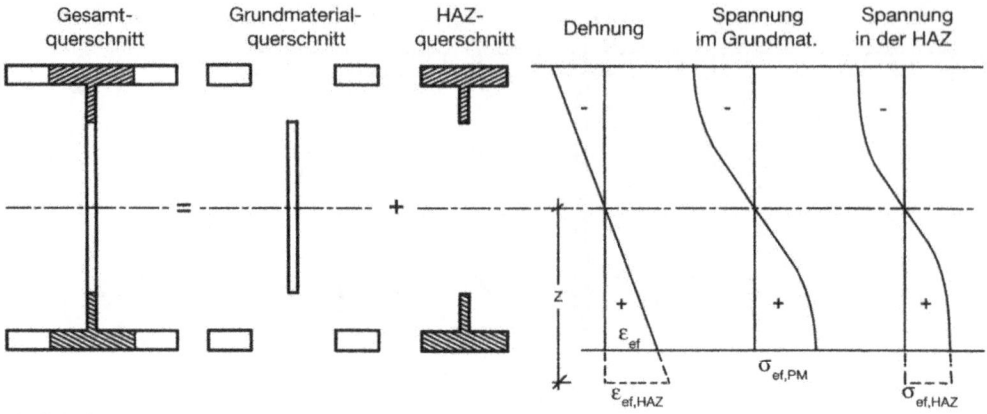

Bild 4-11
Geschweißter Querschnitt (zwei Materialien) oder zwei Teilquerschnitte (ein Material)

$$z = \frac{\varepsilon_{ef,\,HAZ}}{\varkappa} \tag{4-13}$$

Wie in den vorangegangenen Abschnitten gezeigt werden konnte, ist die Völligkeitsmethode bezüglich der Geometrieeigenschaften des Querschnitts nur von α_{pl} abhängig und außerdem für verschiedene Querschnittsformen gültig (siehe Bild 4-8). Daher ist es nicht entscheidend die Position der Randfaser genau zu kennen, sondern vielmehr alle Parameter für die Auswertung der Völligkeitsmethode (d.h. $W_{el,\,HAZ}$, $\alpha_{pl,\,HAZ}$, β_{HAZ}, $\sigma_{ef,\,HAZ}$, φ_{HAZ}) auf die gleiche Faser zu beziehen. Wird diese Faser mit Hilfe von Gleichung (4-13) so gewählt, daß die Verkrümmungen von Grundmaterialquerschnitt und HAZ-Querschnitt übereinstimmen, kann auf diese Weise der noch fehlende HAZ-Momentenanteil nach den Gleichungen (4-11) und (4-12) berechnet werden.

Für die hier dargestellten Ergebnisse wurde eine Abschätzung der Randspannung des HAZ-Querschnitts $\sigma_{ef,\,HAZ}$ nach Gleichung (4-14) vorgenommen.

$$\sigma_{ef,\,HAZ} = \begin{cases} \varepsilon_{ef,\,PM} \cdot E_{HAZ} & \text{wenn } \varepsilon_{ef,\,PM} < 0{,}8 \dfrac{f_{0,2,\,HAZ}}{E_{HAZ}} \\ f_{0,2,\,HAZ} \sqrt[n_{HAZ}]{\dfrac{\varepsilon_{ef,\,PM} - 0{,}0001}{0{,}002}} & \text{sonst} \end{cases} \tag{4-14}$$

Diese Abschätzung kann von den folgenden Annahmen abgeleitet werden: Wenn die tatsächliche Randdehnung des Grundmaterialquerschnitts $\varepsilon_{ef,\,PM}$ kleiner als 80% von $\varepsilon_{0,2,\,HAZ}$ des HAZ-Materials ist, wird angenommen, daß sich die HAZ noch im elastischen Bereich befindet. Andernfalls wird für den elastischen Dehnungsanteil ein konstanter Wert von $\varepsilon_{el} = 0{,}0001 = $ const. angesetzt und die Spannung dann durch Umkehrung von Gleichung (4-15) bestimmt.

$$\varepsilon - \varepsilon_{el} = 0{,}002 \left(\frac{\sigma}{f_{0,2}}\right)^n \tag{4-15}$$

4.4 Die Völligkeitsmethode

Eine solche Abschätzung der HAZ-Spannung kann auf der tatsächlichen Randfaser des Gesamtquerschnitts beruhen, wie in Gleichung (4-14) angenommen, oder aber sich auf das Dehnungsniveau einer innenliegenden Faser beziehen, wie es z.B. durch einen Typ A-Querschnitt nach Bild 4-10 nahegelegt wird.

Aufgrund der gewählten Interpolationsfunktion für die Völligkeitsmethode Gleichung (4-11) sollten die geschätzte HAZ-Spannung und die zugehörige Querschnittsfaser z nicht zu einem α_{pl} führen, das kleiner als 1 ist. Jede andere Abschätzung – z kann hierdurch auch außerhalb des Querschnitts liegen – wird mehr oder weniger zufriedenstellende Ergebnisse liefern (α_{pl} sollte jedoch nicht wesentlich größer als 2 werden).

Werden diese Bedingungen eingehalten, kann das Biegemoment eines Zwei-Material-Systems mit Hilfe der Völligkeitsmethode berechnet werden. Tabelle 4-4 a und b enthält die Abmessungen zweier verschiedener I-Querschnitte und dazu drei frei gewählte Materialmodelle für den Grundmaterial- und den HAZ-Anteil des Querschnitts. Die Momenten-Verkrümmungs-Beziehungen für diese Querschnitte mit Schweißnahtpositionen nach Typ B und C (Bild 4-10) sind zum einen numerisch und zum anderen durch die Völligkeitsmethode bestimmt worden. In Bild 4-12 sind die Ergebnisse als dimensionslose M-$\varkappa$-Diagramme dargestellt. Die Übereinstimmung der vereinfachten Berechnung mit den numerischen Ergebnissen ist ausreichend.

Zusätzlich enthält Bild (4-12) für jeden der untersuchten Fälle die M-$\varkappa$-Linie eines Querschnitts, der nur aus Grundmaterial besteht und den ungeschweißten Zustand repräsentieren soll. Die Schwächung infolge der Schweißnähte hängt im wesentlichen von der Position der HAZ innerhalb des Querschnitts ab. Querschnitte, bei denen die Schweißung nicht in die Flansche hineinreicht, erreichen eine ähnlich hohe Momen-

Tabelle 4-4
Geschweißte Querschnitte, geometrische Abmessungen und Materialmodelle

(a)

Querschnitt	h	b	t	s	d
	[mm]				
1	300	150	10	8	100
2	200	200	15	9	45

(b)

Material	Grundmaterial			HAZ		
	E	$f_{0,2}$	n	E	$f_{0,2}$	n
	[N/mm^2]		[–]	[N/mm^2]		[–]
I	70 000	250	30	70 000	150	30
II	70 000	250	20	70 000	150	20
III	70 000	300	30	70 000	150	15

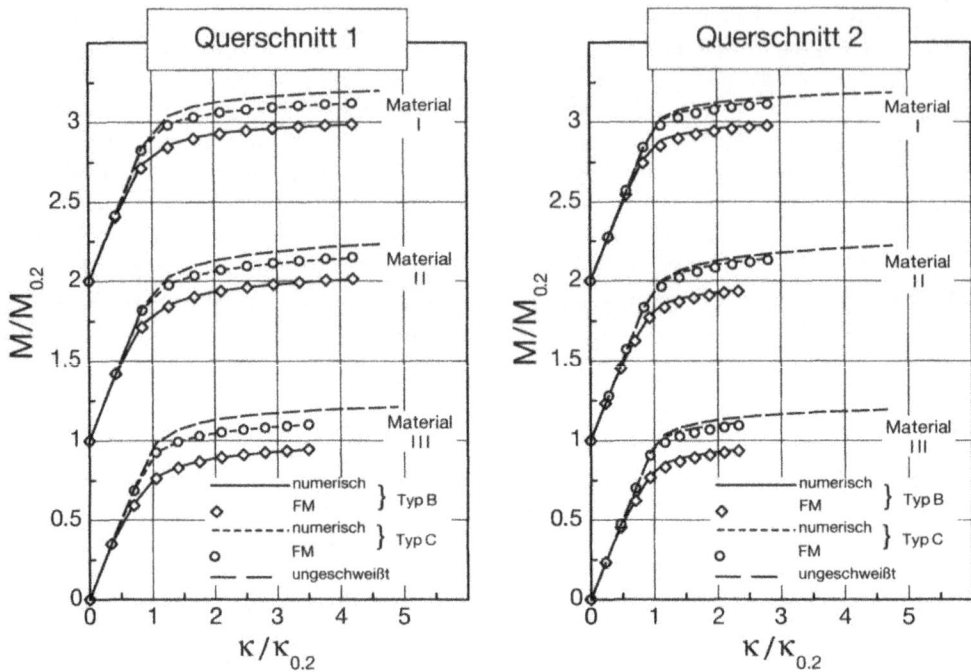

Bild 4-12
M-κ-Beziehungen für geschweißte Querschnitte nach Tabelle 4-4a

tenkapazität wie der ungeschweißte Querschnitt. Solche Querschnitte, die durch ihre Schweißung nur wenig beeinflußt sind (wie Typ A nach Bild 4-10), können daher möglicherweise vereinfachend wie ein ungeschweißter Querschnitt behandelt werden.

4.4.6 Zusammenfassung

Das Momenten-Verkrümmungs-Verhalten eines rechteckigen Aluminiumquerschnitts mit einem Ramberg-Osgood-Material wurde untersucht. Die derart abgeleitete Lösung hängt von der Randfaserspannung, dem elastischen Widerstandsmoment und einem Koeffizienten ab. Dieses Konzept konnte mit gutem Erfolg auf I-Querschnitte übertragen werden. Die Anwendung dieses Verfahrens auf einige andere symmetrische Querschnittsformen führte zu guten Ergebnissen, genauso wie die Übertragung auf ein Zwei-Material-System, das die Berechnung geschweißter Querschnitte ermöglicht.

4.5 Stabilitätsnachweise für Druckstäbe nach DIN 4113 Teil 1 und Teil 2

4.5.1 Einführung und Grundlagen

In den siebziger Jahren entstand unter der Obmannschaft von Prof. Dr.-Ing. Dr.-Ing. E. h. mult. Otto Steinhardt als Vorsitzendem des DIN-Ausschusses Aluminium im Hochbau die DIN 4113 Teil 1 (Ausgabedatum des Weißdrucks 1980) und die DIN 4113 Teil 2 (Ausgabedatum des Gelbdrucks 1980). Zum ersten Mal deutete sich hier in deutschen Normen an, daß es auch andere Wege als das Konzept der zulässigen Spannungen bzw. zulässigen Kräfte gibt, um Tragfähigkeitsnachweise durchzuführen. Die alte DIN 4113 von 1958 basierte in Anlehnung an die seinerzeit gültige DIN 1050 für den Stahlbau vollständig auf dem Konzept der zulässigen Spannungen und zulässigen Kräfte.

Für Druckstäbe wurden in diesen Jahren erstmals die internationalen wissenschaftlichen Arbeiten für Druckstabnachweise mit Interaktionsformeln diskutiert und für Deutschland aufbereitet. Dabei durften die langjährigen Erfahrungen mit der herkömmlichen Nachweisform für Druckstäbe mit zentrischen oder exzentrischen Druckkräften, die auf dem ω-Verfahren beruhten, nicht unbeachtet bleiben, denn sie hatten sich über lange Jahre bewährt. Der seinerzeitige Arbeitsausschuß verfolgte aufgrund seiner Mitglieder, deren eine Gruppe in bewährter Tradition stand und deren andere Gruppe die internationalen Entwicklungen berücksichtigt sehen wollte, den bis dahin ungewöhnlichen Weg, zwei parallele Nachweisgänge und zwar

– den Rechnungsgang I mit Interaktionsnachweisen und
– den Rechnungsgang II mit ω-Nachweisen

in die Norm aufzunehmen. Es wurde dabei das Ziel verfolgt, daß beide Rechnungsgänge I und II im Durchschnitt zu den gleichen Ergebnissen führten. Das bedurfte umfangreicher Vergleichsrechnungen in Parameterstudien, bei denen im wesentlichen das nicht lineare Spannungs-Dehnungs-Gesetz für Aluminiumwerkstoffe, die ungewollte Exzentrizität bei Druckstäben und die Querschnittsform variiert wurden.

4.5.2 Spannungs-Dehnungs-Gesetz der DIN 4113 als dreiteiliger Sekantenzug

Nachfolgend sollen der neue Weg zu den Interaktionsformeln und ihre Ausgangsgrößen dokumentiert werden. Das nicht lineare Spannungs-Dehnungs-Gesetz für Aluminium nach Bild 2-1a war den seinerzeitigen Berechnungen kaum zugänglich, da es nur in der Form des Ramberg-Osgood-Gesetzes und dessen Abwandlungen beschrieben werden konnte, wobei die Dehnung ε explizit stand, jedoch die Spannung σ nicht explizit herausgearbeitet werden konnte. Viele Versuche mit einfacheren mathematischen Formulierungen des Spannungs-Dehnungs-Gesetzes scheiterten im Vergleich zu Versuchsauswertungen. Es lagen zahlreiche experimentell bestimmte Spannungs-Dehnungs-Gesetze für die verschiedensten Aluminium-Legierungen im Bauwesen vor, jedoch war es auch das Ziel, die Vielfältigkeit durch Normierung zu vereinfachen. In mehreren wissenschaftlichen Arbeiten wurde unter Steinhardt „der dreiteilige Sekantenzug" nach Bild 4-13 erarbeitet.

Entscheidende Kriterien dieses dreiteiligen Sekantenzuges sind:

- der Verlauf unterhalb eines Büschels von experimentellen σ-ϵ-Linien, das als Streubereich bezeichnet wird (siehe Bild 4-13),
- die Anfangssteigung mit einem modifizierten E-Modul E^*, der je nach Legierung niedriger als der herkömmliche E-Modul von 70.000 N/mm^2 von Aluminium ist,
- der erste Knick des dreiteiligen Sekantenzuges liegt bei $\bar{\mu} \cdot \bar{\sigma}$, wobei $\bar{\mu}$ je nach Legierung zwischen 0,8 und 0,85 ist,
- der zweite Knick des dreiteiligen Sekantenzuges liegt auf der Höhe $\bar{\sigma}$, dieser Wert entspricht etwa der 0,2-Grenze des jeweiligen Werkstoffes,
- die Neigung des dreiteiligen Sekantenzuges zwischen dem ersten und dem zweiten Knick entspricht dem Wert arctan E^*/n, der Wert n liegt für die verschiedensten Legierungen zwischen 4,0 und 5,0,
- der dritte Teil des dreiteiligen Sekantenzuges verläuft auf der Höhe von $\bar{\sigma}$ horizontal und macht damit nicht von Verfestigungseffekten des Aluminiumwerkstoffes Gebrauch.

Die zugehörigen Festwerte für den Sekantenzug werden in der Tabelle 4-5 geliefert.

Mit diesen Angaben ist nicht nur der dreiteilige Sekantenzug vollständig gekennzeichnet, sondern es sind auch die ungewollten Außermittigkeiten u als Fehlhebel für Druckstäbe festgelegt.

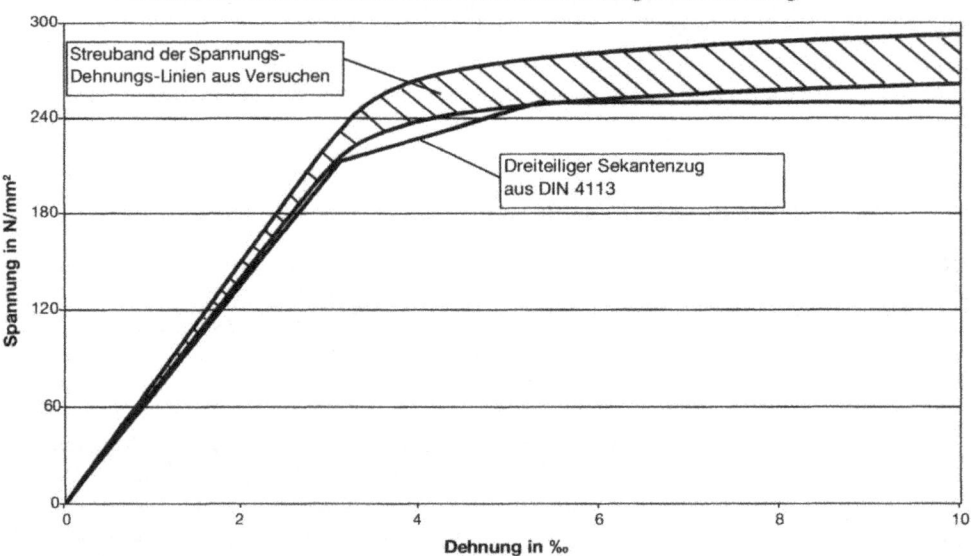

Bild 4-13
Dreiteiliger Sekantenzug nach DIN 4113 Teil 1

4.5 Stabilitätsnachweise für Druckstäbe nach DIN 4113 Teil 1 und Teil 2

Tabelle 4-5
Festwerte für Sekantenzüge und Außermittigkeiten von Aluminium-Legierungen in der DIN 4113 Teil 1

Nr.	Legierung	$\bar{\sigma}$ N/mm²	E* N/mm²	$\bar{\mu}$	n	ungewollte Außermittigkeit u Rohre + I-Profile	⌐L-Profile
1	AlZn4,5Mg F35	290	68 000	0,85	4,0	$i\left[\left(\frac{\lambda}{160}\right)^2+\left(\frac{\lambda}{160}\right)^3\right]$	$i\left[\left(\frac{\lambda}{240}\right)^2+\left(\frac{\lambda}{120}\right)^3\right]$
2	AlMgSi1 F32	270	68 000	0,85	4,0	$i\left(\frac{\lambda}{120}\right)^2$	$i\left(\frac{\lambda}{110}\right)^2$
3	AlMgSi1 F28	210	65 000	0,80	4,0	$i\left(\frac{\lambda}{180}\right)^2$	$i\left(\frac{\lambda}{190}\right)^2$
4	AlMgSi0,5 F22	170	65 000	0,85	4,5	$i\left(\frac{\lambda}{190}\right)^2$	$i\left(\frac{\lambda}{200}\right)^2$
5	AlMg4,5Mn G31	230	65 000	0,80	5,0	$i\left(\frac{\lambda}{140}\right)^2$	$i\left(\frac{\lambda}{150}\right)^2$
6a	AlMg4,5Mn F27/W28 Bleche	130	65 000	0,85	5,0	$i\left(\frac{\lambda}{220}\right)^2$	$i\left(\frac{\lambda}{230}\right)^2$
6b	AlMg4,5Mn F27 Rohre+Profile	150	65 000	0,85	5,0	$i\left(\frac{\lambda}{210}\right)^2$	$i\left(\frac{\lambda}{220}\right)^2$
7	AlMg2Mn0,8 F24/G24/F25	170	65 000	0,85	4,5	$i\left(\frac{\lambda}{190}\right)^2$	$i\left(\frac{\lambda}{200}\right)^2$
8	AlMg2Mn0.8 F20	110	60 000	0,80	5,0	$i\left(\frac{\lambda}{400}\right)$	$i\left(\frac{\lambda}{500}\right)$
9	AlMg3 F18	80	55 000	0,75	5,0	$i\left(\frac{\lambda}{500}\right)$	$i\left(\frac{\lambda}{580}\right)$
10	AlMg2Mn0.8 F/W19, F18, AlMg3 F/W19,F18						

4.5.3 Tragmodell für die nichtlineare Spannungsverteilung in einem Querschnitt und Ermittlung des Widerstandes

Daß die Traglasten für Druckstäbe nicht mit den Euler-Lasten übereinstimmen, wird im Abschnitt 4.6 anhand der Abweichungen (Imperfektionen) von den Idealisierungen dargelegt. Im Nachfolgenden sollen einige Annahmen festgehalten werden, die bei der Aufstellung der Traglastformeln für Knickstäbe nach DIN 4113 Teil1 zugrunde gelegt wurden. Hierunter fallen folgende Annahmen:

1. Der Knickstab besitzt gemäß Bild.4-14 den Anfangsfehlhebel u der Last, der zu Endmomenten und – sofern keine weitere geometrische Imperfektion gegeben ist – im Zustand nach Theorie I. Ordnung zu einer konstanten Momentenlinie über die Stab-

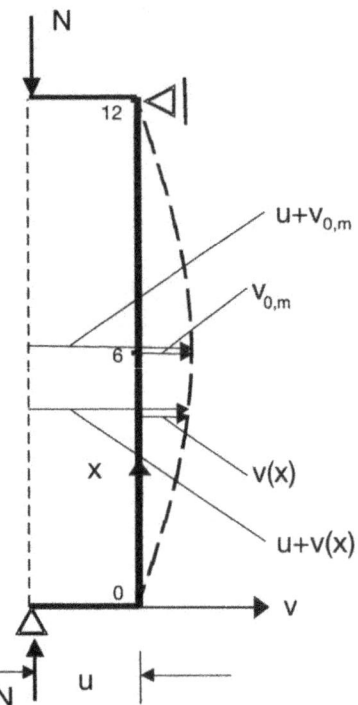

Bild 4-14
Exzentrisch beanspruchter Knickstab mit Fehlhebel u

länge führt. In der ausgelenkten Lage wird die Knickbiegelinie idealisiert durch nachfolgende Formel beschrieben, der Fehler, der durch den Ersatz der Parabel 2. Grades durch eine Sinuslinie gemacht wird, wurde als vernachlässigbar angesehen:

$$v(x) = (\bar{v}_{0,m} - u) \sin \pi x/L = v_{0,m} \sin \pi x/L$$

2. Die Querschnitte bleiben nach der Verformung eben, sie verlaufen grundsätzlich rechtwinklig zur Stabachse, die Querschnittsform bleibt unverändert.
3. Die Verschiebungen und Durchbiegungen sind $\ll$ L (L = Stablänge).
4. Die Entlastung auf der Biegezugseite wird nicht berücksichtigt.
5. Es wird nur das Ausweichen in der Belastungsebene verfolgt (kein räumliches Versagen).
6. Das σ-ε-Gesetz wird durch den dreiteiligen Sekantenzug angenähert.
7. Die nachfolgende Berechnung gilt für Querschnitte mit ausgeprägten Flanschen, sie werden später zu einem Sandwich-Querschnitt idealisiert, dessen Flanschquerschnittsflächen in den Flanschschwerpunkten konzentriert werden.

Das grundsätzliche Vorgehen bei der Ermittlung des inneren Widerstandes von Querschnitten infolge von aufgeprägten Randfaserdehnungen wird anhand des Bildes 4-15 dargelegt.

4.5 Stabilitätsnachweise für Druckstäbe nach DIN 4113 Teil 1 und Teil 2

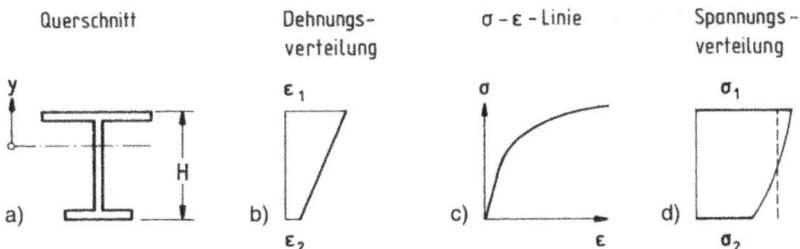

Bild 4-15
Ermittlung des Widerstandes eines unsymmetrischen I-Querschnitts mit
aufgeprägten Randstauchungen
a) Querschnitt mit ausgeprägten Flanschen
b) Annahme einer linearen Stauchungsverteilung nach Bernoulli über den Querschnitt
c) Spannungs-Dehnungs-Beziehung
d) Ermittelter Spannungsverlauf

Die Vorgehensweise zur Ermittlung des inneren Widerstandes wird im folgenden beschrieben.

Auf den Querschnitt nach Bild 4-15a wird eine Dehnungsverteilung nach Bild 4-15b, die der Annahme von Bernoulli gehorcht, aufgebracht; bei dieser Dehnungsverteilung soll einem großen Stauchungsbereich ein kleinerer Stauchungsbereich gegenüberstehen (Druck und Biegung). Für jede Faser i des Querschnitts kann die zugehörige Stauchung nach Strahlensatz aus den Randstauchungen ε_1 und ε_2 errechnet werden. Mit Hilfe des Spannungs-Dehnungs-Gesetzes im Bild 4-15c kann für die Faser i mit ihrer Stauchung ε_i die zugehörige Spannung σ_i ermittelt und in das Diagramm nach Bild 4-15d eingetragen werden. Führt man dies für alle Fasern des Querschnitts in Bild 4-15a durch, dann ergibt sich der Spannungsverlauf nach Bild 4-15d. Er ist nicht linear, weil die lineare Stauchungsverteilung mit einem nicht linearen Spannungs-Dehnungs-Gesetz kombiniert wurde, das hier auf der Zug- und Druckseite gleiches Verhalten zeigt. So kann für jede angenommene Verteilung der Verzerrung die zugehörige Spannungsverteilung faserweise ermittelt werden.

Ziel dieser ersten Teilaufgabe ist es, einen Ausdruck für die Momententragkapazität in Abhängigkeit der angenommenen Randstauchungen ε_1 und ε_2 zu finden, die über den σ-Verlauf mit σ_m und σ_b, über den E-Modul E^* und über die ε-Verteilung mit der gewählten Spannungs-Dehnungs-Beziehung (Sekantenzug) verknüpft ist. Das heißt, anstelle des nicht linearen Verlaufs nach Bild 4-15c kann genauso gut der dreiteilige Sekantenzug verwendet werden.

Folgende Forderungen müssen bei der Ermittlung des inneren Widerstandes aus dem Spannungsverlauf erfüllt sein, wobei die Aufteilung vorgenommen wird, daß sich die Spannung aus den beiden Anteilen σ_m für die Normalkraft und σ_b für die Biegung wie folgt zusammensetzen läßt:

$$\sigma = \sigma_m + \sigma_b$$

Aus Gleichgewichtsgründen bezüglich der Normalkraft muß folgende Forderung erfüllt sein:

$$N = \int_A \sigma \cdot dA = \int_A (\sigma_m + \sigma_b) \cdot dA = \int_A \sigma_m \cdot dA$$

σ_m muß aus σ so ermittelt werden, daß sich aus dem σ_b-Anteil keine Normalkraft gemäß der nachfolgenden Bedingung ergibt:

$$\int_A \sigma_b \cdot dA = 0$$

Das Gleichgewicht bezüglich des Biegemomentes wird durch folgende Gleichung beschrieben:

$$M = \int_A \sigma \cdot z \cdot dA = \int_A (\sigma_m + \sigma_b) \cdot z \cdot dA$$

Das statische Moment bezüglich der neutralen Faser ergibt sich aus:

$$\int z \cdot dA = 0$$

Wird diese Gleichung mit einer konstanten Spannung σ_m multipliziert, bleibt das Integral gleich 0. Diese Forderung besagt also, daß der Anteil σ_m (Normalkraftanteil) kein Biegemoment erzeugt, sondern sich dieses allein aus nachfolgender Gleichung ermittelt:

$$M = \int_A \sigma_b \cdot z \cdot dA$$

Aus den beiden Integralen für N und M lassen sich für jede lineare Dehnungsverteilung mit den Randstauchungen ε_1 und ε_2 die innere Normalkraft und das innere Biegemoment ermitteln.

Mit Hilfe des Bildes 4-16 kann die Krümmung $\varkappa$ aus ε_1 und ε_2 und der Querschnittshöhe h errechnet werden sowie ferner durch Verknüpfung die Momenten(M)-Krümmungs($\varkappa$)-Beziehung. Heute läßt sich dieses mit beliebig feiner Unterteilung des Querschnitts mit Hilfe des Computers ohne weiteres berechnen, damals war das nicht möglich, sondern es mußten weitere Vereinfachungen gefunden werden, um plausible Ergebnisse zu erhalten.

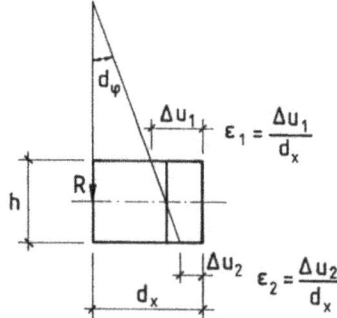

Bild 4-16
Zusammenhang zwischen den Randstauchung ε_1 und ε_2, der Krümmung $\varkappa$, der Querschnittshöhe h und dem Biegeradius R.

4.5.4 Übergang auf den steglosen Querschnitt (Sandwich-Querschnitt)

Im folgenden wird ein Querschnitt mit ausgeprägten Flanschen und einem Steg zu dem steglosen Querschnitt, dem Sandwich-Querschnitt vereinfacht. Wenn man Flächengleichheit anstrebt und die Stegfläche auf die Flansche verteilt, rechnet man nicht konservativ, wenn die Flanschflächen in ihrer ursprünglichen Größe verbleiben und die Stegfläche vernachlässigt wird, rechnet man konservativ. Bei dünnwandigen Querschnitten, wie sie im Aluminiumbau üblich sind, begeht man keinen nennenswerten

4.5 Stabilitätsnachweise für Druckstäbe nach DIN 4113 Teil 1 und Teil 2

Fehler, wenn man die Flanschspannungen über die Flanschhöhe gleichmäßig verteilt, und die Spannungen in den Flanschschwerpunkten zugrunde legt. Die weitere Maßnahme, die Flanschflächen idealisiert in den Flanschschwerpunkten anzuordnen, bedeutet eine weitere Vereinfachung, ist aber unter den vorherigen Annahmen korrekt.

Der im Zusammenhang mit Bild 4-17 entwickelte Zusammenhang wird nun für den Sandwich-Querschnitt und den dreiteiligen Sekantenzug durchgeführt. Dabei können gemäß Bild 4-18 folgende Konstellationen eintreten:

1. Beide Flansche befinden sich innerhalb ein und desselben Bereiches des dreiteiligen Sekantenzuges.
2. Ein Flansch befindet sich im Bereich 1, der zweite Flansch im Bereich 2 des dreiteiligen Sekantenzuges.
3. Ein Flansch befindet sich im Bereich 1, der zweite Flansch im Bereich 3 des dreiteiligen Sekantenzuges.
4. Ein Flansch befindet sich im Bereich 2, der zweite Flansch im Bereich 3 des dreiteiligen Sekantenzuges.

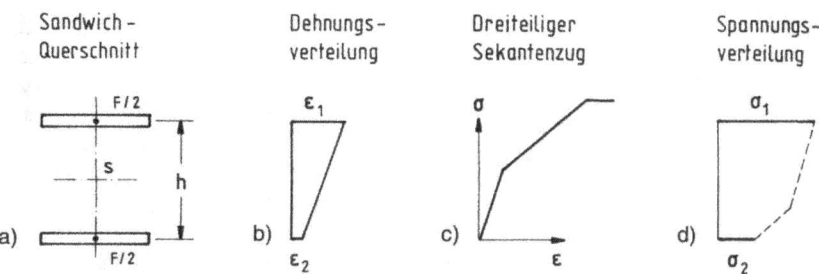

Bild 4-17
Ermittlung des Widerstandes eines Sandwichquerschnitts mit aufgeprägten Randstauchungen
a) Querschnitt mit ausgeprägten Flanschen
b) Annahme einer linearen Stauchungsverteilung nach Bernoulli über den Querschnitt
c) Spannungs-Dehnungs-Beziehung (Werkstoffgesetz)
d) Ermittelter Spannungsverlauf (Dreiteiliger Sekantenzug)

Im Bild 4-17d ist der zweite Fall dargestellt. Die angenommene Stauchungsverteilung über den Querschnitt ist so, daß die Stauchung ε_1 auf der Druckseite innerhalb des zweiten Bereiches und die Stauchung ε_2 auf der anderen Seite innerhalb des ersten Bereiches des dreiteiligen Sekantenzuges zu liegen kommt. Mit der gleichen Vorgehensweise, wie bei Bild 4-15 beschrieben, wird nunmehr die Verteilung der Spannung über den Querschnitt aus der angenommenen ε-Verteilung und dem dreiteiligen Sekantenzug ermittelt. Die Beziehungen zwischen den Normalkraft- und Biegemomentenanteilen der Spannungen und den Randspannungen ergeben sich wie folgt:

$$\sigma_m = 0,5(\sigma_1 + \sigma_2) \qquad \sigma_1 = \sigma_m + \sigma_b$$
$$\sigma_b = 0,5(\sigma_1 - \sigma_2) \qquad \sigma_2 = \sigma_m - \sigma_b$$

oder

Hierbei werden Druckspannungen positiv eingesetzt. Um die Verknüpfung von Spannungswerten σ und Dehnungswerten ε mathematisch zu formulieren, werden die Gleichungen der einzelnen Abschnitte des Sekantenzuges benötigt. Diese ergeben sich wie folgt:

1. Bereich: $\sigma \leq \bar{\mu}\bar{\sigma}$: $\sigma = \varepsilon \cdot E^*$

2. Bereich: $\bar{\mu}\bar{\sigma} < \sigma \leq \bar{\sigma}$: $\sigma = \bar{\mu}\bar{\sigma}\dfrac{n-1}{n} + \dfrac{\varepsilon E^*}{n}$

3. Bereich: $\varepsilon \geq \dfrac{\bar{\sigma}}{E^*}[n - \bar{\mu}(n-1)]$: $\sigma = \bar{\sigma}$

Für den vorliegenden Fall Druckspannung σ_1 im zweiten Bereich und Druckspannung σ_2 im ersten Bereich lassen sich die Spannungen in Abhängigkeit von ε_1 und ε_2 wie folgt beschreiben:

$$\sigma_1 = \sigma_m + \sigma_b = \bar{\mu}\bar{\sigma}\dfrac{n-1}{n} + \dfrac{\varepsilon_1 E^*}{n}$$

$$\sigma_2 = \sigma_m - \sigma_b = \varepsilon_2 \cdot E^*$$

Durch Addition bzw. Subtraktion der zweiten Gleichung bezüglich der ersten ergeben sich folgende Ausdrücke für σ_m und σ_b:

$$\sigma_m = \dfrac{1}{2}\left[\bar{\mu}\bar{\sigma}\dfrac{n-1}{n} + \dfrac{\varepsilon_1 \cdot E^*}{n} + \varepsilon_2 \cdot E^*\right]$$

$$\sigma_b = \dfrac{1}{2}\left[\bar{\mu}\bar{\sigma}\dfrac{n-1}{n} - \dfrac{\varepsilon_1 \cdot E^*}{n} + \varepsilon_2 \cdot E^*\right]$$

Nach Umformung erreicht man das gewünschte erste Ziel, nämlich die Abhängigkeit des inneren Tragwiderstandes von der Differenz der Randstauchungen:

$$\dfrac{2M_m}{N \cdot h} = \dfrac{E^*}{(n+1) \cdot \sigma_m}(\varepsilon_1 - \varepsilon_2) + \dfrac{n-1}{n+1}\left(\dfrac{\bar{\mu}\bar{\sigma}}{\sigma_m} - 1\right) \qquad (I)$$

Über die Gleichung

$$-\dfrac{\varepsilon_1 - \varepsilon_2}{h} = \dfrac{1}{R} = \varkappa$$

ist der Widerstand mit der Krümmung $\varkappa$ verknüpft.

Das zweite Ziel ist es, einen Ausdruck für die Tragkapazität in Abhängigkeit von λ und von ε_1 und ε_2 zu finden. Aus der vorgenannten Biegelinie v(x) läßt sich die zweite Ableitung

$$v'' = -(\bar{v}_{0,5L} - u)\dfrac{\pi^2}{L^2}\sin\dfrac{\pi x}{L} = -v_{0,5L}\dfrac{\pi^2}{L^2}\sin\dfrac{\pi x}{L}$$

entwickeln und für die Mitte des Stabes bei 0,5 L wie folgt anschreiben:

$$-\dfrac{1}{R_{0,5l}} = v_{0,5L}\dfrac{\pi^2}{L^2} = (\bar{v}_{0,5L} - u)\dfrac{\pi^2}{L^2}$$

4.5 Stabilitätsnachweise für Druckstäbe nach DIN 4113 Teil 1 und Teil 2

daraus

$$\bar{v}_{0,5L} = -\frac{L^2}{\pi^2} \cdot \frac{1}{R_{0,5L}} + u$$

Das Moment der äußeren Kräfte beträgt in der Stabmitte

$$M_m = N \cdot \bar{v}_{0,5L} = N\left(-\frac{L^2}{R_{0,5L}\pi^2} + u\right)$$

Mit Hilfe des bezogenen Außermittigkeitsmaßes

$$m = u/k$$

wobei k die Kernweite (hier beim Sandwich-Querschnitt $k = 0{,}5h$) ist, kann u wie folgt ausgedrückt werden:

$$u = m \cdot \frac{h}{2}$$

Darüber hinaus gilt für den Trägheitsradius des Sandwich-Querschnittes

$$i = h/2$$

nach der die Schlankheit

$$\lambda = \frac{L}{i} = \frac{L}{h/2}$$

ausgedrückt wird und durch Umformen erhält man

$$L^2 = 0{,}25 \cdot \lambda^2 \cdot h^2$$

Nach weiterer Umformung und Einführung der vorgenannten Beziehung zwischen ε_1, ε_2 und $\varkappa$, ist das zweite Ziel erreicht, den Tragwiderstand in Abhängigkeit der Schlankheit zu formulieren

$$\frac{2M_m}{N \cdot h} = (\varepsilon_1 - \varepsilon_2)\left(\frac{\lambda^2}{2\pi^2}\right) + m \qquad (II)$$

sie liefert für vorgegebene Exzentrizitäten (m) und Krümmungen ($\varkappa$) die Abhängigkeit des Momentes in Stabmitte M_m von der Schlankheit λ und der Normalkraft.

Die beiden wichtigen Gleichungen (I) und (II) lassen sich in einem Diagramm mit der Abszisse $\varepsilon_1 - \varepsilon_2$ und der Ordinate $\dfrac{2M_m}{N \cdot h}$ darstellen (Bild 4-18). Wir finden hierin den Verlauf des inneren Widerstandes (Verlauf I) und die Momenten-Krümmungs-Beziehung (Verlauf II) in Abhängigkeit des Parameters λ. Letztgenannte Verläufe beginnen beim Ordinatenabschnitt m.

Je nach Größe des Ordinatenabschnittes kann die Momenten-Krümmungs-Beziehung zwei Schnittpunkte mit dem Verlauf des inneren Widerstandes I bilden, diese Schnittpunkte können im ersten und im zweiten, oder im ersten und im dritten oder im zweiten und im dritten Geradenabschnitt liegen. Verändert man den Parameter Schlankheit λ, dreht sich die Momenten-Krümmungs-Beziehung um den Ordinatenabschnitt m,

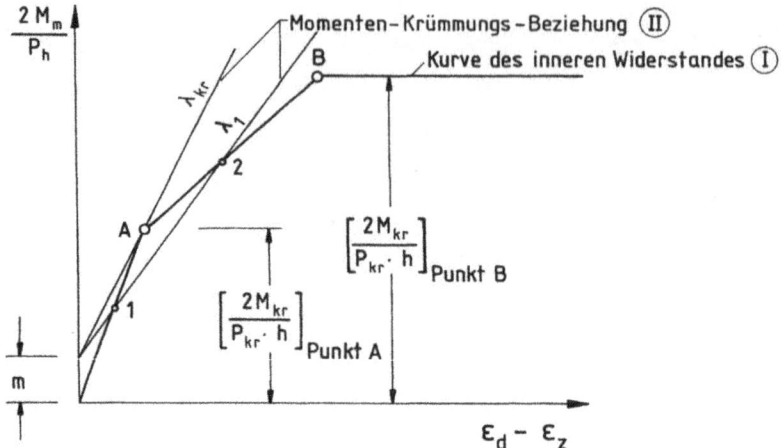

Bild 4-18
Kurve des inneren Widerstandes I und Momenten-Krümmungs-Beziehung II

und es kann erreicht werden, daß die beiden Schnittpunkte mit dem Verlauf des inneren Widerstandes in einem einzigen Schnittpunkt zusammenfallen, dieser ist entweder der untere Knickpunkt A oder der obere Knickpunkt B des Geradenzuges I. Die Koordinaten der Punkte A und B sind:

Knickpunkt A: Ordinate: $\left(\dfrac{2M}{N \cdot h}\right)_A = \dfrac{\mu \bar{\sigma}}{\sigma_m} - 1$

Abszisse: $(\varepsilon_1 - \varepsilon_2)_A = \dfrac{2}{E^*}(\mu \bar{\sigma} - \sigma_m)$

Knickpunkt B: Ordinate: $\left(\dfrac{2M}{N \cdot h}\right)_B = \dfrac{\bar{\sigma}}{\sigma_m} - 1$

Abszisse: $(\varepsilon_1 - \varepsilon_2)_B = \dfrac{u+1}{E^*}(\bar{\sigma} - \sigma_m) - \dfrac{n-1}{E^*}(\bar{\mu}\bar{\sigma} - \sigma_m)$

Wenn die vorgenannten Koordinaten in die Gleichung (II) eingesetzt werden, folgt die λ_{kr}-m-Beziehung für

$$m = \dfrac{\bar{\mu}\bar{\sigma}}{\sigma_{kr}} - \dfrac{\bar{\mu}\bar{\sigma} - \sigma_k}{\sigma_{E^*}} - 1 \qquad (III)$$

$$m = \dfrac{\bar{\sigma} - \sigma_{kr}}{\sigma_{E^*}}\left(\dfrac{\sigma_{E^*}}{\sigma_{kr}} - \dfrac{n+1}{2}\right) + \dfrac{n-1}{2}\dfrac{\bar{\mu}\bar{\sigma} - \sigma_{kr}}{\sigma_{E^*}} \qquad (IV)$$

Die Gleichung (III) gilt nur, wenn die Geraden für die Momenten-Krümmungs-Beziehung flacher als die Verbindungslinie zwischen A und B verlaufen, die Gleichung (IV) gilt, wenn die Geraden steiler verlaufen. Dies kann in folgende Kriterien gefaßt werden:

4.5 Stabilitätsnachweise für Druckstäbe nach DIN 4113 Teil 1 und Teil 2   69

Gleichung (III) ist gültig, wenn

$$\frac{(n+1)}{2}\frac{\sigma_d}{\sigma_{E^*}} \geq 1 \quad \text{oder} \quad \frac{(n+1)}{2}\frac{N_d}{N_{E^*}} \geq 1$$

Umgekehrt ist die Gleichung (IV) gültig, wenn

$$\frac{(n+1)}{2}\frac{\sigma_d}{\sigma_{E^*}} < 1 \quad \text{oder} \quad \frac{(n+1)}{2}\frac{N_d}{N_{E^*}} < 1$$

In diesen Gleichungen ist σ_{E^*} die Eulersche Knickspannung

$$\sigma_{E^*} = \frac{\pi^2 E^*}{\lambda^2} \quad \text{bzw.} \quad N_{E^*} = \frac{\pi^2 E^* I}{s_k^2}$$

Wenn man die Spannungen durch die Kräfte, kombiniert mit den Querschnittswerten ersetzt, und das bezogene Außermittigkeitsmaß m wie folgt ersetzt:

$$m = u\frac{A}{W}$$

mit

A   Querschnittsfläche
W   Querschnittswiderstand

ergeben sich die Interaktionsformeln der DIN 4113 Teil 1.

4.5.5 Interaktionsformeln für den Knicknachweis nach DIN 4113 Teil 1, Rechnungsgang I

Nach der langen Entwicklung der Schnittgrößen- und Querschnittsbeziehungen sowie mit Hilfe der eingeführten Vereinfachungen im vorausgegangenen Abschnitt ergeben sich die Interaktionsformeln für den Knicknachweis nach DIN 4113 Teil 1, Rechnungsgang I wie folgt:

$$\frac{N_v}{\bar{\mu}\,\bar{N}} + \frac{M_v}{\left(1 - \frac{N_v}{N_{E^*}}\right) \cdot \bar{\mu}\, M^*} \leq 1 \qquad (V)$$

$$\psi\frac{N_v}{\bar{N}} + \frac{M_v}{\left(1 - \frac{N_v}{N^*}\right) M^*} \leq 1 \qquad (VI)$$

Sowohl der planmäßig mittig als auch der planmäßig außermittig gedrückte und an beiden Enden gehaltene Stab kann nach Gleichung (V) berechnet werden, falls der Ausdruck

$$\frac{n+1}{2} \cdot \frac{N_v}{N^*} \geq 1$$

ist. Falls der Ausdruck < 1 ist, gilt günstiger die Gleichung (VI) mit den Nebenbedingungen:

$$\psi = 1 + \frac{n-1}{2}(1-\bar{\mu})\frac{\overline{N}}{N^* - N_v}$$

$$\overline{M}_{pl} = k \cdot \bar{\sigma} \cdot W_d$$

In den vorgenannten Gleichungen bedeuten:

$N^* = N_{E^*} = \left(\dfrac{\pi}{s_k}\right)^2 E^* I$	Eulerlast mit E^*
E^*	E-Modul nach Tabelle 4-5
$M^* = k \cdot \bar{\sigma} \cdot W_d$	plastisches Moment bezogen auf den Druckrand
k	Beiwert in Abhängigkeit der Querschnittsform
W_d	Widerstandsmoment bezogen auf den Biegedruckrand
$\overline{N} = \bar{\sigma} \cdot A$	plastische Querschnittsnormalkraft
A	Querschnittsfläche
$N_v = v(Nu + a_m M)$	v_F-faches Moment
u	Außermittigkeit
$a_m = 0{,}8 + 0{,}3 M_1/M_2$	Beiwert für den Einfluß des Momentenverlaufs mit $|M_2| \geq |M_1|$
$M = |M_i|$	Absolutwert des maßgebenden Stabendmomentes $|M_2| \geq |M_1|$
$N_v = v \cdot N < N^*$	mit N als Absolutwert der größten Druckkraft des Stabes
$\bar{\mu}$	Werkstoffbeiwert nach Tabelle 4-5
v	erforderlicher Sicherheitsfaktor: 1,5 für LF H, 1,33 für LF HZ bei Gerüstrohren: 1,7 für LF H, 1,5 für LF HZ
v_F	Teilsicherheitsbeiwert nach DIN 4113: 1,7 im Lastfall H bzw. 1,5 im Lastfall Hz

Durch die Wahl der Imperfektion u wurden die Ergebnisse mit diesen Interaktionsformeln so beeinflußt, daß sich im Durchschnitt mit dem Rechnungsgang I die gleichen Traglasten ergeben wie mit dem Rechnungsgang II. Von den beiden Interaktionsformeln darf diejenige gewählt werden, die die größere Traglast ergibt.

4.5.6 Biegedrillknicken

In DIN 4113 Teil 1 ist es zum ersten Mal gelungen, mit den gleichen Interaktionsformeln (V) und (VI) für das Knicken auch das Biegedrillknicken zu behandeln. Naturgemäß muß hierbei die Bezugsgröße N_{E^*} durch den kleineren der beiden Werte N_{E^*} (Eulerlast für das Ausknicken in der Momentenebene) und die Drillknicklast

$$N_{Ki} = \frac{\pi^2 E^* \cdot A}{\lambda_{Vi}^2}$$

mit λ_{Vi} nach DIN 4114 Teil 2, Ausgabe Februar 1953 x, Ri. 7.5 bzw. Ri. 10.1 ersetzt werden. Darüber hinaus muß das Bezugsmoment M^* durch den kleineren der beiden Werte M_{pl} und M_{Ki} nach

4.5 Stabilitätsnachweise für Druckstäbe nach DIN 4113 Teil 1 und Teil 2

$$M_{Ki} = \frac{\pi^2 E^* I_z}{l^2} \left[\pm \sqrt{(z_M - 0{,}5r_y)^2 + c^2} + (z_M - 0{,}5r_y) \right]$$

ersetzt werden.

Hierin bedeuten:

z_M die auf den Schwerpunkt bezogene Ordinate des Schubmittelpunktes in cm, dabei ist das Querschnittskoordinatensystem so festzulegen, daß $z_M \geq 0$ ist

c Drehradius des Querschnittes in cm

r_y die „Querschnittsstrecke" nach

$$r_y = \int \frac{z(y^2 + z^2) dA}{I_y}$$

Als maßgebendes Moment max M ist bei doppelt symmetrischen Querschnitten das dem Absolutwert nach größte Biegemoment im Stab anzusetzen, bei einfach symmetrischen Querschnitten und sich überschlagender Momentenlinie sind die Nachweise nach den vorgenannten Interaktionsformeln sowohl für das größte Biegemoment als auch für dasjenige Biegemoment anzuwenden, daß am Flansch mit dem kleineren I_{zGurt} Druck erzeugt. Weitere Hinweise auf Außermittigkeiten sind nach DIN 4113, 8.2.2 einzusetzen.

Ausreichende Sicherheit gegen Biegedrillknicken von Biegeträgern ohne Normalkraft kann ebenfalls mit den Interaktionsformeln nachgewiesen werden. In diesem Falle entfällt die äußere Normalkraft auf den Träger, die Größe N_v wird allein aus folgender Formel gebildet:

$$N_v = v_F \frac{M}{h} \cdot \frac{\lambda_y}{500}$$

Der Rechnungsgang II lehnt sich an den bisherigen ω-Nachweis der DIN 4113 von 1958 und der DIN 4114 an. Die Nachweisformeln

$$\omega \frac{N}{A} + 0{,}9 \frac{M}{W_d} \leq \text{zul } \sigma$$

$$\omega \frac{N}{A} + \frac{300 + 22}{1000} \frac{M}{W_z} \leq \text{zul } \sigma$$

wovon die Letztgenannte nur zusätzlich dann anzuwenden ist, wenn bei Stabquerschnitten der Schwerpunkt dem Biegedruckrand näher als dem Biegezugrand liegt ($e_z > e_d$). Diese Formeln benutzen

ω Knickbeiwert
N   Stabkraft aus den maßgebenden Lasten
M   Biegemoment aus den maßgebenden Lasten
A   Querschnittsfläche
W_d Widerstandsmoment bezogen auf den Druckrand
W_z Widerstandsmoment bezogen auf den Zugrand
λ Schlankheit
zulσ zulässige Druckspannung für den verwendeten Werkstoff

Der Knickbeiwert ω ist für Profile und für Rohre in Abhängigkeit verschiedener Werkstoffe tabuliert.

Für den Nachweis auf Biegedrillknicken bei reiner Normalkraft ist der Schlankheitsgrad λ durch den ideellen Schlankheitsgrad λ_{Vi} zu ersetzen. Ansonsten verläuft dieser Nachweis analog dem Biegeknicknachweis.

Liegt ein außermittig gedrückter Stab mit mindestens einfach-symmetrischem Querschnitt vor, ist der für diesen Fall maßgebende ideelle Schlankheitsgrad λ_{Vi} in einem umfangreichen Rechengang zu ermitteln. Danach können die vorgenannten ω-Formeln weiterverwendet werden.

Das Biegedrillknicken von Trägern mit I-Querschnitt ohne Normalkraft wird mit Hilfe der realen „Kippspannung" σ_{Kr} nachgewiesen.

$$\sigma_{Kr} = \sigma_{0,2} \frac{\alpha}{\sqrt{1 + \left(\frac{\alpha \cdot \sigma_{0,2}}{\sigma_{Ki}}\right)^2}}$$

Hierin bedeuten:

$\alpha = W_{pl}/W$ plastischer Formbeiwert
W_{pl} plastisches Widerstandsmoment

Die Knicksicherheit nach

$$\nu_{Kr} = \frac{\sigma_{Kr}}{\max \sigma}$$

setzt die reale Kippspannung in bezug zur vorhandenen maximalen Spannung. Nach dem Sicherheitskonzept zulässiger Spannungen muß dieser Sicherheitsbeiwert 1,7 im Lastfall H und 1,5 Lastfall Hz betragen.

Der Verlauf der realen „Kippspannung" σ_{Kr} ist im Bild 4-19 im Vergleich zu Versuchsergebnissen dargestellt.

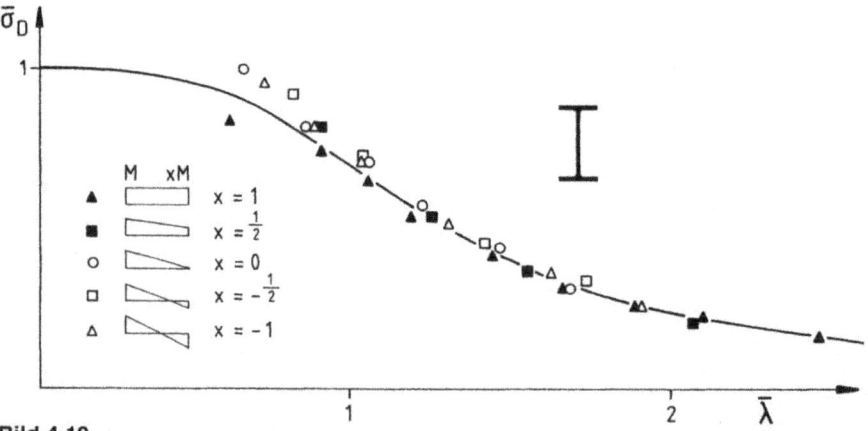

Bild 4-19
Verlauf der realen „Kippspannung" zu Versuchsergebnissen

4.6 Druckstäbe

4.6.1 Allgemeines

Die Ursprünge der Berechnungsweise des zentrisch belasteten Druckstabes gehen auf Euler zurück. Euler ging von folgenden idealisierenden Voraussetzungen aus:

- gerade Stabachse
- zentrische Einleitung der Druckkraft, keine Querbelastung
- homogener, isotroper Werkstoff
- unbegrenzt elastisches Materialverhalten
- reines Biegeknicken
- konstanter Querschnitt über die gesamte Stablänge
- gelenkige Lagerung an den Stabenden

Bei Stäben mit Stabilitätsgefährdung hängt die Tragfähigkeit nicht nur von einem einzigen Querschnitt wie z.B. bei Biegeträgern ab, sondern es ist ein Einfluß der Stablänge und der Verteilung der Querschnittsform in Stablängsrichtung vorhanden. Zur Berechnung solcher Stäbe ist es erforderlich, das Gleichgewicht am ausgelenkten System anzuschreiben. In Kenntnis des späteren Ergebnisses wird die Auslenkungsform sinusförmig angesetzt. Das Bild 4-20 zeigt die Geometrie sowie die Kräfte und Schnittgrößen.

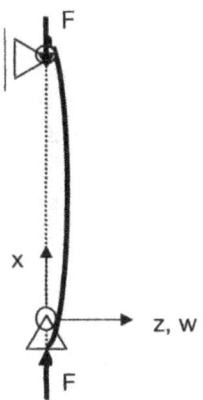

Bild 4-20
Gleichgewicht am verformten System

Gleichgewicht:	Moment $M(x) = P \cdot w(x)$
Stoffgesetz:	Krümmung $EIw''(x) = -M(x)$
DGL der elastischen Linie durch Einsetzen:	$EIw''(x) + P \cdot w(x) = 0$
Umgeformt:	Homogene DGL: $w''(x) + \dfrac{P}{EI} w(x) = 0$
Allgemeine Lösung:	$w(x) = A \sin \varepsilon x + B - \cos \varepsilon x$
Mit:	$\varepsilon^2 = \dfrac{P}{EI}$

1. Randbedingung: $\quad x = 0 : w(0) = 0 \to B = 0$

Es verbleibt: $\quad w(x) = A \cdot \sin\varepsilon x$

2. Randbedingung: $\quad x = l : w(l) = 0 \to 0 = A \cdot \sin\varepsilon l$

Fall 1: $\quad A = 0 \to$ Trivialfall

Fall 2: $\quad \sin\varepsilon l = 0 \to \varepsilon l = n \cdot \pi$ mit $n = 0, 1, 2, \ldots$

Kleinster Eigenwert für n = 1: $\quad \varepsilon l = \pi = l\sqrt{\dfrac{P}{EI}}$

Daraus folgt die Eulerknicklast: $\quad P_{Ki} = \dfrac{\pi^2}{l^2} EI$ (Verzweigungslast)

Mit: $\quad i = \sqrt{I/A} =$ und $\lambda = l/i$

folgt die Eulerhyperbel: $\quad \sigma_{Ki} = \dfrac{\pi^2}{\lambda^2} E$

Die Wirklichkeit eines planmäßig mittig druckbelasteten Stabes sieht ganz anders aus. Folgende Imperfektionen treten immer auf und sind deshalb auch immer zu berücksichtigen:

1. Geometrische Imperfektionen
   - Vorauslenkung (in der Regel im Rahmen einer sinus- oder einer parabelförmigen Vorauslenkung)
   - exzentrische Lasteinleitung
   - Profilunsymmetrie
   - Querschnittstoleranzen
   - nichtgelenkige Endlagerungen
   - Klasse 4-Querschnitt

2. Strukturelle Imperfektionen
   - inhomogener Werkstoff
   - nichtisotroper Werkstoff
   - Eigenspannungen (Einfluß aus der Herstellung und Einfluß aus Schweißungen)
   - gegebenenfalls Festigkeitsreduktionen durch Schweißeinfluß
   - Festigkeitsbegrenzung durch 0,2-Grenze und Zugfestigkeit
   - Dehnungsbegrenzung

Diese Einflüsse sorgen dafür, daß die wirkliche Tragfähigkeit eines Knickstabes immer unterhalb der Eulerkurve liegt und insbesondere für mittlere und kleinere Schlankheiten erheblich abweicht sowie für $\bar{\lambda} = 0$ die 0,2-Grenze nicht überschreitet (dieses Phänomen ist aus dem Stahlbau bekannt und führte dort zu dem europäischen Knickspannungskurven a ist d für Stahl).

Im Rahmen der internationalen Zusammenarbeit in der EKS (Europäische Konvention für Stahlbau), TC 2 „Aluminium Alloys Structures" wurden für Aluminium europäische Knickspannungskurven a und b, (c) entwickelt, die in Bild 4-21 dargestellt sind [1,14].

4.6 Druckstäbe

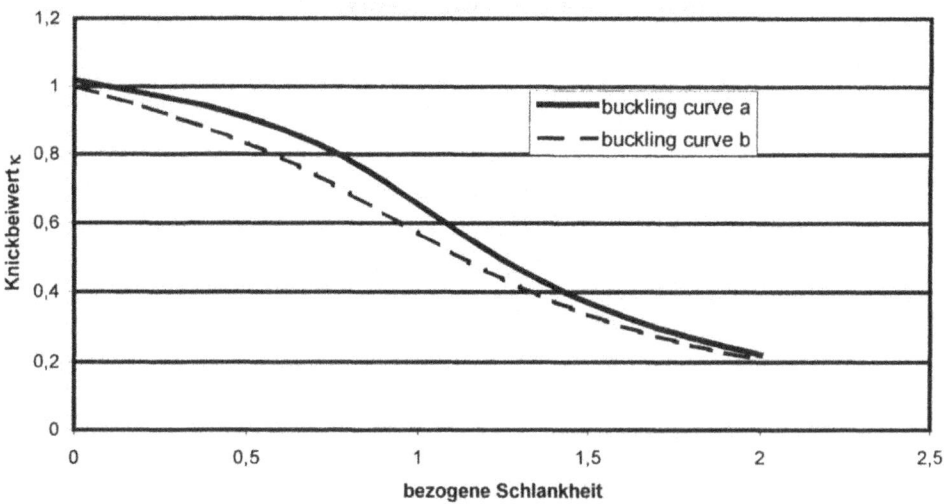

Bild 4-21
Europäische Knick-Spannungs-Kurven für Druckstäbe aus Aluminium [9]

4.6.2 Allgemeine Nachweisformel für das Stabilitätsversagen des planmäßig mittig gedrückten Stabes nach ENV 1999-1-1

Der Tragfähigkeitsnachweis für den einfachen, planmäßig mittig gedrückten Knickstab lautet:

$$N_{Ed} < N_{d,Rd} = f_s A / \gamma_{M1}$$

Hierin bedeuten:

N_{Ed} — Bemessungslast
$N_{d,Rd} = f_s A / \gamma_{M1}$ — Bemessungswiderstand des Knickstabes
A — Bruttoquerschnittsfläche ohne Verminderung durch Löcher, Beulen oder Reduktion infolge von Schweißen
f_s — Bemessungswert der Biegeknickspannung nach Abschnitt 4.6.3 oder Bemessungswert der Biegedrillknickspannung nach Abschnitt 4.6.4
γ_{M1} — Teilsicherheitsbeiwert für den Bemessungswiderstand

4.6.3 Biege-Knicknachweis für den planmäßig mittig gedrückten Stab nach ENV 1999-1-1

Um einen Aluminium-Stab nach der europäischen Norm ENV 1999-1-1 auf Biegeknicken nachzuweisen, sind zahlreiche Vorberechnungen zu machen und gleichzeitig andere Eigenschaften des Stabes zu berücksichtigen. Die maßgebende Knickspannung ist:

$$f_s = \varkappa \cdot \eta \cdot k_1 \cdot k_2 \cdot f_{0,2}$$

Hierin sind:

$\varkappa$ $\dfrac{1}{\Phi + \sqrt{\Phi^2 - \bar{\lambda}^2}}$

Φ $0,5[1 + \alpha \cdot (\bar{\lambda} - \bar{\lambda}_0) + \bar{\lambda}^2]$

α ein Imperfektionsbeiwert in Abhängigkeit davon, ob die Legierung aushärtbar ist oder nicht (siehe Tabelle 4-4)

$\bar{\lambda}_0$ die Grenze des horizontalen Plateaus, siehe Tabelle 4-4)

$\bar{\lambda}$ $\sqrt{\dfrac{A \cdot \eta \cdot f_{0,2}}{N_{cr}}} = \dfrac{\lambda}{\lambda_1}$

λ s_k/i die Schlankheit bezüglich der jeweiligen Knickachse mit s_k Knicklänge und i Trägheitsradius

λ_1 $\pi\sqrt{\dfrac{E}{\eta \cdot f_{0,2}}}$

N_{cr} die Eulerlast um die betrachtete Achse

η ein Faktor, der Querschnittsreduktionen infolge des Klasse 4-Querschnitts berücksichtigt, wie z. B.
$\eta = 1$ für Klasse 1, 2 und 3-Querschnitte
$\eta = A_e/A$ für Klasse 4-Querschnitte
mit $A_e = A - A_c \cdot (1 - \rho_c)$
$A_c =$ Querschnittsfläche des Klasse 4-Elements
$\rho_c = t_{ef}/t$ für jedes Klasse 4-Element

k_1 Faktor, der die Asymmetrie des Querschnitts berücksichtigt, siehe Tabelle 4-6

k_2 Faktor, der die Schwächung des Querschnitts durch Schweißung berücksichtigt (siehe Tabelle 4-6)

Die Werte α und $\bar{\lambda}_0$ sind in Übereinstimmung mit Tabelle 4-7 zu ermitteln.

4.6.4 Biege-Knicknachweis für den planmäßig außermittig gedrückten Stab nach ENV 1999-1-1

Für Stäbe, die durch Druckkräfte und Biegemomente belastet werden, sind die zutreffenden Nachweise gegen

a) Biegeknickversagen
b) Biegedrillknickversagen

zu führen.

Für Biegeknicken von I-Querschnitten um die starke Achse (= y-Achse) ist folgende Bedingung einzuhalten:

$$\left(\dfrac{N_{Ed}}{\chi_y\, \omega_z\, N_{Rd}}\right)^{\xi_{yc}} + \dfrac{M_{y,Ed}}{\omega_0\, M_{y,Rd}} \leq 1,00$$

4.6 Druckstäbe

Tabelle 4-6
Werte für die Faktoren k_1 und k_2

		Aushärtbare Legierungen	Nicht aushärtbare Legierungen
k_1	Symmetrische Querschnitte	$k_1 = 1$	$k_1 = 1$
	Asymmetrische Querschnitte	$k_1 = 1 - 2,4 \cdot \Psi^2 \cdot \dfrac{\bar{\lambda}^2}{(1+\bar{\lambda}^2)\cdot(1+\bar{\lambda})^2}$ $\Psi = (Y_{max} - Y_{min})/h$ wobei Y_{max} und Y_{min} den Abstand zwischen den Querschnittsrändern und der neutralen Faser bezüglich der Knickachse bedeuten h ist die Querschnittshöhe	$k_1 = 1 - 3,2 \cdot \Psi^2 \cdot \dfrac{\bar{\lambda}^2}{(1+\bar{\lambda}^2)\cdot(1+\bar{\lambda})^2}$
k_2	Längsnähte	$k_2 = 1 - (1 - A1/A)10^{-\bar{\lambda}}$ $- (0,05 + 0,1 \cdot A1/A)\bar{\lambda}^{1,3(1-\bar{\lambda})}$ mit $A_1 = A - A_{WEZ}(1 - \rho_{WEZ})$ wobei A_{WEZ} = WEZ-Querschnittsfläche	$k_2 = 1 - 0,04(4\bar{\lambda})^{(0,5-\bar{\lambda})}$ $- 0,22 \cdot \bar{\lambda}^{1,4(1-\bar{\lambda})}$
	Quernähte	$k_2 = \rho_{WEZ}$	$k_2 = \rho_{WEZ}$

Tabelle 4-7
Imperfektionsbeiwerte α und $\bar{\lambda}_0$

Legierung	α	$\bar{\lambda}_0$
Ausgehärtet	0,20	0,10
Nicht ausgehärtet	0,32	0

Für Biegeknicken von I-Querschnitten um die schwache Achse (= z-Achse) ist folgende Bedingung einzuhalten:

$$\left(\frac{N_{Ed}}{\chi_z \omega_x N_{Rd}}\right)^{\eta_c} + \left(\frac{M_{z,Ed}}{\omega_0 M_{z,Rd}}\right)^{\xi_{zc}} \leq 1,00$$

In diesen Ausdrücken bedeuten:

$\eta_c = \eta_0 \chi_z$ aber $\eta_c \geq 0,8$

$\xi_{yc} = \xi_0 \chi_y$ aber $\xi_{yc} \geq 0,8$

$\xi_{zc} = \xi_0 \chi_y$ aber $\xi_{zc} \geq 0,8$

$\eta_0 = 1{,}0$ oder alternativ gleich $\alpha_z^2 \alpha_y^2$ aber $\eta_0 \geq 1$ und $\eta_0 \leq 2$

$\xi_0 = 1{,}0$ oder alternativ gleich α_y^2, aber $\xi_0 \geq 1$

$\omega_x = \omega_0 = 1{,}0$ für biegebeanspruchte Stützen ohne Schweißungen

Für Vollquerschnitte können η_c und ξ_c gleich 0,8 gesetzt werden, oder es gilt:

$\eta_c = 2\chi$, aber $\eta_c \geq 0{,}8$ und

$\xi_c = 1{,}56\chi$, aber $\xi_c \geq 0{,}8$

Für Hohlquerschnitte gelten besondere Nachweisformeln.

Bei anderen symmetrischen oder doppeltsymmetrischen Querschnitten dürfen die obengenannten Formeln für Biegeknicken um die y-Achse verwendet werden, für den Nachweis für Biegeknicken um die z-Achse sind ξ_{yc}, $M_{y,Ed}$, $M_{y,Rd}$ und χ_y durch ξ_{zc}, $M_{z,Ed}$, $M_{z,Rd}$ und χ_z zu ersetzen.

Im einzelnen bedeuten:

N_{Ed}	Bemessungslast
N_{Rd}	$A f_{0,2}/\gamma_{M1}$ = Bemessungswiderstand
χ_y	Reduktionsfaktor für Knicken um die y-Achse
χ_z	Reduktionsfaktor für Knicken um die z-Achse
$M_{y,Ed}$, $M_{z,Ed}$	Bemessungsmomente um die y- und um die z-Achse, berechnet nach Theorie I. Ordnung
$M_{y,Rd} = \alpha_y W_y f_{0,2}/\gamma_{M1}$	Bemessungsmoment um die y-Achse
$M_{z,Rd} = \alpha_z W_z f_{0,2}/\gamma_{M1}$	Bemessungsmoment um die z-Achse
$\omega_0 = 1$	für Träger ohne Löcher und ohne Schweißungen
α_y, α_z	plastischer Formbeiwert für Biegung um die y- bzw. z-Achse mit Berücksichtigung des lokalen Beulens bzw. von WEZ, wenn geschweißt wurde; α_z darf nicht größer als 1,25 angesetzt werden
ω_x, ω_0	Reduktionsfaktor für die WEZ gemäß:

$$\omega_0 = \omega_x = \omega_{xLT} = \frac{\rho_{WEZ} f_u/\gamma_{M2}}{f_{0,2}/\gamma_{M1}} \text{ aber } \leq 1{,}00$$

ρ_{WEZ}	Reduktionsfaktor für die WEZ

4.6.5 Biegedrillknicknachweis für den planmäßig mittig gedrückten Stab nach ENV 1999-1-1

Die Schlankheit für diesen Versagenszustand lautet:

$$\lambda = \pi \cdot \sqrt{\frac{EA}{N_{cr}}}$$

wobei

A   Bruttoquerschnittsfläche ohne Abzug für WEZ oder lokales Beulen oder Löcher
E   E-Modul
N_{cr} elastische Drillknicklast mit Berücksichtigung der Interaktion zum Biegeknicken

Die kritische Spannung kann aus der Formel für f_s im Abschnitt 4.4.2 entnommen werden, wenn für Φ gesetzt wird:

$$\Phi = 0{,}5\left[1 + \alpha \cdot (\bar{\lambda} - \bar{\lambda}_1) + \bar{\lambda}^2\right]$$

mit α nach Tabelle 4-8

Die weitere Vorgehensweise ist aus ENV 1999-1-1 zu entnehmen.

Tabelle 4-8
Allgemeine Werte für α und $\bar{\lambda}_1$

Querschnitt	α-Wert	$\bar{\lambda}_1$-Wert
Allgemeiner Querschnitt	0,35	0,4

4.6.6 Biegedrillknicknachweis für den planmäßig außermittig gedrückten Stab nach ENV 1999-1-1

Beim Biegedrillknicknachweis mit I-Querschnitten ist folgende Bedingung einzuhalten:

$$\left(\frac{N_{Ed}}{\chi_z \, \omega_x \, N_{Rd}}\right)^{\eta_c} + \left(\frac{M_{y,Ed}}{\chi_{LT} \, \omega_{xLT} \, M_{y,Rd}}\right)^{\gamma_c} + \left(\frac{M_{z,Ed}}{\omega_0 \, M_{z,Rd}}\right)^{\xi_{zc}} \leq 1{,}00$$

Hierbei bedeuten zusätzlich zu den im Abschnitt 4.4.4 erläuterten Größen:

χ_{LT} Reduktionsfaktor für Biegedrillknicken
γ_c γ_0, aber $\gamma_c \geq 0{,}8$
ξ_{yc} $\xi_0 \chi_z$, aber $\xi_{zc} \geq 0{,}8$
ω_x, ω_0 und ω_{xLT} Reduktionsfaktoren aus WEZ nach Abschnitt 4.6.4
η_0, γ_0 und ξ_0 wurden im Abschnitt 4.6.4 erklärt.

Die Nachweise für Biegeknicken müssen zusätzlich geführt werden.

5 Lokales Beulen und Plattenbeulen

5.1 Schlankheitsparameter β und Grenzwerte für die Einstufung in Querschnittsklassen

Der Schlankheitsparameter β kennzeichnet die Empfindlichkeit der Querschnittselemente gegenüber lokalem Beulen. Die Einstufung der Querschnitte in die Klassen 1 bis 4 wird nach dem Schlankheitsparameter β der einzelnen Querschnittsteile gemäß Tabelle 5-1 vorgenommen. Er wird wie folgt ermittelt:

- Für ebene abstehende Querschnittsteile oder innere Querschnittsteile mit beidseitiger Lagerung und konstanter Spannungsverteilung ist β = b/t oder d/t (b und d gleich lichte Breite des betrachteten Blechfeldes).

- Für innere Querschnittsteile mit beidseitiger Lagerung und mit einer linearen Spannungsverteilung mit Nulldurchgang in der Mitte ist β = 0,4 b/t oder 0,4 d/t.

- Für jede andere Spannungsverteilung ist β = g b/t oder g d/t, mit g = 0,70 + 0,30 ψ, wenn 1 > ψ > −1, und g = 0,80(1 − ψ), wenn ψ ≤ −1 ist. Die Werte für g können aus dem Diagramm Bild 5-2 aus [2] entnommen werden, ψ ist das Randspannungsverhältnis mit der maximalen Druckspannung im Nenner.

Wenn der aktuelle Wert β bestimmt ist, kann eine Einstufung entsprechend den Grenzwerten der Schlankheitsparameter $β_i$ erfolgen.

Hierzu dient die Tabelle 5-1, dabei ist die Fließgrenzenrelation

$$\varepsilon = \sqrt{\frac{250}{f_{0,2}}}$$

Tabelle 5-1
Grenzwerte der Schlankheitsparameter in Abhängigkeit der Lagerung der Beulfeldränder, der Werkstoffbehandlung und der Schweißung zur Einstufung der Querschnittselemente nach den aktuellen Schlankheitsparametern $β_i$

Nr.	Warm ausgehärtet, nicht geschweißt		Warm ausgehärtet und geschweißt oder nicht ausgehärtet und nicht geschweißt		Nicht ausgehärtet und geschweißt	
	Abstehendes Teil	Beidseitig gehaltenes Teil	Abstehendes Teil	Beidseitig gehaltenes Teil	Abstehendes Teil	Beidseitig gehaltenes Teil
$β_1$	3 ε	11 ε	2,5 ε	9 ε	2 ε	7 ε
$β_2$	4,5 ε	16 ε	4 ε	13 ε	3 ε	11 ε
$β_3$	6 ε	22 ε	5 ε	18 ε	4 ε	15 ε

Liegt z. B. der ermittelte Schlankheitsparameter β für ein Blechfeld mit allseitig gestützten Rändern bei einem warm ausgehärteten und geschweißten Werkstoff (Spalte 4) bei 15 ε, so befindet er sich zwischen β_2 und β_3, und damit ist dieser Fall nach Tabelle 5-2 sowohl für Biegequerschnitte als auch für Stützenquerschnitte in die Querschnittsklasse 3 einzustufen.

Tabelle 5-2
Zuordnung der Querschnittsklassen zu den Schlankheitsbereichen

Nr.		Biegequerschnitte	Stützenquerschnitte
1	Klasse 1	$\beta \leq \beta_1$	$\beta \leq \beta_2$
2	Klasse 2	$\beta_1 < \beta \leq \beta_2$	$\beta \leq \beta_2$
3	Klasse 3	$\beta_2 < \beta \leq \beta_3$	$\beta_2 < \beta \leq \beta_3$
4	Klasse 4	$\beta_3 < \beta$	$\beta_3 < \beta$

Liegen ausgesteifte Bleche oder randverstärkte und sickenverstärkte Elemente vor, so ist deren Empfindlichkeit gegen Ausbeulen von der Beulform abhängig. Es gibt drei Beulformen mit unterschiedlichen Knotenlagen und Beulwellenausdehnungen. Es gelten dann besondere Ableitungen. Ebenso werden für Spannungsverteilungen mit Gradienten und für gleichmäßig verteilte Schubspannungen gesonderte Ableitungen maßgebend. Genaueres ist [2] zu entnehmen.

Abminderungen durch Schweißungen sind auch dabei zu beachten.

5.2 Nachweis einer dünnwandigen Stütze aus einem Rechteckhohlprofil unter Normalkraft- und Biegebeanspruchung nach DIN V ENV 1999-1-1: 1998

5.2.1 System, Querschnitt, Belastung und Nachweisformate

Die in Bild 5-1 dargestellte Stütze mit einer Druckkraft von $N_k = 300$ kN (charakteristische Last) und einer Querbelastung aus Wind von $w_k = 12$ kN/m (charakteristische Last) soll auf Knicken um die starke und um die schwache Achse des Querschnitts nachgewiesen werden. Das Material ist EN AW-6082 T6 (= AlMgSi1 T6) mit einer 0,2-Grenze von $f_{0,2,k} = 260$ N/mm², einer Zugfestigkeit von $f_{u,k} = 310$ N/mm² und einem Reduktionsfaktor infolge Schweißung von $\rho_{HAZ} = 0,65$ (entsprechend DIN V ENV 1999-1-1: 1998, 5.5.1 und Tabelle 5-2, Seite 75). Die Knicklänge der Stütze ist L = 4000 mm.

Das Rechteckhohlprofil hat den Querschnitt 300 × 200 × 6 × 6 (siehe Bild 5-2). Der Stab besitzt Kopf- und Fußplatten (400 × 300 × 20) aus dem gleichen Material, die mit a = 6 mm Kehlnähten ringsum angeschweißt sind (siehe Bild 5-3).

Der folgende Nachweis verläuft nach DIN V ENV 1999-1-1: 1998, es sind jeweils die zuständigen Abschnitte und Seiten der Norm DIN V ENV 1999-1-1: 1998, 5.3 bis 5.9 angegeben.

5.2 Nachweis einer dünnwandigen Stütze

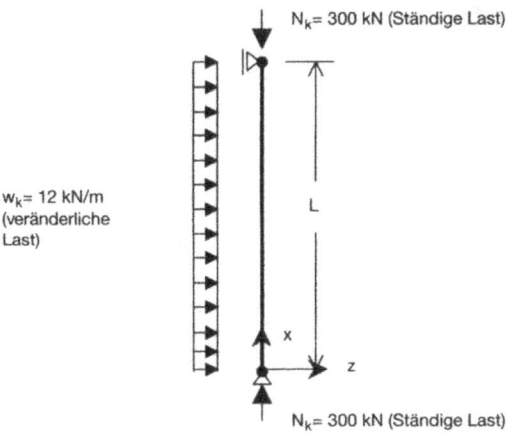

Bild 5-1
Stütze mit einer Druckkraft N_k und einer Querlast w_k, System und charakteristische Lasten

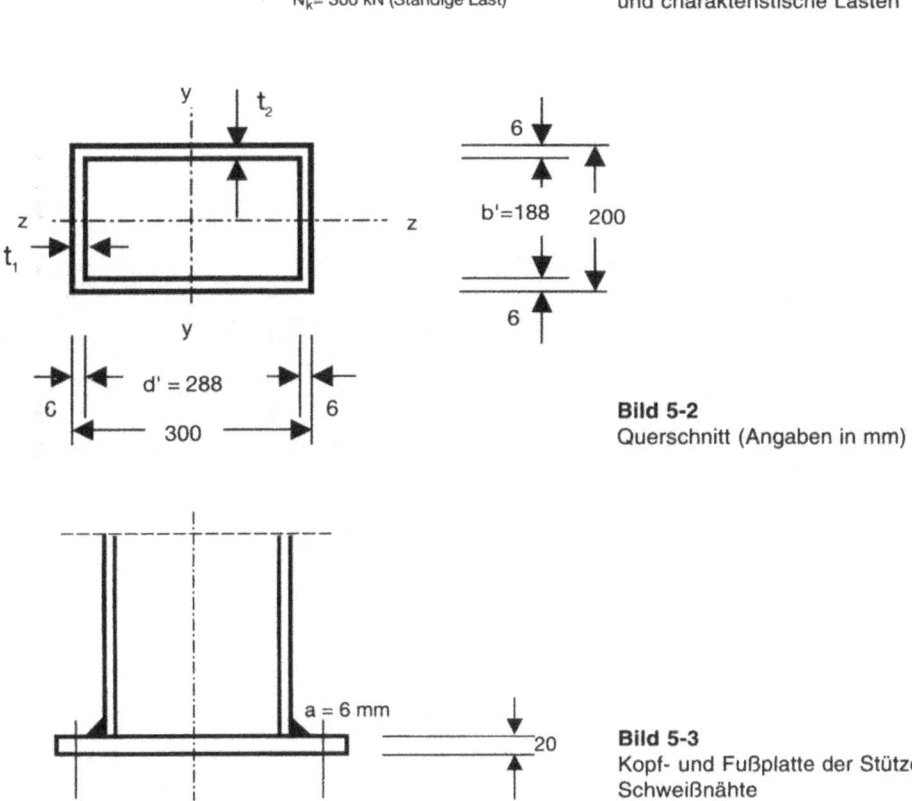

Bild 5-2
Querschnitt (Angaben in mm)

Bild 5-3
Kopf- und Fußplatte der Stütze, Schweißnähte

Da der Querschnitt ein Hohlquerschnitt ist, ist ein Biegedrillknicknachweis nicht erforderlich.

Nicht angegebene, aber notwendige Daten müssen im Verlauf der Berechnung im einzelnen mit Bezug auf das vorgegebene Material und auf DIN V ENV 1999-1-1: 1998 gewählt werden.

Der Grenzwert der Knickspannung f_s in Abhängigkeit der dimensionslosen Schlankheit nach DIN V ENV 1999-1-1:1998, 5.8.4.1(1) (Seite 90) ist:

$$f_s = \varkappa \cdot \eta \cdot k_1 \cdot k_2 \cdot f_0$$

Hierin bedeuten:

$\varkappa$ Knickbeiwert aus DIN V ENV 1999-1-1: 1998, Bild 8 (Seite 91) oder aus den nachfolgenden Formeln

η = 1,0 für Querschnitte der Klasse 1, 2 oder 3
     = A_e/A für Querschnittsteile der Klasse 4 mit $A_e = A - A_c(1 - \rho_c)$, wobei A_c die Querschnittsfläche des Querschnittsteils mit der Klasse 4

k_1 Faktor, der die Unsymmetrie des Querschnitts berücksichtigt, siehe DIN V ENV 1999-1-1: 1998, Tabelle 5-5 (Seite 91)

k_2 Faktor, der die Entfestigung im Querschnitt infolge von Schweißung berücksichtigt, siehe DIN V ENV 1999-1-1: 1998, Tabelle 5-5 (Seite 91)

f_0 = $f_{0,2}$ charakteristische Festigkeit bei Biegebeanspruchung und bei Fließen des Gesamtquerschnitts aus Zug und Druck nach DIN V ENV 1999-1-1: 1998, 5.3.5(1) (Seite 65)

Die komplette Interaktionsformel (5.46) nach DIN V ENV 1999-1-1: 1998, 5.9.4.2(3) (Seite 105) für die Tragfähigkeit auf Ausknicken von Hohlquerschnitten unter Normalkraft N_{Ed} und zweiachsigen Biegemomenten $M_{y,Ed}$ and $M_{z,Ed}$ lautet:

$$\left(\frac{N_{Ed}}{\chi_{min} \cdot \omega_x \cdot N_{Rd}}\right)^{0,8} + \frac{1}{\omega_0}\left[\left(\frac{M_{y,Ed}}{M_{y,Rd}}\right)^{1,7} + \left(\frac{M_{z,Ed}}{M_{z,Rd}}\right)^{1,7}\right]^{0,6} \leq 1,0$$

Schnittgrößen aus den Bemessungslasten:

$N_{Ed} = \gamma_F \cdot N_k = 1,35 \cdot 300 = 405$ kN   (Annahme: Ständige Last)

$M_{y,Ed} = \gamma_F \cdot w_k \cdot L^2/8 = 1,5 \cdot 12 \cdot 4^2/8 = 36$ kNm   (Annahme: Veränderliche Last)

Für den nachfolgenden Nachweis ist es wichtig, die notwendigen Grundlagen für die Widerstände zusammenzustellen:

     $\varkappa_y$, N_{Rd}, $M_{y,Rd}$
     $\varkappa_z$, und $M_{z,Rd}$

5.2.2 Zuordnung der Querschnitte zur Querschnittsklasse

Die Zuordnung des Querschnittes zu einer Querschnittsklasse erfolgt nach DIN V ENV 1999-1-1: 1998, 5.4.2 (Seite 65), dazu ist es erforderlich, den Schlankheitsparameter β zu ermitteln. Dazu heißt es in DIN V ENV 1999-1-1: 1998, 5.4.3 (Seite 67) wie folgt:

5.4.3 Schlankheitsparameter

a) ebene, abstehende oder innere Querschnittselemente unter konstanter Spannungsverteilung: *β = b/t*

5.2 Nachweis einer dünnwandigen Stütze

b) innere Querschnittselemente mit einer linearen Spannungsverteilung, deren Nulldurchgang in der Mitte liegt: $\beta = 0{,}4\,b/t$ oder $\beta = 0{,}4\,d/t$

c) jede andere Spannungsverteilung: $\beta = g\,b/t$ oder $\beta = g\,d/t$

Welche Spannungsverteilung liegt im Querschnitt unserer Stütze in L/2 vor? Diese Spannungsverteilung muß als erstes mit Hilfe des nicht reduzierten Querschnitts ermittelt werden.

Die nicht reduzierten Querschnittswerte (siehe Bild 5-2) und die Spannungsverteilung (siehe Bild 5-4) des Rechteckhohlprofils 300 × 200 × 6 × 6 sind folgende:

$A = 5856$ mm^2
$e_u = 150$ mm
$e_o = 150$ mm
$I_y = 7576 \cdot 10^4$ mm^4 $I_x = 4053 \cdot 10^4$ mm^4
$W_y = 505 \cdot 10^3$ mm^3 $W_z = 405 \cdot 10^3$ mm^3
$i_y = 114$ mm $i_z = 83$ mm

Werkstoff: EN AW-6082 T6 (AlMgSi1)

0,2-Grenze: $f_{0{,}2,k} = 260$ N/mm^2

Klassifizierung der Querschnittselemente nach DIN V ENV 5.9.2 (Seite 101), dort heißt es:

(1) P Die Klassifizierung der Querschnitte von Bauteilen mit kombinierten Beanspruchungen aus Biegung und Normalkraft ist für die einzelnen Schnittgrößen getrennt nach 5.4 (DIN V ENV 1999-1-1: 1998, 5.4 (Seite 65)) durchzuführen.

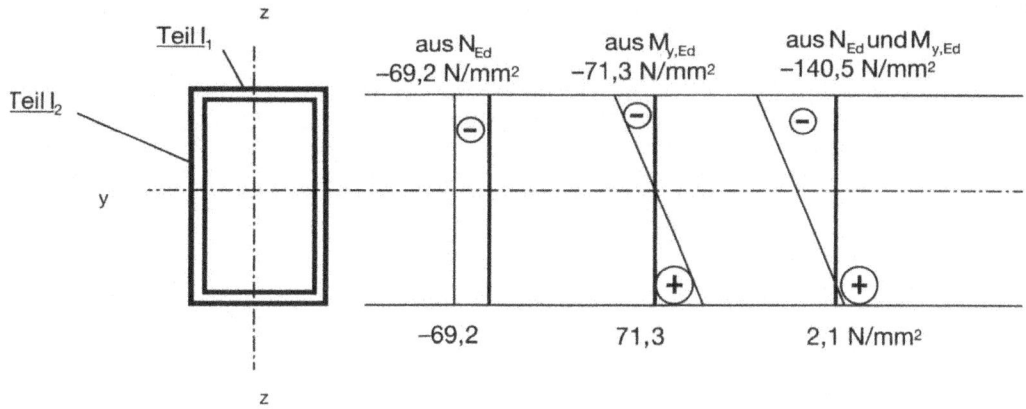

Bild 5-4
Spannungsverteilung infolge der Bemessungsschnittgrößen N_{Ed}, $M_{y,Ed}$ und aus der Kombination von N_{Ed} und $M_{y,Ed}$

Es muß demzufolge keine Klassifikation für den kombinierten Beanspruchungszustand vorgenommen werden. Weiter heißt es dort:

> *(2) Ein Querschnitt oder Querschnittselement kann für die Normalkraft, für die Biegung um die große Hauptachse und für die Biegung um die kleine Hauptachse verschiedenen Klassen angehören. Dem kombinierten Beanspruchungszustand wird in den Interaktionsgleichungen in 5.9.3 und 5.9.4 (DIN V ENV 1999-1-1: 1998, 5.9.3 (Seite 101) und 5.9.4 (Seite 104) Rechnung getragen. Diese Interaktionsformeln können für alle Klassen von Querschnitten verwendet werden. Der Einfluß aus lokalem Beulen und aus Fließen auf den Tragwiderstand unter kombinierter Belastung wird in den Formeln durch die Größen im Nenner und durch die Exponenten, welche Funktionen der Querschnittsschlankheit sind, berücksichtigt.*

Querschnittsteil I_1: σ aus N, M und aus der Kombination von N und M:
Nach DIN V ENV 1999-1-1:1998, 5.4.3(1)a) (Seite 67) folgt:
$\beta_{1,N} = \beta_{1,M} = \beta_{1,N/M} = b'/t = 188/6 = 31,3$

Querschnittsteil I_2: σ aus N allein:
Nach DIN V ENV 1999-1-1: 1998, 5.4.3(1)a) folgt:
$\beta_{2,N} = d'/t = 288/6 = 48$

σ aus M allein:
Nach DIN V ENV 1999-1-1: 1998, 5.4.3(1)b) (Seite 67) folgt:
$\beta_{2,M} = 0,4 d'/t = 19,2$

σ aus der Kombination von N und M
(eigentlich nicht erforderlich):
Nach DIN V ENV 1999-1-1: 1998, 5.4.3(1)c) (Seite 67) folgt:
$\beta_{2,N/M} = g \cdot d'/t$

Der Wert von g resultiert mit:

$\psi = \sigma_{min}/\sigma_{max} = +2,1/-140,4 = -0,014$ aus:
$g = 0,7 + 0,3 \cdot \psi = 0,7 - 0,3 \cdot 0,014 = 0,7$, daher ist:
$\beta_{2,N/M} = 0,7 \cdot 288/6 = 33,6$

Die Elementklassifizierung nach DIN V ENV 1999-1-1: 19998, 5.4.4(1) und (2) und nach DIN V ENV 1999-1-1: 1998, Tabelle 5-1, unterste Linie (für innenliegende Elemente) (Seite 72) ist:

$$\varepsilon = \sqrt{\frac{250}{260}} = 0,981 \rightarrow \beta_3 = 22 \cdot \varepsilon = 21,6.$$

- Die Werte $\beta_{1,N} = \beta_{1,M} = \beta_{1,N/M} = 31,3$ sind größer als 21,6, daher und, weil warm ausgehärtetes, ungeschweißtes Material vorliegt, folgt hier Querschnittsklasse 4.
- Der Wert $\beta_{2,N} = 48$ ist größer als 21,6, daher und, weil warm ausgehärtetes, ungeschweißtes Material vorliegt, folgt hier Querschnittsklasse 4.
- Der Wert $\beta_{2,M} = 19,2$ ist kleiner als 21,6 und größer als 15,7, daher und, weil warm ausgehärtetes, ungeschweißtes Material vorliegt, folgt hier Querschnittsklasse 3.

5.2 Nachweis einer dünnwandigen Stütze

- Der Wert $\beta_{2,N/M} = 33{,}6$ ist größer als 21,6, daher und, weil warm ausgehärtetes, ungeschweißtes Material vorliegt, folgt hier Querschnittsklasse 4.

Wir müssen jetzt DIN V ENV 1999-1-1: 1998, 5.4.4(3) bis (5) (Seite 72) beachten. Die Normalkraft infolge der ständigen Last N_{Ed} verursacht eine konstante Spannungsverteilung und stuft wegen $\beta_{1,N} = 31{,}3$ und $\beta_{2,N} = 48$ jedes Querschnittselement in die Klasse 4 ein. Für die ersten Nachweise berücksichtigen wir weder die Spannungsverteilung infolge des Momentes $M_{y,Ed}$ noch diejenige infolge der kombinierten Wirkung von N_{Ed} und $M_{y,Ed}$. Daher ordnen wir den gesamten Querschnitt der Klasse 4 zu.

5.2.3 Bemessungswiderstand auf Knicken um die y-y-Achse (starke Achse) für die reine Normalkraft N_{Ed}

Ermittlung des effektiven Querschnitts nach DIN V ENV 1999-1-1: 1998, 5.4.5(1) (Seite 72).

Reduktionsbeiwerte ρ_c nach DIN V ENV 1999-1-1: 1998, 5.4.5(3)c) (Seite 73) für warm ausgehärtetes und nicht geschweißtes Material.

Ermittlung des Bemessungswiderstandes der Stütze:

$$N_{Rd,eff} = A_{eff} \cdot f_{0,2,k}/\gamma_M, \quad \text{(siehe die analoge Formel DIN V ENV 1999-1-1:1998, 5.8.6, Seite 94).}$$

Querschnittsteil I_1: $\beta_{1,N} = 31{,}3$, damit ist $\beta_{1,N}/\varepsilon = 31{,}9 > 22$

$$\rho_{c,1} = \frac{32}{31{,}3/0{,}981} - \frac{220}{(31{,}3/0{,}981)^2} = 1{,}003 - 0{,}216 = 0{,}787 \text{ und}$$

$$t_{1,eff} = \rho_{c1} \cdot t_1 = 0{,}787 \cdot 6 = 4{,}72 \text{ mm}$$

Querschnittsteil I_2: $\beta_{2,N} = 48$, damit ist $\beta_{2,N}/\varepsilon = 48{,}93 > 22$

$$\rho_{c,2} = \frac{32}{48/0{,}981} - \frac{220}{(48/0{,}981)^2} = 0{,}654 - 0{,}092 = 0{,}562 \text{ und}$$

$$t_{2,eff} = \rho_{c,2} \cdot t_2 = 0{,}562 \cdot 6 = 3{,}37 \text{ mm}$$

Die effektiven Querschnittswerte für den Normalkrafttragwiderstand unter Berücksichtigung der effektiven Dicken $t_{1,eff} = 4{,}72$ mm und $t_{2,eff} = 3{,}37$ mm und die entsprechenden Bemessungswiderstände sind:

A_{eff}	$= 3813 \text{ mm}^2$	A_{eff}	$= 3813 \text{ mm}^2$
e_u	$= 150 \text{ mm}$	e_{li}	$= 100 \text{ mm}$
e_o	$= 150 \text{ mm}$	e_{re}	$= 100 \text{ mm}$
$I_{y,eff}$	$= 5385 \cdot 10^4 \text{ mm}^4$	$I_{z,eff}$	$= 2439 \cdot 10^4 \text{ mm}^4$
$W_{y,eff}$	$= 359{,}0 \cdot 10^3 \text{ mm}^3$	$W_{z,eff}$	$= 243{,}9 \cdot 10^3 \text{ mm}^3$
$i_{y,eff}$	$= 118{,}8 \text{ mm}$	$i_{z,eff}$	$= 80 \text{ mm}$

$$N_{Rd,eff} = (A_{eff} \cdot f_{y,k}/\gamma_M) = 3813 \cdot 260/(1{,}1 \cdot 10^3) = 901{,}3 \text{ kN}$$

Ermittlung aller notwendigen Ausdrücke zur Berechnung des Bemessungswiderstandes der Stütze auf Knicken nach DIN V ENV 1999-1-1: 1998, 5.8.4.1(1) (Seite 90/91).

Knicken um die y-y-Achse (starke Achse):

Berechnung der Schlankheit λ_y und des Knickbeiwertes $\varkappa_y$:

$$\lambda_y = \frac{4000}{118,8} = 33,67 \approx 34$$

$$\lambda_1 = \pi\sqrt{\frac{E}{\eta f_{0,2}}}$$

$\eta = A_{eff}/A = 3813/5856 = 0,651$ für den Querschnitt der Klasse 4

$$\lambda_1 = \pi\sqrt{\frac{70.000}{0,651 \cdot 260}} = 63,88 \approx 64$$

$$\bar{\lambda}_y = \lambda_y/\lambda_1 = 0,527$$

Von DIN V ENV 1999-1-1: 1998, Tabelle 5-6 (Seite 91) folgen:

$\alpha = 0,20$ und $\bar{\lambda}_0 = 0,1$ sowie

$\phi = 0,5[1 + \alpha(\bar{\lambda} - \bar{\lambda}_0) + \bar{\lambda}^2]$, mit $\bar{\lambda} = \bar{\lambda}_y$ folgen

$\phi = 0,5\,[1 + 0,2(0,527 - 0,1) + 0,527^2] = 0,682$

und der Knickbeiwert $\varkappa_y$ nach DIN V ENV 1999-1-1: 1998, 5.8.4 (Seite 90):

$$\varkappa_y = \frac{1}{\phi + \sqrt{\phi^2 - \bar{\lambda}^2}} = \frac{1}{0,682 + \sqrt{0,682 - 0,527^2}} = 0,898$$

Nachweis der Tragsicherheit der Stütze unter Normalkraft unter Berücksichtigung des Knickens um die y-y-Achse nach Gleichung (5-46) der DIN V ENV 1999-1-1: 1998, 5.9.4.2(4) (Seite 105), Hohlquerschnitte und Rohre mit $\omega_x = \omega_0 = 1,0$:

$$\left(\frac{405}{0,898 \cdot \omega_x \cdot 901,3}\right)^{0,8} = 0,575 < 1,0$$

5.2.4 Bemessungswiderstand auf Knicken um die y-y-Achse (starke Achse) für die kombinierte Einwirkung von Normalkraft N_{Ed} und Biegemoment $M_{y,\,Ed}$

Berechnung des effektiven Querschnitts nach DIN V ENV 1999-1-1: 1998, 5.4.5(1) (Seiten 72/73)

Reduktionsbeiwert ρ_c nach DIN V ENV 1999-1-1: 1998, 5.4.5(3)c) (Seite 73) für warm ausgehärtetes und nicht geschweißtes Material:

Ermittlung des Bemessungswiderstandes des Bauteils für das Biegemement $M_{y,\,Rd}$:

$M_{y,\,Rd,\,eff} = W_{y,\,el,\,eff} \cdot f_{y,\,k}/\gamma_M$, nach DIN V ENV 1999-1-1: 1998, 5.6.2.1, Gleichung (5-14) und Tabelle 5-3 (Seiten 79/80).

5.2 Nachweis einer dünnwandigen Stütze

Querschnittsteil I_1: $\beta_{1,M} = 31{,}3$, damit ist $\beta_{1,M}/\epsilon = 31{,}9 > 22$, daraus folgen:

$$\rho_{c,1} = \frac{32}{31{,}3/0{,}981} - \frac{220}{(31{,}3/0{,}981)^2} = 1{,}003 - 0{,}216 = 0{,}787 \text{ und}$$

$$t_{1,\text{eff}} = \rho_{c1} \cdot t_1 = 0{,}787 \cdot 6 = 4{,}72 \text{ mm}$$

Querschnittsteil I_2: $\beta_{2,M} = 19{,}2$, damit ist $16 < \beta_{2,M}/\epsilon = 19{,}58 < 22$, daraus folgen:

$$\rho_{c,2} = 1{,}0 \text{ und}$$

$$t_{2,\text{eff}} = \rho_{c,2} \cdot t_2 = 1{,}0 \cdot 6 = 6{,}0 \text{ mm} = t_2$$

Die effektiven Querschnittswerte für den Momententragwiderstand unter Berücksichtigung der effektiven Dicken $t_{1,\text{eff}} = 4{,}72$ mm und $t_{2,\text{eff}} = 6{,}0$ mm und die entsprechenden Bemessungswiderstände sind:

A_{eff}	= 5359 mm²	A_{eff}	= 5359 mm²
e_u	= 150 mm	e_{li}	= 100 mm
e_o	= 150 mm	e_{re}	= 100 mm
$I_{y,\text{eff}}$	= 6499 · 10⁴ mm⁴	$I_{z,\text{eff}}$	= 3895 · 10⁴ mm⁴
$W_{y,\text{eff}}$	= 433,3 · 10³ mm³	$W_{z,\text{eff}}$	= 389,5 · 10³ mm³
$i_{y,\text{eff}}$	= 110,1 mm	$i_{z,\text{eff}}$	= 85,25 mm

$M_{y,Rd} = W_{y,\text{el,eff}} \cdot f_{y,k}/\gamma_M = 433{,}3 \cdot 10^3 \cdot 260/(1{,}1 \cdot 10^6) = 102{,}42$ kNm, nach DIN V ENV 1999-1-1: 1998, 5.6.2.1(1), Gleichung (5-14) und Tabelle 5-3 (Seite 79/80).

Nachweis der Tragsicherheit der Stütze unter kombinierter Einwirkung von Normalkraft N_{Ed} und Biegemoment $M_{y,Ed}$ unter Berücksichtigung des Knickens um die y-y-Achse nach Gleichung (5-46) des DIN V ENV 1999-1-1: 1998, 5.9.4.2(4) (Seite 105), Hohlquerschnitte und Rohre mit $\omega_x = \omega_0 = 1{,}0$:

$$\left(\frac{405}{0{,}898 \cdot \omega_x \cdot 901{,}3}\right)^{0{,}8} + \frac{1}{\omega_0}\left[\left(\frac{36}{102{,}42}\right)^{1{,}7}\right]^{0{,}6} = 0{,}575 + 0{,}344 = 0{,}919 < 1{,}0.$$

5.2.5 Bemessungswiderstand auf Knicken um die z-z-Achse (schwache Achse) für die Einwirkung einer reinen Normalkraft N_{Ed}

Für den Tragsicherheitsnachweis auf Knicken um die z-z-Achse ist nur die reine Normalkraft N_{Ed} anzusetzen. Alle Querschnittselemente sind wie zuvor wegen der konstanten Spannungsverteilung in die Klasse 4 einzustufen. Es gelten die effektiven Querschnittswerte für den Normalkrafttragwiderstand.

Ermittlung der Schlankheit λ_z und des Knickbeiwertes $\varkappa_z$:

$$\lambda_z = \frac{4.000}{80} = 50$$

$$\overline{\lambda}_z = \frac{\lambda_z}{\lambda_1} = \frac{50}{64} = 0{,}781$$

Aus DIN V ENV 1999-1-1: 1998, Tabelle 5-6 (Seite 91) folgen: $\alpha = 0,2$ und $\bar{\lambda}_0 = 0,1$ und

$$\phi = 0,5\left[1 + 0,2(0,781 - 0,1) + 0,781^2\right] = 0,873$$

sowie der Knickbeiwert

$$\chi_z = \frac{1}{0,873 + \sqrt{0,873^2 - 0,781^2}} = 0,791$$

Nachweis der Tragsicherheit der Stütze unter Normalkraft unter Berücksichtigung des Knickens um die z-z-Achse nach Gleichung (5-46) des DIN V ENV 1999-1-1: 1998, 5.9.4.2(4) (Seite 105), Hohlquerschnitte und Rohre mit $\omega_x = \omega_0 = 1,0$:

$$\left(\frac{405}{0,791 \cdot \omega_x \cdot 901,3}\right)^{0,8} = 0,636 < 1,0$$

Ergebnis: Die ausreichende Tragsicherheit der Stütze unter Normalkraft und Querbelastung konnte nachgewiesen werden.

5.2.6 Nachweis der Tragsicherheit des Stützenquerschnitts im Bereich der Schweißnähte an der Kopf- und Fußplatte

Der Stützenquerschnitt besitzt an der Kopf- und an der Fußplatte eine MIG-Schweißverbindung mit Kehlnähten, aus diesem Grunde ist hier der Nachweis mit dem entfestigten Werkstoff unter Berücksichtigung des Abminderungsbeiwertes ρ_{WEZ} zu führen. Da an den Stützenenden laut Aufgabenstellung Gelenke anzunehmen sind, können die Nachweise allein mit der Normalkraft N_{Ed} und konstanter Spannungsverteilung geführt werden. Die Ausdehnung der wärmebeeinflußten Zone ist mit $b_{WEZ} = 20$ mm so klein (siehe DIN V ENV 1999-1-1: 1998, 5.5.3(3) und DIN V ENV Bild 5-6, Seite 75/77), daß es nicht erforderlich ist, in dieser Zone zusätzlich eine Abminderung infolge lokalen Beulens zu berücksichtigen. Deshalb wird der Querschnitt mit dem Schweißeinfluß als Querschnitt der Klasse 1 angesetzt.

Der Nachweis wird mit der nicht reduzierten Querschnittsfläche $A = 5856$ mm^2 nach DIN V ENV 1999-1-1: 1998, 5.5.2(1) und (3) (Seite 75/76) sowie nach DIN V ENV 1999-1-1: 1998, 5.8.6(1) (Seite 94) geführt:

$$N_{Ed} \leq N_{a,Rd} = \rho_{WEZ} A f_{0,2}/\gamma_{M2}$$

wobei $\rho_{WEZ} = 0,65$ und $\gamma_{M2} = 1,25$

$$N_{a,Rd} = (0,65 \cdot 5856 \cdot 260/1,25)/10^3 = 791,7 \text{ kN}$$

Nachweis:

$$\frac{N_{Ed}}{N_{a,Rd}} = \frac{405}{791,7} = 0,51 < 1,0$$

Der Teilsicherheitsbeiwert für den Widerstand wurde mit $\gamma_{M2} = 1,25$ angesetzt, weil es sich hier um den Nachweis einer Verbindung handelt.

6 Verbindungen

6.1 Allgemeines

Alle tragenden Verbindungen in den Konstruktionen aus Aluminium sind so auszulegen, daß im Traglastfall ihre Bemessungswiderstände größer sind als die Bemessungslasten. Darüber hinaus ist für den Gebrauchstauglichkeitsnachweis sicherzustellen, daß in den Verbindungen unter Gebrauchslasten keine unzumutbar großen Verformungen und Verschiebungen auftreten, die die Gebrauchstauglichkeit nachteilig beeinflussen.

Für den Tragsicherheitsnachweis werden die Bemessungswiderstände aus den charakteristischen Beanspruchbarkeiten, dividiert durch die Teilsicherheitsbeiwerte für die Widerstandsseite γ_M, berechnet. Nach der europäischen Norm für Aluminiumkonstruktionen ENV 1999-1-1 ist für geschraubte, genietete und geschweißte Verbindungen der Teilsicherheitsbeiwert $\gamma_{M2} = 1{,}25$ vorzusehen. Die deutsche Norm für Aluminiumkonstruktionen DIN 4113 Teil 1 und Teil 2 wurde im zulσ-Niveau geschrieben und kennt deshalb noch nicht den Begriff der Teilsicherheitsbeiwerte. Die Entwicklung einer deutschen Norm für Aluminiumkonstruktionen im Tragsicherheitsniveau würde sich an die DIN 18 800 „Stahlbauten" anlehnen und den Teilsicherheitsbeiwert für den Widerstand γ_M auch bei Verbindungen in der Größenordnung von $\gamma_M = 1{,}10$ festsetzen.

Die Diskrepanz zwischen der deutschen und der europäischen Auffassung ist auf zwei unterschiedliche Philosophien bei der Festlegung der Beanspruchbarkeiten von Verbindungen zurückzuführen. Während nach deutscher Auffassung eine konsistente Sicherheit für das ganze Bauwerk gelten sollte, die für alle schadensrelevanten Bauteile, Verbindungen und tragenden Elemente den gleichen Teilsicherheitsbeiwert für sinnvoll erachtet, besteht international überwiegend die Philosophie, daß Verbindungen immer höhere Widerstände darstellen müssen als die angeschlossenen Bauteile selbst. Diese Forderung zwingt bei der Anwendung plastischer Berechnungsverfahren Fließgelenke in die Bauteile selbst, ohne daß die Verbindungen bis zum Fließen beansprucht werden. Dies dient insbesondere dazu, bei plastischen Berechnungsmethoden Überfestigkeiten in den tragenden Bauteilen Rechnung zu tragen. Für den Fall, daß die Berechnungsmethode „elastisch-elastisch" angewendet wird, werden keine plastischen Reserveren genutzt, und so können auch nicht Überfestigkeiten zur Schnittgrößenumlagerung führen. Wird die Berechnungsmethode „elastisch-plastisch" benutzt, so kann es bei Überfestigkeiten bis zu 25 % in den Bauteilen vorkommen, daß das erste und einzig auftretende Fließgelenk sich in die Verbindung verlegt. Aus diesem Grunde ist bei solchen Berechnungsmethoden sicherzustellen, daß die Verbindung die für die angrenzenden Bauteile unter Annahme der Normfließgrenze berechneten Bemessungwiderstände ohne Versagen ertragen kann und auch eine ausreichende plastische Duktilität hat, die derjenigen des angenommenen Fließgelenkes gleich kommt.

Die in einer Verbindung auftretenen Schnittgrößen müssen sinnvoll auf die einzelnen Elemente des Querschnitts und der Verbindung aufgeteilt werden, dabei ist die Lage der Schwerlinien zu beachten, und es sind die dafür notwendigen Duktilitäten sicherzustellen. Ein wichtiges Prinzip bei der Auslegung von Verbindungen ist, daß die in den einzelnen Querschnittsteilen anfallenden Kräfte direkt übertragen werden und daß die Schwerlinien der angeordneten Verbindungsteile, wie z.B. Stoßlaschen, eine etwa gleiche Schwerlinienlage wie diejenige des Bauteils haben. Wenn dies erfüllt ist, kann jedes Verbindungselement, z.B. jede Stoßlasche, für sich mit den ihr zufallenden Kräften nachgewiesen werden.

Werden andere Tragfähigkeitsmodelle zugrundegelegt, so ist z.B. durch adäquate Versuche und zutreffende, genaue Berechnungsmethoden wie z.B. FE nachzuweisen, daß diese Modelle zutreffend sind.

Im Hinblick auf die Beanspruchbarkeit können Verbindungen in zwei Kategorien eingeteilt werden:

- volltragfähige Verbindungen
- teiltragfähige Verbindungen

Erstgenannte sind so ausgelegt, daß sie mindestens die gleiche Tragkapazität wie das anzuschließende Bauteil mit Beachtung von dessen Normfestigkeiten besitzen, z.B. haben diese Verbindungen das gleiche plastische Moment wie das Bauteil selbst. Die zweitgenannten Verbindungen haben eine niedrigere Beanspruchbarkeit als die anzuschließenden Bauteile; der Grad der Tragfähigkeitsreduktion ist nicht festgelegt. Letztgenannte Verbindung kann planmäßig eingesetzt werden z.B. an Querschnittsstellen, an welchen die Schnittgrößen nicht maximal sind, oder an Stellen, an welchen man planmäßig eine niedrigere Tragkapazität haben möchte, um hier frühzeitige größere plastische Verformungen zur Umlagerung von Schnittgrößen zu entwickeln.

Mit Hinblick auf die beiden vorgenannten, sich in der Tragkapazität unterscheidenden Verbindungen, wird eine detailliertere Klassifizierung nach den drei Eigenschaften

- Steifigkeit
- Festigkeit
- Plastizierungsvermögen (Duktilität)

vorgenommen. Verbindungen sollen so gewählt werden, daß diese Eigenschaften mit den entsprechenden Eigenschaften und Erfordernissen des Bauwerks verträglich sind.

Verbindungen mit voller Tragkapazität können bei der Berechnung von Bauwerken außerachtbleiben, sofern nicht Überfestigkeiten die Lage der plastischen Gelenke verschieben. Nur teilweise volltragfähige Verbindungen müssen in der Berechnung des Tragsystems berücksichtigt werden. Dies kann z.B. durch Einführen von Elementen minderer Steifigkeiten und minderer Tragfähigkeiten sowie minderer Plastizierungsvermögen in die statische Berechnung erfolgen. Dabei sind dann auch die Grenzwerte einzuführen.

Volltragfähige und vollsteife Verbindungen müssen nicht auch hohe Plastizierungseigenschaften besitzen, weil vor deren Inanspruchnahme die anschließenden Bauteile ihre Tragfähigkeit erreichen und nachgeben.

Verbindungen mit verminderter Festigkeit sollten unbedingt hohe plastische Verformungseigenschaften besitzen, damit der Systemwandel (z.B. Einführung eines Fließgelenkes) sich auch voll ausbilden kann.

6.2 Geschraubte und genietete Verbindungen

6.2.1 Einführung und Wirkungsweise

In Schraubenverbindungen können Kräfte senkrecht zur Schraubenachse (Scherverbindungen) und in Richtung der Schraubenachse (Zugverbindungen) übertragen werden. In Scherverbindungen werden die Schraubenkräfte entweder durch Scher-Lochleibungs-Wirkung (SL-Verbindung) oder durch Reibwirkung (GV-Verbindung) übergeleitet.

Die Schraubenverbindungen werden in folgende Kategorien eingeteilt:

Kategorie A: Scher-Lochleibungs-Verbindung (SL-Verbindung): Die Kraftübertragung in dieser Verbindung erfolgt dadurch, daß die Schraubenschäfte an den Lochwandungen anliegen, die Kräfte hier aufnehmen, durch Scherwirkungen in der Schraube über die Scherfuge leiten und schließlich über den Kontakt in der Lochwandung die Kräfte in das zweite Bauteil überleiten. Die Schrauben dürfen nur von Hand oder nicht planmäßig oder planmäßig vorgespannt sein. Eine Reibflächenvorbehandlung findet nicht statt. Die Verbindung kann mit Korrosionsschutzbeschichtung zusammengebaut werden.

Kategorie B: Gleitfeste Verbindung im Gebrauchszustand: Bei dieser Verbindung werden die Kräfte senkrecht zur Schraubenachse übertragen. Zum Einsatz kommen nur HV-Schrauben mit voller Vorspannung und Aluminiumbauteile, deren Kontaktflächen eine spezielle Behandlung zur Erhöhung des Reibbeiwertes erfahren haben. Die Verbindung wirkt mit einem gewissen Sicherheitsabstand bis zur Gebrauchstauglichkeitsbelastung als gleitfeste vorgespannte Verbindung, die praktisch keinerlei Verformung zuläßt; wird dieser Zustand im Traglastfall überschritten, gleitet die Verbindung soweit durch, daß eine Verbindung mit SL-Wirkung entsteht wie bei Verbindungen der Kategorie A. Das Berechnungsmodell sieht vor, daß diese Verbindung im Gebrauchszustand wie eine gleitfeste vorgespannte Verbindung (GV-Verbindung) und im Tragsicherheitsnachweis wie eine SL-Verbindung nachgewiesen wird.

Kategorie C: Gleitfeste vorgespannte Verbindung (GV-Verbindung), die bis zum Bemessungswiderstand gleitfest bleibt: Die GV-Verbindung überträgt die Kräfte senkrecht zur Schraubenachse durch Reibung. Hierzu werden nur planmäßig vollvorgespannte HV-Schrauben eingesetzt; die Kontaktflächen der Aluminiumbauteile werden einer Reibbehandlung zur Erhöhung des Reibbeiwertes unterzogen. Die Verbindung bleibt auch im Tragzustand gleitfest, deshalb ist der Nachweis wie für eine gleitfeste vorgespannte Verbindung im Tragzustand zu führen. Gleichzeitig ist nachzuweisen, daß die Nettoquerschnitte der beteiligten Bauteile nicht bis zur 0,2-Grenze belastet werden, weil in diesem Zustand die plastische Querkontraktion die Klemmlänge vermindern würde und so eine unkontrollierte Reduktion der Vorspannkraft eintreten kann.

Die vorgenannten Verbindungen können auch alle mit Paßschrauben nach DIN 7968 oder DIN 7999 hergestellt werden, diese Verbindungen dürfen im Mittel ein Lochspiel $\Delta d \leq 0,3$ mm nicht überschreiten. Die Verbindungen heißen dann SLP-Verbindungen und GVP-Verbindungen.

Zugverbindungen werden wie folgt in Kategorien eingeteilt:

Kategorie D: Zugverbindungen mit nichtvorgespannten oder nicht planmäßig vorgespannten Schrauben: In dieser Kategorie können Schrauben aller Festigkeitsklassen verwendet werden. Sie übertragen die Kräfte in Richtung der Schraubenachse. Das Berechnungsmodell sieht vor, daß die aus der äußeren Belastung auf eine Schraube entfallende Zugkraft von Anfang an voll von der Schraube aufgenommen wird. Eine Übernahme der äußeren Betriebslast durch Abbau der Klemmfugenkraft wird nicht in Rechnung gestellt. Es wird nicht empfohlen, solche Verbindungen in Bauwerken einzusetzen, in welchen die Lasten und Schnittgrößen oszillieren.

Kategorie E: Planmäßig vorgespannte Verbindungen: In dieser Verbindung werden nur vollvorgespannte HV-Schrauben verwendet. Die Kräfte werden in Richtung der Schraubenachse übertragen. Durch die planmäßige Vorspannung wird gemäß dem Verspannungsdreieck die äußere Betriebslast hauptsächlich durch die Klemmfugenentlastung und nur zum geringeren Teil durch eine Schraubenbelastung übernommen. Aus diesem Grunde ist die Verbindung besonders für Bauwerke geeignet, bei welchen die Lasten und die Schnittgrößen schwingend auftreten. Eine spezielle Reibflächenvorbehandlung ist nur nötig, wenn gleichzeitig zur Zugbeanspruchung auch Querkräfte durch Reibung übertragen werden sollen; in diesem Falle vermindern sich die übertragbaren Reibkräfte, weil äußere Zugkräfte eine Klemmfugenentlastung bewirken.

6.2.2 Loch- und Randabstände

Die Bezeichnung der Regelabstände der Löcher untereinander und vom belasteten Rand und vom seitlichen Rand ist in den Bildern 6-1 bis 6-4 dargelegt. Das Bild 6-1 enthält die Regelausführung der Abstände.

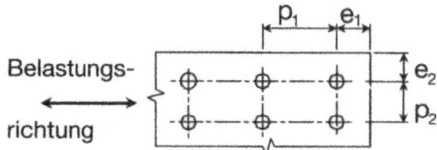

Bild 6-1
Bezeichnung der Loch- und Randabstände bei Schrauben- und Nietverbindungen

Die Bilder 6-2 und 6-3 zeigen die versetzte Anordnung von Schraubenlöchern bzw. vergrößerte Schraubenabstände in mittleren Bereichen breiter Bleche.

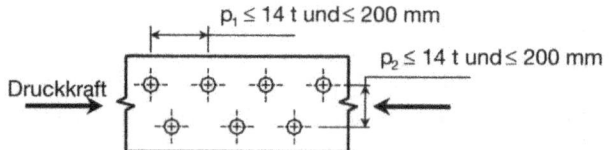

Bild 6-2
Bezeichnung der Lochabstände bei versetzten Schraubenlöchern

6.2 Geschraubte und genietete Verbindungen

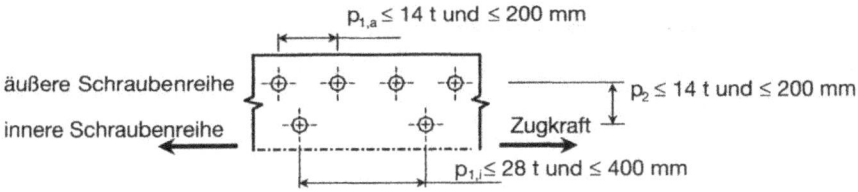

Bild 6-3
Schraubenabstände in Zuggliedern

Für Schraubenanschlüsse in Sonderprofilen, Winkelprofilen und unsymmetrischen Profilen sind inbesondere bei der Berechnung von Einschraubenverbindungen die Ableitungen der Kräfte zu beachten, so ist z. B. bei einem einschraubigen Anschluß eines Winkelprofils (Bild 6-4) sicherzustellen, daß der Querschnitt A_1 in der Lage ist, die halbe zu übertragende Kraft aufzunehmen, dies bedeutet eine Reduktion in der Tragfähigkeit. Bei derartigen Anschlüssen mit 2 bzw. 3 Schrauben hintereinander mildern sich die Reduktionen.

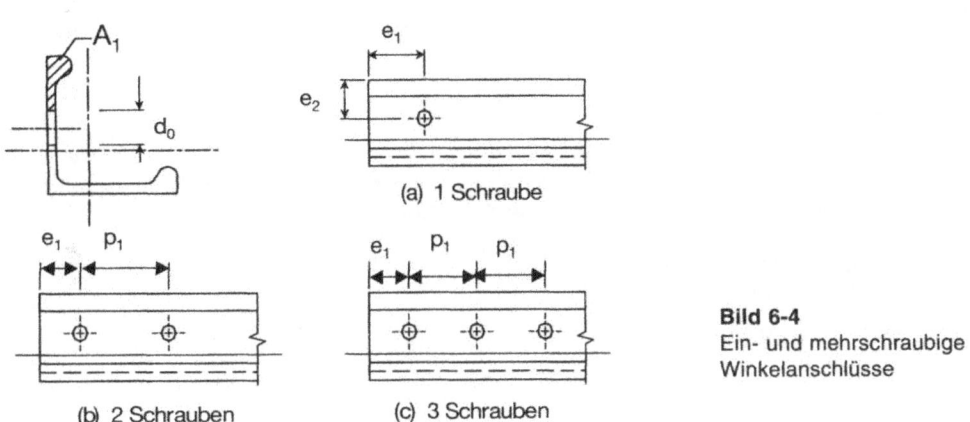

Bild 6-4
Ein- und mehrschraubige Winkelanschlüsse

6.2.3 Scherverbindungen mit Kraftübertragung senkrecht zur Schraubenachse bzw. zur Nietachse

Der Nachweis von Scherverbindungen der Kategorien A, B und C mit Kraftübertragung senkrecht zur Schraubenachse muß nach Tabelle 6-1 erfolgen.

Die in der Tabelle 6-1 genannten Beanspruchbarkeiten sind gemäß Tabelle 6-2 zu berechnen.

Der in Tabelle 6-1 festgelegte Bemessungswiderstand von Nietverbindungen ist nach Tabelle 6-3 zu berechnen.

Tabelle 6-1
Nachweise und Anforderungen für Schraubenverbindungen mit Kraftübertragung senkrecht zur Schraubenachse (SL-Verbindungen und GV-Verbindungen), Scherverbindungen

Kategorie	Nachweiskriterium	Anforderung bzw. Bemerkung
A: SL-Verbindung	$F_{v,Ed} \leq F_{v,Rd}$ $F_{v,Ed} \leq F_{b,Rd}$	Ohne Vorspannkraft bzw. nicht planmäßig vorgespannt, Schrauben der Festigkeitsklassen 4.6 bis 10.9
B: Gleitfeste Verbindung im Nutzlastbereich	$F_{v,Ed,ser} \leq F_{s,Rd,ser}$ $F_{v,Ed} \leq F_{v,Rd}$ $F_{v,Ed} \leq F_{b,Rd}$	Volle Vorspannung der hochfesten Schrauben, kein Nachgeben im Gebrauchsfähigkeitszustand
C: Gleitfeste Verbindung bis zur Traglast	$F_{v,Ed} \leq F_{s,Rd}$ $F_{v,Ed} \leq F_{b,Rd}$	Volle Vorspannung erforderlich. Kein Gleiten bis zum Bemessungslastniveau

$F_{v,Ed}$ Bemessungslast einer Schraube im Gebrauchszustand
$F_{v,Ed,ser}$ Bemessungslast einer Schraube im Tragzustand
$F_{v,Rd}$ Scherbeanspruchbarkeit einer Schraube
$F_{b,Rd}$ Lochleibungsbeanspruchbarkeit einer Schraube
$F_{s,Rd,ser}$ Gleitgrenze einer Schraube in Gebrauchszustand
$F_{s,Rd}$ Bemessungsgleitwiderstand einer Schraube im Tragzustand

Tabelle 6-2
Beanspruchbarkeiten und Bemessungswiderstände von Schrauben und Schraubenverbindungen

---

Beanspruchbarkeit einer Schraube in einer Scherfuge auf Abscheren

- für Festigkeitsklassen 4.6 bis 8.8 $\qquad F_{v,Rd} = \dfrac{0{,}6\, f_{ub}\, A}{\gamma_{Mb}}$

- für die Festigkeitsklasse 10.9 $\qquad F_{v,Rd} = \dfrac{0{,}55\, f_{ub}\, A}{\gamma_{Mb}}$

- für Edelstahlschrauben und Aluminiumschrauben $\qquad F_{v,Rd} = \dfrac{0{,}5\, f_{ub}\, A}{\gamma_{Mb}}$

$A = A_S$ wenn die Scherfuge im Gewindebereich der Schraube liegt
$A = A_{Sch}$ wenn die Scherfuge im Schaftquerschnitt der Schraube liegt
f_{ub} charakteristische Zugfestigkeit des Schraubenmaterials

Beanspruchbarkeit auf Lochleibung

$$F_{b,Rd} = \frac{2{,}5\, \alpha\, f_u\, d\, t}{\gamma_{Mb}}$$

hierbei ist α der kleinste Wert von: $\quad \dfrac{e_1}{3 d_0} \;;\; \dfrac{p_2}{3 d_0} - \dfrac{1}{4} \;;\; \dfrac{f_{ub}}{f_u} \quad$ oder $1{,}0$

f_u ist die charakteristische Festigkeit des zu verbindenden Materials

---

A_{Sch} ist der Schaftquerschnitt der Schraube $\qquad d_0$ ist der Lochdurchmesser
d ist der Schraubendurchmesser $\qquad e_1, p_1$ siehe Bilder 6-1 bis 6-4
γ_{Mb} Teilsicherheitsbeiwert

6.2 Geschraubte und genietete Verbindungen

Tabelle 6-3
Beanspruchbarbeit bzw. Bemessungswiderstand von Nietverbindungen mit Aluminiumnieten

---

Beanspruchbarkeit eines Niets in einer Scherfläche auf Abscheren

$$F_{v,Rd} = \frac{0,6 f_{ur} A}{\gamma_{Mr}}$$

A   Abscherquerschnitt des Niets
f_{ur} charakteristische Zugfestigkeit des Nietmaterials

Beanspruchbarkeit eines Niets auf Lochleibung

$$F_{b,Rd} = \frac{2,5 \alpha f_u d_0 t}{\gamma_{Mr}}$$

hierbei ist α der kleinste Wert von:

$$\frac{e_1}{3 d_0} \; ; \; \frac{p_2}{3 d_0} - \frac{1}{4} \; ; \; \frac{f_{ur}}{f_u} \quad \text{oder} \quad 1,0$$

f_u ist die charakteristische Festigkeit des Bauteilwerkstoffes

---

A	ist der Querschnitt des Nietloches
d_0	ist der Durchmesser des Nietloches
f_{ur}	ist die spezifizierte Festigkeit des Nietwerkstoffes
e_1, p_1	siehe Bilder 6-1 bis 6-4
γ_{Mr}	Teilsicherheitsbeiwert

6.2.4 Zugverbindungen mit Kraftübertragung in Richtung der Schraubenachse bzw. der Nietachse

Zugverbindungen werden gemäß Tabelle 6-4 in nicht vorgespannte und vorgespannte Verbindungen eingeteilt.

Tabelle 6-4
Nachweise und Anforderungen an Zugverbindungen mit Kraftübertragung in Richtung der Schraubenachse

Kategorien der Schrauben- und Nietverbindungen auf Zug		
Kategorie	Nachweiskriterium	Anforderungen, Bemerkungen
D: Nicht oder nicht planmäßig vorgespannt	$F_{t,Ed} \leq F_{t,Rd}$	Eine Vorspanung ist nicht erforderlich. Schrauben der Festigkeitsklassen 4.6 bis 10.9
E: Planmäßig vorgespannt	$F_{t,Ed} \leq F_{t,Rd}$	Volle Vorspannung der HV-Schrauben der Festigkeitsklasse 8.8 oder 10.9

$F_{t,Ed}$ Bemessungslast einer Schraube auf Zug
$F_{t,Rd}$ Bemessungswiderstand einer Schraube auf Zug

Die Beanspruchbarkeit einer Schraube auf Zug ist nach Tabelle 6-5 zu berechnen. Eine Beanspruchbarkeit von Nieten auf Zug wird nicht empfohlen.

Tabelle 6-5
Beanspruchbarkeit einer Schraube auf Zug

Beanspruchbarkeit auf Zug	
für Stahlschrauben:	$F_{t,Rd} = \dfrac{0,9 f_{ub} A_S}{\gamma_{Mb}}$
für Aluminiumschrauben:	$F_{t,Rd} = \dfrac{0,6 f_{ub} A_S}{\gamma_{Mb}}$

A_S Spannungsquerschnitt einer Schraube
f_{ub} charakteristische Zugfestigkeit des Schraubenmaterials
γ_{Mb} Teilsicherheitsbeiwert

6.2.5 Kombinierte Beanspruchung von Schraubenverbindungen

Treten in Schraubenverbindungen Kräfte senkrecht zur Schraubenachse und Kräfte in Schraubenachsrichtung auf, so werden die Schrauben gleichzeitig auf Abscheren und Zug beansprucht. In diesem Falle ist ein Interaktionsnachweis wie folgt zu führen:

$$\frac{F_{v,Ed}}{F_{v,Rd}} + \frac{F_{t,Ed}}{1,4 F_{t,Rd}} \leq 1,0$$

6.2.6 Gleitfeste vorgespannte Verbindungen (GV-Verbindungen mit HV-Schrauben)

In GV-Verbindungen werden Kräfte senkrecht zur Schraubenachse durch Reibwirkung zwischen Bauteilen (z. B. zwischen Stab und Laschen) übertragen. Die Gleitlast F_g ergibt sich aus:

$$F_g = \mu \cdot F_V$$

Hierin bedeuten:

μ Reibbeiwert der vorbehandelten Kontaktflächen
F_V planmäßige Vorspannkraft der HV-Schraube

Obwohl HV-Schrauben mit zwei Unterlegscheiben, eine unter dem Kopf und die andere unter der Mutter, verwendet werden müssen, treten Flächenpressungen von 300 N/mm² und mehr zwischen der Unterlegscheibe und dem Bauteil auf. Unter diesen Flächenpressungen erleiden Aluminiumlegierungen niedriger Festigkeiten bleibende plastische Eindrücke, die zum unkontrollierten Abbau der Vorspannkräfte führen. Dieser Nachteil ist durch Nachspannen der Verbindung ca. 2 Stunden nach dem erstmaligen Vorspannen weitgehend überwindbar. Dennoch sind Langzeitwirkungen zu beachten. Aus diesem Grunde sollte kein Aluminiummaterial mit einer 0,2-Grenze unter 200 N/mm² für GV-Verbindungen verwendet werden, oder es müssen zusätzliche größere Unterlegscheiben eingesetzt werden.

6.2 Geschraubte und genietete Verbindungen

Darüber hinaus ist zu beachten, daß Aluminiumbauteile und Stahlschrauben verschiedene Temperaturausdehnungskoeffizienten besitzen (Aluminium: $\alpha_{th,\,Al} = 23 \times 10^{-6}\,1/°C$, Stahl: $\alpha_{th,\,Fe} = 12 \times 10^{-6}\,1/°C$).

Bei Erwärmung der Verbindung kann sich demnach aufgrund der größeren Ausdehnung des Aluminiumbauteils die Vorspannkraft erhöhen, treten hierbei plastische Eindrückungen auf, so wird nach Abkühlung nur noch eine reduzierte Vorspannkraft vorhanden sein.

Der Reibbeiwert µ hängt von der Kontaktflächenvorbereitung ab. Die Standardvorbereitung ist ein leichtes Überstrahlen der Kontaktfläche, hieraus ergeben sich die folgenden Reibbeiwerte (siehe aber auch [1, 36, 39]):

Tabelle 6-6
Reibbeiwerte von Kontaktflächen mit Reibvorbehandlung

Klemmlänge der Verbindung in mm	Reibbeiwert µ
$12 \leq \Sigma t < 18$	0,27
$18 \leq \Sigma t < 24$	0,33
$24 \leq \Sigma t < 30$	0,37
$30 \leq \Sigma t$	0,40

Die Bemessungslast für GV-Verbindungen mit hochfesten vorgespannten Schrauben lautet:

$$F_{s,\,Rd} = \frac{n\,\mu}{\gamma_{Ms}}\,F_{p,\,Cd}$$

Hierin bedeuten:

z. Z. nach DIN V ENV 1999-1-1:

$F_{p,\,Cd} = 0{,}65\,f_{ub}\,A_S$ für 8.8 Schrauben
$\phantom{F_{p,\,Cd}} = 0{,}7\,f_{ub}\,A_S$ für 10.9 Schrauben

nach DIN 18800-1: F_V anstelle $F_{p,\,Cd} = 0{,}7\,f_{ub}\,A_S$ für 8.8- und 10.9-Schrauben

µ Reibbeiwert nach Tabelle 6-6 und [1, 36, 39]
n Anzahl der Reibflächen
$\gamma_{Ms,\,ult} = 1{,}25$ Teilsicherheitsbeiwert für den Tragsicherheitsnachweis
$\gamma_{Ms,\,ser} = 1{,}10$ Teilsicherheitsbeiwert für den Gebrauchsfähigkeitsnachweis

6.2.7 Kombinierte Beanspruchung vorgespannter Schraubenverbindungen durch Zug- und Scherkräfte

Die Bemessungsgleitlasten hängen von der Klemmpressung in der Fuge zwischen den Bauteilen ab. Wenn auf eine GV-Verbindung zusätzlich äußere Zugkräfte in Achsrichtung der Schraube einwirken, ist damit zu rechnen, daß die Klemmkräfte hierdurch abgebaut werden, dies beeinflußt den Bemessungswiderstand der GV-Verbindung auf

Reibung. Die Grenzgleitkräfte in Verbindungen mit zusätzlichen Zugkräften sind dann wie folgt zu errechnen:

Für die Kategorie B: Gleitfest im Gebrauchszustand

$$F_{s, Rd, ser} = \frac{n\mu(F_{p, Cd} - 0.8 F_{t, Ed, ser})}{\gamma_{Ms, ser}}$$

Für die Kategorie C: Gleitfest im Tragzustand

$$F_{s, Rd} = \frac{n\mu(F_{p, Cd} - 0.8 F_{t, Ed})}{\gamma_{Ms, ult}}$$

Hierin bedeuten:

$F_{t, Ed, ser}$ Bemessungszugkraft pro Schraube im Gebrauchszustand
$F_{s, Rd, ser}$ Reduzierter Bemessungsgleitwiderstand im Gebrauchszustand
$\gamma_{Ms, ser}$ Teilsicherheitsbeiwert für den Gebrauchszustand
$F_{t, Ed}$ Bemessungszugkraft pro Schraube im Tragzustand
$F_{s, Rd}$ Reduzierter Bemessungsgleitwiderstand im Tragzustand
$\gamma_{Ms, ult}$ Teilsicherheitsbeiwert im Tragzustand
n Anzahl der Scherfugen
μ Reibbeiwert
$F_{p, Cd}$ Planmäßige Vorspannkraft

6.2.8 Kontaktkräfte

In Stirnplattenverbindungen mit vorgespannten hochfesten Schrauben, die auf Zug beansprucht sind, bildet sich je nach Steifigkeit und Tragfähigkeit der Stirnplatte ein Tragmodell aus, das zwischen zwei Extremen liegt. Das eine Extrem entsteht, wenn die Stirnplatte sehr dick ist, in diesem Falle würde sie sich bei Überlastung parallel zu ihrer ursprünglichen Lage von ihrer Unterlage abheben, und es würden sich lediglich die Schrauben verlängern, sie selbst würde sich nicht verbiegen (siehe hierzu Bild 6-5a).

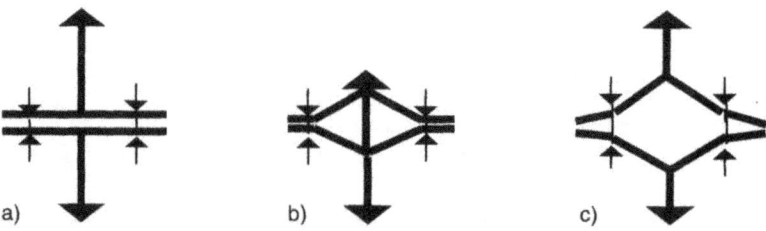

Bild 6-5a–c
Modelle bei Stirnplattenverbindungen mit Kontaktkräften
a) biegesteife Platten, dehnweiche Schrauben
b) biegeweiche Platten, dehnsteife Schrauben
c) Praxisfall: Biegesteifigkeit der Platten und Dehnsteifigkeit der Schrauben aufeinander angestimmt

6.2 Geschraubte und genietete Verbindungen

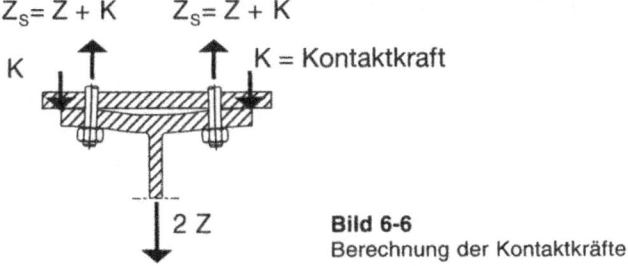

Bild 6-6
Berechnung der Kontaktkräfte

Besitzen dagegen die Schrauben sehr hohe Tragkräfte und Steifigkeiten und die Stirnplatte eine geringere Festigkeit, dann bildet sich das Modell nach dem Bild 6-5b aus, die Schrauben längen sich nicht, die Stirnplatten dagegen erhalten im Tragzustand plastische Gelenke in den Knickpunkten. Bei einer optimalen Wahl der Stirnplatte und der HV-Schrauben bildet sich der Zwischenzustand nach Bild 6-5c aus, bei dem sowohl eine Schraubenlängung und Schraubenbiegung als auch eine Stirnplattenverformung mit der Ausbildung von plastischen Gelenken auftritt. Im Falle der Bilder 6-5b und 6-5c entstehen an den äußeren Kanten der Stirnplatten Kontaktflächen K, die aus Gleichgewichtsgründen neben der eigentlichen Zugkraft 2 Z von den Schrauben mit aufgenommen werden müssen. Die Berechnung dieser Kontaktkräfte ist bei Zugrundelegung plastischer Gelenke in Anlehnung an das Bild 6-6 und aus [37, 38] entnehmbar.

Ein weiteres Beispiel einer Zugverbindung ist die Flanschverbindung mit verschiedenen Kontaktkräften (siehe Bild 6-7).

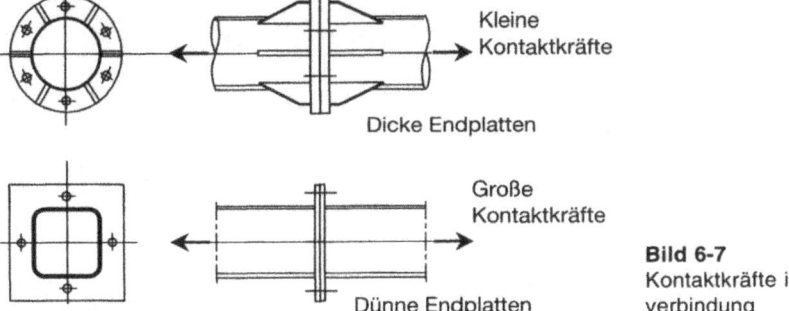

Bild 6-7
Kontaktkräfte in einer Flanschverbindung

6.2.9 Lange Schraubenanschlüsse

Bei langen Schraubenanschlüssen werden durch die ungleichmäßige Scherkraftverteilung die Spitzenwerte an den Enden der Verbindung so groß, daß sie mit dem Modell der einfachen gleichmäßigen Verteilung nicht mehr ausreichend sicher abgedeckt sind. Deshalb sind Abminderungen der Beanspruchbarkeiten der Schrauben zu berücksichtigen. Das Bild 6-8 gibt Auskunft, wann und wie diese Abminderungen vorzunehmen sind.

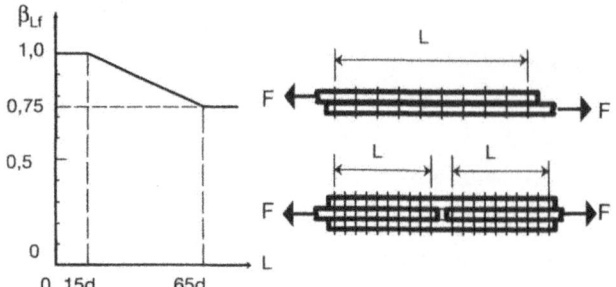

Bild 6-8 Abminderungsbeiwert β_{Lf} für Schraubenkräfte in langen Anschlüssen

Wenn der Abstand zwischen den Endschrauben größer als 15 d und kleiner als 65 d ist, lautet die Abminderung:

$$\beta_{Lf} = 1 - \frac{L - 15\,d}{200\,d}$$

Ergeben sich hierbei β_{Lf}-Werte unter 0,75, so darf mit 0,75 weitergerechnet werden.

6.2.10 Anschlüsse mit kombinierter Abscher- und Längskraftwirkung

In Querkraftanschlüssen von Trägern kann durch die Art der Anordnung der Anschlußschrauben im Stegblech gegebenenfalls nur ein Teil des Stegblechs an der Krafteinleitung beteiligt sein. Dies führt dazu, daß bei Überlastung eine ganze Gruppe von Schrauben ausreißen würde (im Englischen „block shear" genannt) und eine Bruchlinie entstünde, die kürzer als der Nettoquerschnitt der gesamten Steghöhe wäre. Sie bestünde i. allg. aus zwei (oder drei) Bruchlinienabschnitten, in welchen in den vertikalen Bruchlinien Abscherspannungen und in den horizontalen Bruchlinien Normalspannungen aufträten. Das Bild 6-9 zeigt derartige Fälle von Querkraftanschlüssen. Die Bemessungswiderstände auf Abscheren $V_{eff,Rd}$ und auf Zug $N_{eff,Rd}$ sind wie folgt nachzuweisen:

$$V_{eff,Rd} = \frac{f_{0,2}\,A_{v,eff}}{\sqrt{3}\,\gamma_{M0}}$$

hierbei ist $A_{v,eff}$ die wirksame Scherfläche. Sie kann wie folgt berechnet werden:

$$A_{v,eff} = t\,L_{v,eff}$$

wobei:

$$L_{v,eff} = L_v + L_1 + L_2, \text{ aber } L_{v,eff} \leq L_3$$

mit:

$L_1 = a_1$, aber $L_1 \leq 5\,d$

$L_2 = (a_2 - k\,d_{0,t}) \cdot (f_u/f_{0,2})$

$L_3 = L_v + a_1 + a_3$, jedoch $L_3 \leq (L_v + a_1 + a_3 - n\,d_{0,v}) \cdot (f_u/f_{0,2})$

Hierbei sind a_1, a_2, a_3 und L_v im Bild 6-9 angegeben, ferner sind:

d   Nenndurchmesser der Schrauben
$d_{0,t}$ der Lochdurchmesser in der Linie, in der Zugspannungen auftreten
$d_{0,v}$ der Lochdurchmesser in der Linie, in der Scherspannungen auftreten

6.2 Geschraubte und genietete Verbindungen

n   die Anzahl der Schrauben in der Linie, in der Scherspannungen auftreten
t   die Dicke des Stegbleches
k   ein Beiwert in der Größe von
      $k = 0{,}5$ für eine einzelne Schraubenreihe
      $k = 2{,}5$ für zwei Schraubenreihen

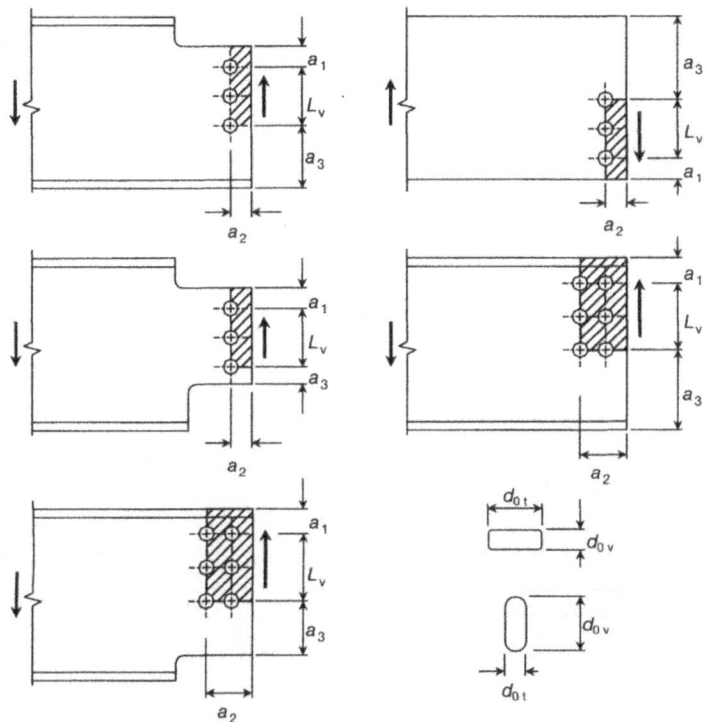

Bild 6-9
Querkraftanschlüsse mit „block-shear"-Wirkung

6.2.11 Einschnittige Schraubenverbindungen

In einschnittigen Verbindungen mit nur einer Schraube (siehe Bild 6-10) sind gegen das Ausknöpfen immer zwei Unterlegscheiben zu verwenden. Die Grenzlochleibungskraft ist auf den folgenden Wert zu beschränken:

$$F_{b,\,Rd} = \frac{1{,}5\,f_u\,d\,t}{\gamma_{Mb}}$$

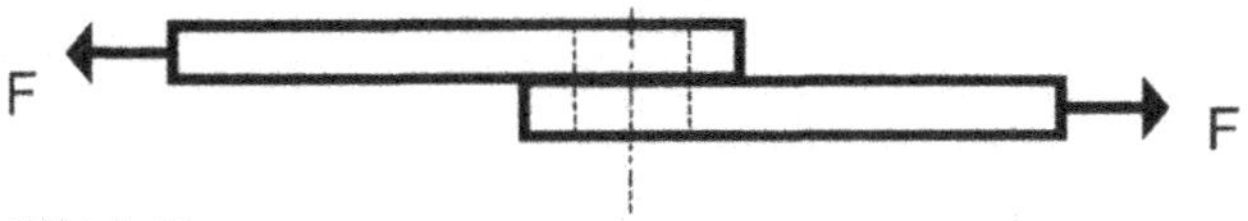

Bild 6-10
Einschnittige Schraubenverbindung

6.3 Augenstäbe und Bolzenverbindungen

Um das Herausschieben des Bolzens aus einer Augenstabverbindung zu verhindern, sind Clipse aus Federstahl zu verwenden. Sie sind auf eine Beanspruchung von 10% der Bolzenscherlast zu bemessen.

Der Bemessungswiderstand der Augenstäbe ist wie folgt nach zwei Arten zu berechnen, je nachdem, ob die Dicke einer Lasche bzw. eines Augenstabes oder die Randabstände des Augenstabes nachzuweisen sind.

Die Randabstände in und senkrecht zur Kraftrichtung sind wie folgt nachzuweisen (siehe Bild 6-11):

$$a \geq \frac{F_{Sd}\, \gamma_{Mp}}{2\, t\, f_{0,2}} + \frac{2\, d_0}{3} \quad \text{und} \quad c \geq \frac{F_{Sd}\, \gamma_{Mp}}{2\, t\, f_{0,2}} + \frac{d_0}{3}$$

Bei gegebener Dicke t:

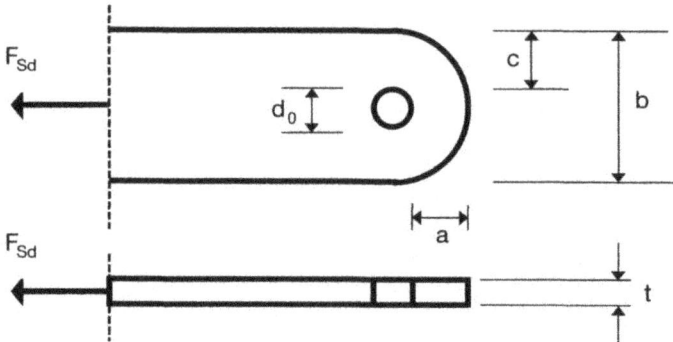

Bild 6-11
Abmessungen eines Augenstabes mit vorgegebener Dicke

Bei gegebenen Randabständen:

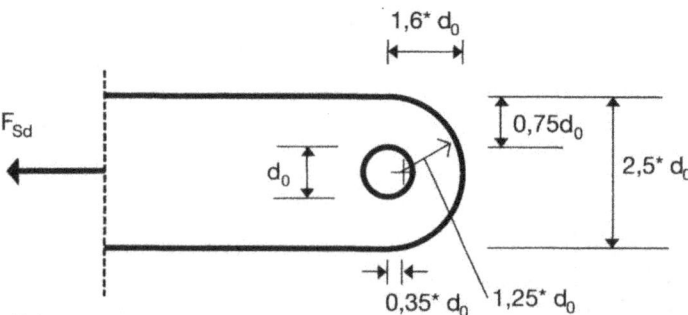

Bild 6-12
Abmessungen eines Augenstabes mit vorgegebener Randabständen

6.3 Augenstäbe und Bolzenverbindungen

Die Dicke des Augenstabes mit vorgegebenen Randabständen ist wie folgt zu ermitteln:

$$t \geq 0{,}7 \cdot \sqrt{\frac{F_{Sd} \cdot \gamma_{Mp}}{f_{0,2}}} \quad \text{mit } d_0 \leq 2{,}5\,t$$

Die Berechnung des Bolzens erfolgt auf Biegung und Schub mit dem Modell nach Bild 6-13. Der Bemessungswiderstand nach Tabelle 6-7 ist einzuhalten.

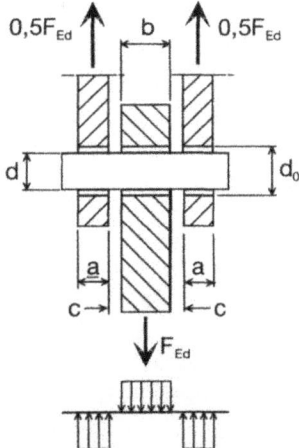

Bild 6-13
Abmessungen und Belastungen des Bolzens

Tabelle 6-7
Bemessungswiderstand für den Bolzen einer Augenstabverbindung

Kriterium	Bemessungswiderstand
Schub im Bolzen	$F_{v.Rd} = 0{,}6\,A\,f_{ub}/\gamma_{Mb}$
Biegung im Bolzen	$M_{Rd} = 0{,}8\,W_{el}\,f_{ub}/\gamma_{Mb}$
Kombinierter Schub und Biegung im Bolzen	$[M_{Ed}/M_{Rd}]^2 + [F_{v.Ed}/F_{v.Rd}]^2 \leq 1{,}0$
Lochleibung zwischen Bolzen und Lochwand	$F_{b.Rd} = 1{,}5\,t\,d\,f_{0,2}/\gamma_{Mb}$

Das Bemessungsmoment M_{Ed} ist wie folgt zu berechnen:

$$M_{Ed} = 0{,}125\,F_{Ed}(2\,a + 4\,c + b)$$

6.4 Schweißverbindungen

6.4.1 Allgemeines

Im Kapitel 2 wurden die Aluminium-Werkstoffe zusammengestellt, die im Bauwesen und in angrenzenden Bereichen Verwendung finden. Darüber hinaus wurden diejenigen Schweißzusatzwerkstoffe (filler metal) aufgeführt, die für Schweißverbindungen geeignet sind. Die Tabelle 2-10 enthält die Zuordnung, wobei Mehrfachzuordnungen möglich sind, die verschiedene Eigenschaften haben (z. B. größte Festigkeit der Verbindung, bestes Korrosionsverhalten, Vermeidung von Schweißrissen).

6.4.2 Schweißverfahren und Schweißnahtvorbereitungen für Verbindungen in Aluminium-Konstruktionen

Schweißverbindungen in Aluminium-Konstruktionen können mit Hilfe des

- MIG-Schweißverfahrens (siehe Bild 6-14)
- WIG-Schweißverfahrens (siehe Bild 6-15)

hergestellt werden. Beim MIG-Schweißverfahren wird der Schweißdraht permanent durch die Schweißpistole zugeführt. In der Pistole kommt er mit der Stromzuführung in Kontakt und bildet so die Elektrode, er verläuft durch die Düse, mit der auch gleichzeitig das Schutzgas zugeführt wird. Die Elektrode schmilzt also selbst ab.

Beim WIG-Schweißverfahren wird der Schweißdraht von außen zugeführt, der Lichtbogen entsteht zwischen der Wolfram-Elektrode und dem Werkstück, die Wolfram-Elektrode schmilzt selbst nicht ab. Durch die Pistole wird gleichzeitig das Schutzgas zugeführt.

Das MIG-Schweißverfahren besitzt folgende Eigenschaften:
- größere Schweißgeschwindigkeit
- geringere Wärmeeintragung
- besserer Einbrand
- mehr Fehlstellen beim Nahtbeginn und am Nahtende

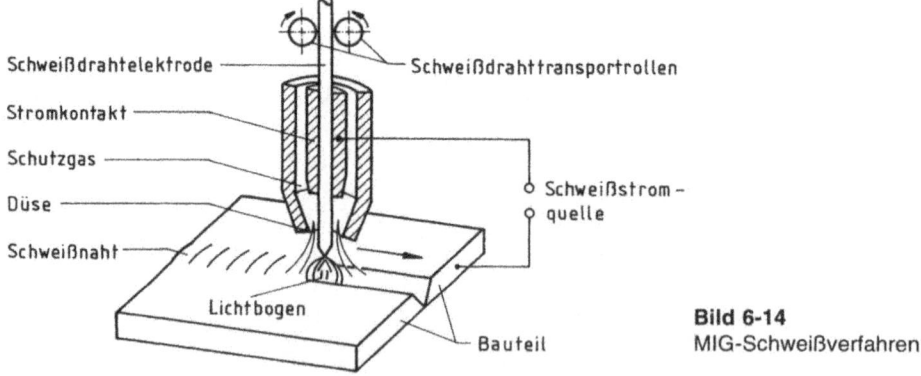

Bild 6-14
MIG-Schweißverfahren [41]

6.4 Schweißverbindungen

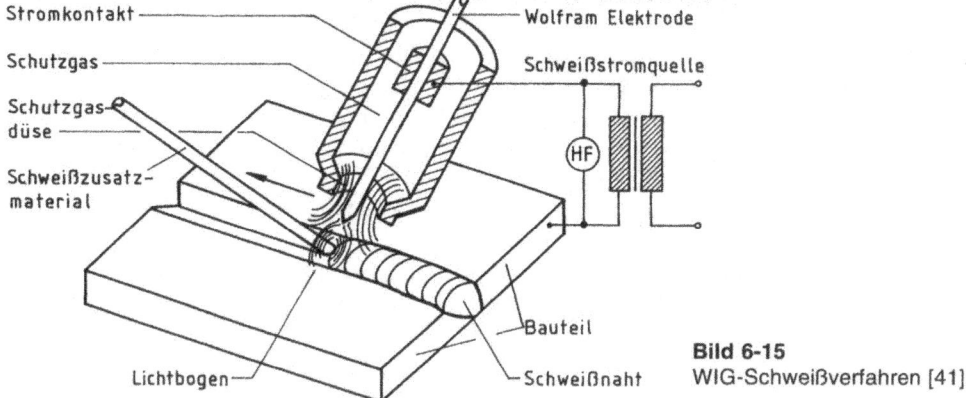

Bild 6-15
WIG-Schweißverfahren [41]

Das WIG-Verfahren besitzt folgende Eigenschaften:
- geringere Schweißgeschwindigkeit
- größere Wärmeeintragung
- geringerer Einbrand

Mit den obengenannten Eigenschaften eignet sich das WIG-Schweißverfahren nur für dünne Bleche bis zu 6 mm, für Wurzellagen und gelegentlich für Reparaturschweißungen, während das MIG-Schweißverfahren sich auch für diese, vornehmlich aber für alle sonstigen Schweißungen, für dicke Werkstücke und für eine Automatisierung eignet [40].

Die Schweißnähte werden in Stumpfnähte und Kehlnähte eingeteilt. Nahtvorbereitungen für die beiden vorgenannten Verfahren sind aus den Tabellen 6-9 und 6-10 [41] ersichtlich.

Hierzu sind ausführliche Darstellungen in DIN 4113, Teil 2 und in ENV 1999-1-1 (Eurocode 9) enthalten. Bei stranggepreßten Profilen ist das Anpressen einer Schweißnahtvorbereitungskante und einer Schweißunterlage leicht möglich (siehe Bild 6-16).

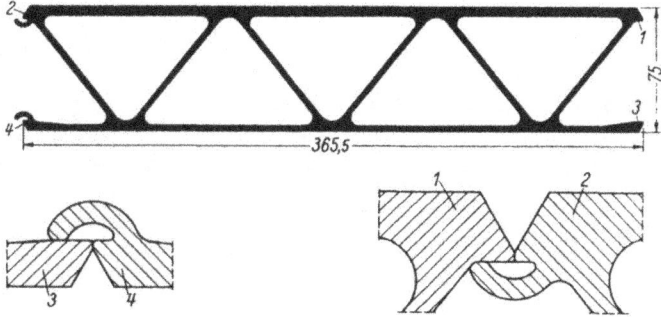

Bild 6-16
Strangpreßprofile mit angepreßter Schweißnahtvorbereitung und Badsicherung

6.4.3 Die Wärmeeinflußzone WEZ bei Schweißungen von Aluminium

Die Wärmeeinflußzone WEZ um die Schweißnähte herum erleidet Festigkeitsabminderungen, wenn ausgehärtete Grundwerkstoffe (z. B. der 6000er oder der 7000er Serie) untereinander oder miteinander verschweißt werden. Im Kapitel 2 und im Anhang wurde die WEZ in ihrer Ausdehnung und Ausgestaltung ausführlich besprochen. Für die Berechnung von Schweißnähten werden Vereinfachungen vorgenommen, so daß die WEZ nur über einen konstanten Bereich und mit einer einheitlichen Festigkeitsabminderung in die Rechnung eingeht.

Der wirkliche Verlauf der $f_{0,2\,WEZ}$-Festigkeit nimmt kontinuierlich bis zur Schweißnahtmitte ab, dieser Verlauf wird durch einen konstanten Verlauf mit dem niedrigsten $f_{0,2\,WEZ}$-Wert ersetzt (siehe Bild 6-17).

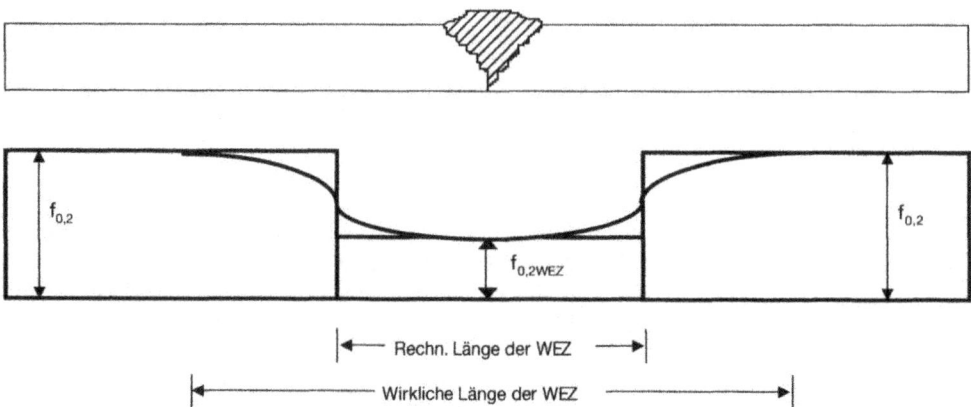

Bild 6-17
Verlauf der $f_{0,2}$-Festigkeit im Grundwerkstoff und der $f_{0,2\,WEZ}$-Festigkeit in der WEZ, wirkliche Ausbreitung und rechnerische Breite der WEZ

Die rechnerische Ausdehnung der WEZ ist nach DIN 4113, Teil 2 mit a = 30 mm von der Schweißnahtwurzel aus anzusetzen (siehe Bild 6-18). Nach ENV 1999-1-1 (Eurocode 9) ist die rechnerische WEZ differenzierter anzusetzen (siehe Bild 6-19 und Tabelle 6-8).

Tabelle 6-8
Breite der rechnerisch anzusetzenden WEZ nach ENV 1999-1-1 (Eurocode 9)

Bauteildicke in mm	Breite b_{WEZ} der rechnerisch anzusetzenden WEZ in mm	
	MIG	WIG
0 < t ≤ 6	20	30
6 < t ≤ 12	30	–
12 < t ≤ 25	35	–
25 < t	40	–

6.4 Schweißverbindungen

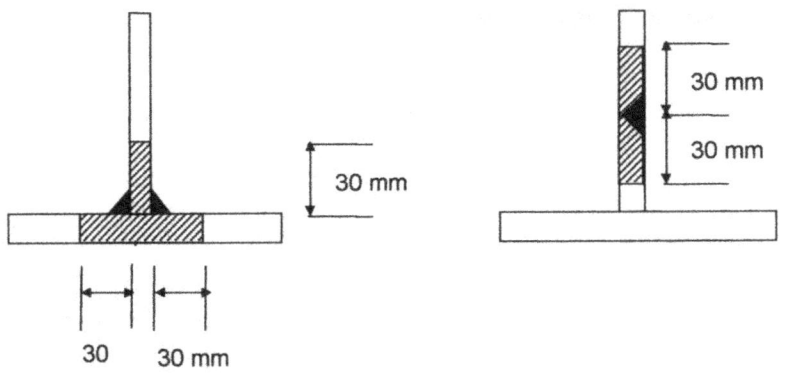

Bild 6-18
Rechnerisch anzusetzende WEZ nach DIN 4113, Teil 2

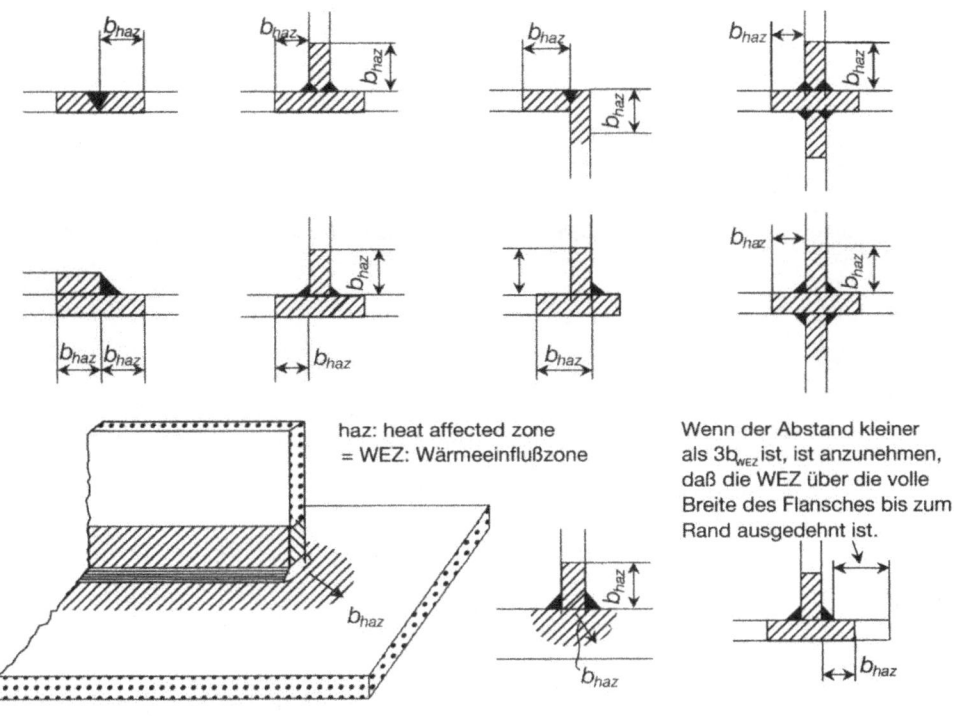

haz: heat affected zone
= WEZ: Wärmeeinflußzone

Wenn der Abstand kleiner als $3b_{WEZ}$ ist, ist anzunehmen, daß die WEZ über die volle Breite des Flansches bis zum Rand ausgedehnt ist.

Ausdehnung der Wärmeeinflußzone (WEZ)
 $0 < t \leq\ \ 6$ mm: $b_{WEZ} = 20$ mm
 $0 < t \leq 12$ mm: $b_{WEZ} = 30$ mm
 $12 < t \leq 25$ mm: $b_{WEZ} = 35$ mm
 $t > 25$ mm: $b_{WEZ} = 20$ mm

Bild 6-19
Rechnerisch anzusetzende WEZ nach ENV 1999-1-1 (Eurocode 9)

Tabelle 6-9
Schweißnahtvorbereitungen für das MIG-Schweißverfahren [41]

Lfd. Nr.	Werkstückdicke s mm	Ausführung	Benennung	Sinnbild	Fugenform (Schnitt)	Öffnungswinkel α Flankenwinkel β Grad	Maße in mm	
							Stegabstand b	Steghöhe c
1	≤ 10	einseitig	I-Naht	∥		–	0 ... 3	–
2	6 ... 25	einseitig	Y-Naht	Y		≈ 70	0 ... 3	2 ... 3
3	> 16	beidseitig	Doppel-Y-Naht	X		≈ 70	0 ... 3 / 0 ... 3	3 ... 6

Tabelle 6-10
Schweißnahtvorbereitungen für das WIG-Schweißverfahren [41]

Lfd. Nr.	Werkstückdicke s mm	Ausführungsart	Benennung	Sinnbild	Fugenform (Schnitt)	Öffnungswinkel α Flankenwinkel β Grad	Maße in mm	
							Stegabstand b	Steghöhe c
1	bis 3	einseitig	Bördelnaht	⊐⊏		–	–	–
2	bis 5	einseitig	I-Naht	∥		–	–	–
	bis 8					–	0 ... 2	–
3	bis 12	einseitig	V-Naht	V		≈ 70	0 ... 2	–

Der Bemessungswiderstand von Schweißnähten hängt ganz wesentlich von folgenden Einflußgrößen und Bedingungen ab:
- von der Festigkeit der Naht und der Festigkeit der WEZ
- vom Schweißprozeß WIG-Verfahren bis t = 6 mm und MIG-Verfahren
- von der Eignung des Schweißprozesses
- von der Eignung des Schweißers
- von der Werkstoffkombination Grundwerkstoff und Schweißzusatzwerkstoff
- von der statischen oder dynamischen Belastung der Konstruktion

6.4 Schweißverbindungen

- eventuell von einer Ergänzung der Festigkeitsberechnung durch Versuche
- von der Wichtigkeit des Bauteils in der Konstruktion

Für den Tragsicherheitsnachweis von Schweißnähten gibt Tabelle 6-11 die charakteristischen Grenzfestigkeiten f_w an, sofern die Kombinationen von Grundwerkstoff und Schweißmaterial der Tabelle 2-11 entsprechen.

Tabelle 6-11
Charakteristische Grenzfestigkeiten f_w in N/mm² von Schweißnähten nach ENV 1999-1-1:1998

Schweißzusatz-werkstoff	Grundwerkstoff								
	3103	5052	5083	5454	6060	6005A	6061	6082	7020
5356	–	170	240	220	160	180	190	210	260
4043A	95	–	–	–	150	160	170	190	210[1]

[1] Dieser Wert sollte wegen der geringen Festigkeit und der niedrigen Duktilitätseigenschaften nur in Ausnahmefällen verwendet werden.

Anmerkung 1: Für stranggepreßte Profile und Materialdicken $5 < t \leq 25$ mm in der Legierung 6060-T5 müssen die obengenannten Werte auf 140 N/mm² reduziert werden (siehe Tabelle 2-3).

Anmerkung 2: Für die Legierung 5754 dürfen die Werte der Legierung 5454 und für die Legierung 6063 die Werte der Legierung 6060 verwendet werden.

Anmerkung 3: Bei Einsatz der Schweißzusatzwerkstoffe 5056A, 5556A oder 5183 sind die Werte des Zusatzwerkstoffes 5356 zu verwenden.

Anmerkung 4: Bei Einsatz der Schweißzusatzwerkstoffe 4047A oder 3103 sind die Werte des Zusatzwerkstoffes 4043A zu verwenden.

Anmerkung 5: Für Verbindungen mit unterschiedlichen Grundwerkstoffen sind die Festigkeitswerte desjenigen Schweißzusatzwerkstoffes zu verwenden, der die niedrigste Festigkeit besitzt.

6.4.4 Bemessungsformeln für Schweißverbindungen

6.4.4.1 Stumpfnähte

Der Bemessungswiderstand für Stumpfnahtverbindungen ist nach ENV 1999-1-1 wie folgt zu berechnen:

Zug- oder Druck-Normalspannungen rechtwinklig zur Nahtrichtung (siehe Bild 6-20):

$$\sigma_{\perp w, Rd} = \frac{f_w}{\gamma_{Mw}}$$

Scherspannungen parallel zur Nahtrichtung (siehe Bild 6-21):

$$\tau_{\|, w, Rd} = \tau_{\perp, w, Rd} = \frac{0{,}6 f_w}{\gamma_{Mw}}$$

Kombinierte Normal- und Scherspannungen:

$$\sigma_{c, Rd} = \frac{f_w}{\gamma_{Mw}}$$

Hierbei wird der Vergleichswert σ_c aus der Bemessungsnormalspannung σ und aus der Bemessungsschubspannung τ wie folgt berechnet:

$$\sigma_c = \sqrt{\sigma^2 + 3\tau^2}$$

Hierbei sind:

f_w charakteristische Festigkeit der Schweißnaht nach Tabelle 6-11

$\sigma_{\perp w, Rd}$ Bemessungswiderstand der Schweißnaht bei Beanspruchung rechtwinklig zur Schweißnahtrichtung

$\tau_{\perp, w, Rd}$, Bemessungswiderstand der Schweißnaht auf Scherwirkung rechtwinklig
$\tau_{\parallel, w, Rd}$ bzw. parallel zur Schweißnahtrichtung

$\sigma_\perp$ Normalspannung rechtwinklig zur Schweißnahtrichtung

$\tau_\perp$ Scherspannung senkrecht zur Schweißnahtrichtung

$\tau_\parallel$ Scherspannung parallel zur Schweißnahtrichtung

γ_{Mw} Teilsicherheitsbeiwert für den Widerstand der Schweißnaht bzw. WEZ

Anmerkung: Normalspannungen $\sigma_\parallel$ parallel zur Schweißnahtrichtung brauchen nicht berücksichtigt zu werden.

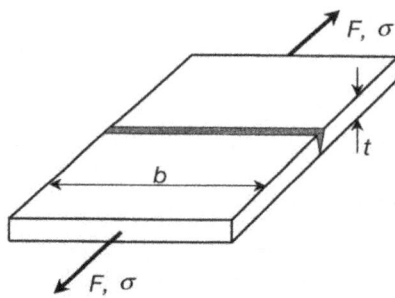

Bild 6-20
Stumpfnahtverbindung, Normalspannung rechtwinklig zur Schweißnahtrichtung

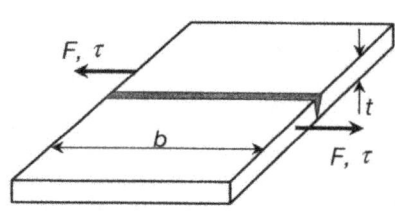

Bild 6-21
Stumpfnahtverbindung, Schubspannung parallel zur Schweißnahtrichtung

6.4.4.2 Kehlnähte

Für die Bemessung von Kehlnähten sind die folgenden Bemessungsformeln anzuwenden:

In Anlehnung an DIN 4113, Teil 1 und DIN 18 800 11/90, Teil 1 mit den Spannungen nach Bild 6-22:

$$\tau_{\perp, d} \leq \tau_{w\perp, Rd}$$

$$\sigma_{\perp, d} \leq \sigma_{w\perp, Rd} = \frac{f_w}{\gamma_{Mw}} \text{ bzw. } \alpha_w \cdot \frac{f_{0,2 WEZ, k}}{\gamma_{Mw}} = \alpha_w \cdot \frac{\varkappa_{WEZ} \cdot f_{0,2, k}}{\gamma_{Mw}}$$

$$\tau_{\parallel, d} \leq \tau_{w\parallel, Rd}$$

Hierin bedeuten:

$\tau_{w\perp, Rd}$ Bemessungswiderstand auf Schub rechtwinklig zur Nahtrichtung

$\sigma_{w\perp, Rd}$ Bemessungswiderstand auf Normalspannung rechtwinklig zur Nahtrichtung

$\tau_{w\parallel, Rd}$ Bemessungswiderstand auf Schub parallel zur Nahtrichtung

6.4 Schweißverbindungen

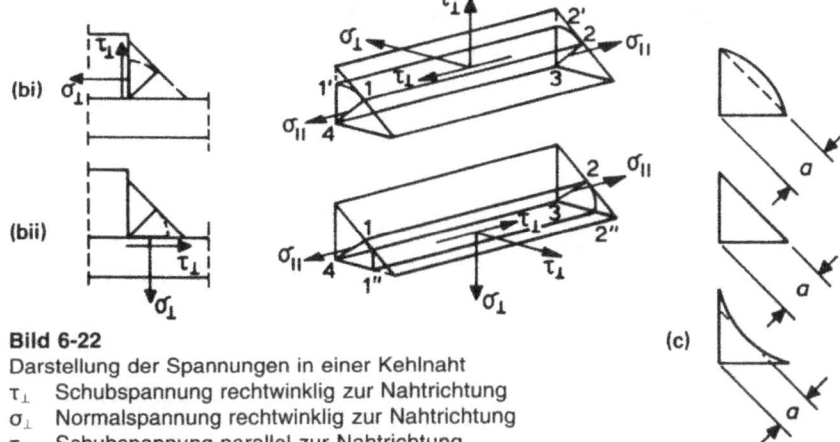

Bild 6-22
Darstellung der Spannungen in einer Kehlnaht
$\tau_\perp$ Schubspannung rechtwinklig zur Nahtrichtung
$\sigma_\perp$ Normalspannung rechtwinklig zur Nahtrichtung
$\tau_\parallel$ Schubspannung parallel zur Nahtrichtung

Hierbei werden die Bemessungsspannungen aus den Bemessungsschnittgrößen, dividiert durch den maßgebenden Querschnittswert, berechnet. Der Beiwert α_w wird zweckmäßigerweise vorsichtig in der Größe zwischen 0,7 und 0,9 berücksichtigt, da hierzu noch keine Untersuchungen gemacht wurden. Wenn die Bemessung im Tragsicherheitsniveau durchgeführt wird, können die Bemessungswiderstände aus Tabelle 4b der DIN 4113-2, multipliziert mit 1,35/1,1, verwendet werden

Der maßgebende Querschnittswert ist die Bruchfläche der Kehlnaht

$$A_w = \Sigma a \cdot l_w$$

mit:

a   kleinste Schweißnahtdicke, wenn Tiefeinbrandelektroden verwendet werden, darf die Kehlnahtdicke vergrößert werden auf $a_{eff} = 1,2\,a$ oder auf $a + 2$ mm oder auf $a_{eff} = a + a_{Einbrand}$, bzw. es sind Verfahrensprüfungen durchzuführen

l_w Schweißnahtlänge ohne Abzug von Anfangs- bzw. Endkratern, wenn die Nahtlänge mindestens 8 a lang ist; $l_w \leq 100\,a$, bei längeren Nähten ist eine Reduktion der Tragfähigkeit zu berücksichtigen:
$l_{w,eff} = [1,2 - 0,2\,l_w/(100\,a)] \cdot l_w$ mit $l_w \geq 100\,a$ = Gesamtlänge der Längskehlnaht
$l_{w,eff}$ = wirksame Nahtlänge einer Längskehlnaht, a = Nahtdicke

Bei zusammengesetzter Beanspruchung durch $\tau_{w\perp}$ und $\tau_{w\parallel}$ oder durch $\sigma_{w\perp}$ und $\tau_{w\parallel}$ ist für den Vergleichswert $\sigma_c = \sqrt{\tau_{w\parallel}^2 + \tau_{w\perp}^2}$ bzw. $\sqrt{\tau_{w\parallel}^2 + \sigma_{w\perp}^2}$ nachzuweisen, daß

$$\sigma_c \leq \frac{f_w}{\gamma_{Mw}}$$

ist.

Nach ENV 1999-1-1 (Eurocode 9) mit den Spannungen nach den Bildern 6-23 und 6-24 ist der Tragsicherheitsnachweis für die kombinierte Beanspruchung $\sigma_\perp$, $\tau_\perp$ und $\tau_\parallel$, in einer Kehlnaht wie folgt zu führen:

$$\sigma_c = \beta \sqrt{\sigma_\perp^2 + 3 \cdot (\tau_\perp^2 + \tau_\parallel^2)}$$

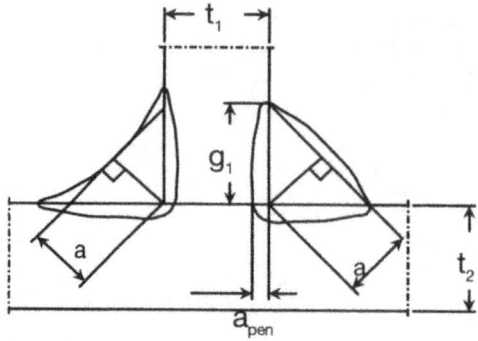

Bild 6-23
Schweißnahtdicken a und $a_{eff} = a + a_{Einbrand}$
bei Vorhandensein eines Einbrandes

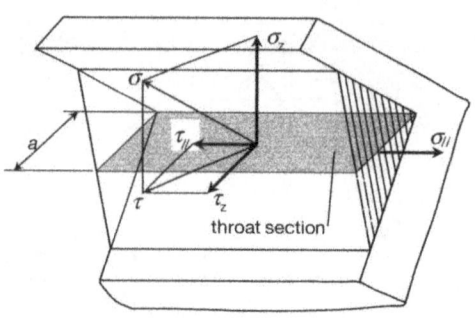

Bild 6-24
Kombinierte Beanspruchungen
$\sigma_\perp$, $\sigma_\parallel$, $\tau_\perp$ und $\tau_\parallel$, in einer Kehlnaht

wobei:

$\beta = 1{,}0$ für alle Legierungen der Tabelle 6-11 ist

Der Nachweis für die Bemessungsspannung σ_c mit dem Bemessungswiderstand $f_{w,Rd}$ ist:

$$\sigma_c \leq f_{w,Rd} = \frac{f_w}{\gamma_{Mw}}$$

außerdem ist nachzuweisen, daß

$$\sigma_\perp \leq f_{w,Rd} = \frac{f_w}{\gamma_{Mw}}$$

$$\tau_\parallel \text{ bzw. } \tau_\perp \leq \tau_{w,Rd} = 0{,}6 \frac{f_w}{\gamma_{Mw}}$$

Für zwei ausgesuchte Fälle, die immer wiederkehren, darf als ausreichend angenommen werden, wenn für die Kehlnahtdicke a die entsprechende Forderung erfüllt ist.
Für den Anschluß nach Bild 6-25:

$$a > 0{,}7 \cdot \frac{F}{b \cdot f_w / \gamma_{Mw}}$$

mit b = Flanschbreite

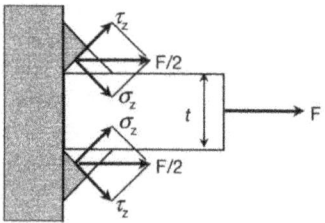

Bild 6-25
Geschweißter Flanschanschluß eines
biegesteifen Stirnplattenanschlusses

6.4 Schweißverbindungen

Für den Anschluß nach Bild 6-26:

$$a > 0{,}85 \cdot \frac{F}{h \cdot f_w / \gamma_{Mw}}$$

mit h = Steghöhe

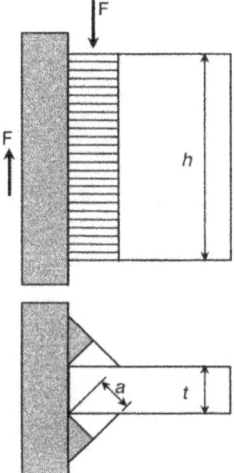

Bild 6-26
Geschweißter Steganschluß eines biegesteifen Stirnplattenanschlusses

6.4.4.3 Tragsicherheitsnachweise in der WEZ bei Zugbeanspruchung

In der WEZ müssen gesonderte Tragsicherheitsnachweise geführt werden, da vornehmlich bei den Kehlnähten und anderen nicht durchgeschweißten Nähten zwar sich die WEZ über die gesamte Blechdicke erstreckt, zur Kraftübertragung jedoch nur ein geringerer Querschnitt zur Verfügung steht.

Die Bemessungswiderstände in der WEZ des Bauteils sind wie folgt zu berechnen:

Bei Zug rechtwinklig zur Schweißnahtrichtung bei einer voll durchgeschweißten Stumpfnaht an der Nahteinbrandstelle (siehe Bilder 6-20 und 6-27):

$$f_{a, WEZ, Rd} = \frac{f_{a, WEZ, k}}{\gamma_{Mw}} = \frac{\rho_{WEZ} \cdot f_{u, k}}{\gamma_{Mw}}$$

Bei Zug rechtwinklig zur Schweißnahtrichtung bei einer nicht voll durchgeschweißten Stumpfnaht (siehe Bild 6-27):

$$f_{a, WEZ, Rd} = \frac{t_e \cdot f_{a, WEZ, k}}{t \cdot \gamma_{Mw}} = \frac{t_e \cdot \rho_{WEZ} \cdot f_{u, k}}{t \cdot \gamma_{Mw}}$$

Bei Zug rechtwinklig zur Schweißnahtrichtung bei einer Kehlnaht an der Nahteinbrandstelle (siehe Bild 6-27):

$$f_{a, WEZ, Rd} = \frac{f_{a, WEZ, k}}{\gamma_{Mw}} = \frac{\rho_{WEZ} \cdot f_{u, k}}{\gamma_{Mw}}$$

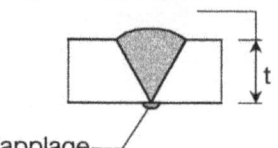 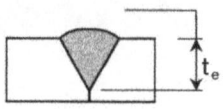 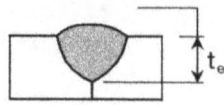

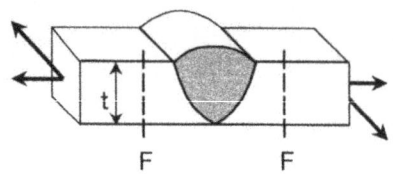 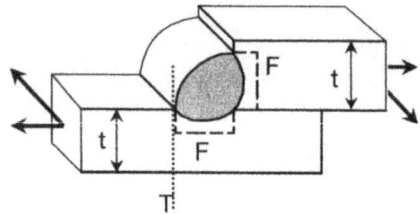

Bild 6-27
WEZ-Bruchlagen in der Nähe einer Schweißnaht
F = WEZ an der Nahtübergangsstelle
T = WEZ an der Einbrandkerbe

Bei Zug rechtwinklig zur Schweißnahtrichtung bei einer Kehlnaht im Kehlnahtschenkel bei F (siehe Bild 6-27):

$$f_{a,\,WEZ,\,Rd} = \frac{g_1 \cdot f_{a,\,WEZ,\,k}}{t \cdot \gamma_{Mw}} = \frac{g_1 \cdot \rho_{WEZ} \cdot f_{u,\,k}}{t \cdot \gamma_{Mw}}$$

Hierin bedeuten:

t	kleinste Dicke der zu verbindenden Bauteile
t_e	wirksame Nahtdicke bei teilweisem Nahteinbrand
g_1	Länge eines Schenkels des Kehlnahtdreiecks nach Bild 6-23
$f_{a,\,WEZ,\,Rd}$	Bemessungswiderstand der WEZ des Bauteils auf Zug
γ_{Mw}	Teilsicherheitsbeiwert für die Schweißverbindung

6.4.4.4 Tragsicherheitsnachweise in der WEZ bei Schubbeanspruchung

Die Bemessungswiderstände in der WEZ des Bauteils sind wie folgt zu berechnen:

Bei Schub parallel zur Schweißnahtrichtung bei einer voll durchgeschweißten Stumpfnaht (siehe Bilder 6-21 und 6-27):

$$f_{V,\,WEZ,\,Rd} = \frac{f_{V,\,WEZ,\,k}}{\gamma_{Mw}} = \frac{f_{0,2,\,WEZ,\,k}}{\sqrt{3} \cdot \gamma_{Mw}} = \frac{\rho_{WEZ} \cdot f_{0,2,\,k}}{\sqrt{3} \cdot \gamma_{Mw}}$$

Bei Schub parallel zur Schweißnahtrichtung bei einer nicht voll durchgeschweißten Stumpfnaht an der Übergangsstelle (siehe Bilder 6-21 und 6-27):

$$f_{V,\,WEZ,\,Rd} = \frac{t_e \cdot f_{V,\,WEZ,\,k}}{t \cdot \gamma_{Mw}} = \frac{t_e \cdot f_{0,2,\,WEZ,\,k}}{t \cdot \sqrt{3} \cdot \gamma_{Mw}} = \frac{t_e \cdot \rho_{WEZ} \cdot f_{0,2,\,k}}{t \cdot \sqrt{3} \cdot \gamma_{Mw}}$$

6.4 Schweißverbindungen

Bei Schub rechtwinklig und parallel zur Schweißnahtrichtung bei einer Kehlnaht an der Nahteinbrandkerbe (siehe Bilder 6-22 und 6-27):

$$f_{V, WEZ, Rd} = \frac{f_{V, WEZ, k}}{\gamma_{Mw}} = \frac{f_{0,2, WEZ, k}}{\sqrt{3} \cdot \gamma_{Mw}} = \frac{\rho_{WEZ} \cdot f_{0,2, k}}{\sqrt{3} \cdot \gamma_{Mw}}$$

Bei Schub rechtwinklig und parallel zur Schweißnahtrichtung bei einer Kehlnaht im Kehlnahtschenkel (siehe Bild 6-23 und 6-27):

$$f_{V, WEZ, Rd} = \frac{g_1 \cdot f_{V, WEZ, k}}{t \cdot \gamma_{Mw}} = \frac{g_1 \cdot f_{0,2, WEZ, k}}{t \cdot \sqrt{3} \cdot \gamma_{Mw}} = \frac{g_1 \cdot \rho_{WEZ} \cdot f_{0,2, k}}{t \cdot \sqrt{3} \cdot \gamma_{Mw}}$$

Hierin bedeuten:

$f_{V, WEZ, Rd}$ Bemessungswiderstand in der WEZ des Bauteils bei Schubbeanspruchung
γ_{Mw} Teilsicherheitsbeiwert für die Schweißverbindung
ρ_{WEZ} nach Tabelle 6-12

Weitere Symbole siehe Abschnitt 6.4.4.3.

Tabelle 6-12
Abminderungsfaktoren ρ_{WEZ} für die Grenzspannungen in der WEZ

Für alle Legierungen als Strangpreßprofile, Bleche, Platten, gezogene Rohre und Preßteile in dem Zustand O und F: $\rho_{WEZ} = 1,0$				
Strangpreßprofile, Bleche, Platten, gezogene Rohre und Preßteile in 6xxx und 7xxx-Legierung im Zustand T4, T5 und T6:				
Legierungen	Zustand	ρ_{WEZ} (MIG-Schweißung)	ρ_{WEZ} (WIG-Schweißung)	
6xxx	T4	1,0	–	
	T5	0,65	0,60	
	T6	0,65	0,50	
7xxx	T6	0,80 (A)[1]	0,60 (A)[1]	
		1,0 (B)[1]	0,80 (B)[1]	
Bleche, Platten und Preßteile in 5xxx, 3xxx und 1xxx-Legierung im Zustand (H):				
Legierungen	Zustand	ρ_{WEZ} (MIG-Schweißung)	ρ_{WEZ} (WIG-Schweißung)	
5xxx	H22	0,86	0,86	
	H24	0,80	0,80	
3xxx	H14, 16, 18	0,60	0,60	
1xxx	H14	0,60	0,60	

6.4.4.5 Kombinierte Scher- und Zugbeanspruchungen

Die Bemessungswiderstände in der WEZ des Bauteils bei Stumpfnähten sind wie folgt zu berechnen:

- an der Nahteinbrandkerbe T (siehe Bild 6-27):

$$\sigma_c = \sqrt{\sigma^2 + 3\tau^2} \leq \frac{f_{0,2,\,WEZ,\,k}}{\sqrt{3} \cdot \gamma_{Mw}} = \frac{\rho_{WEZ} \cdot f_{0,2,\,k}}{\sqrt{3} \cdot \gamma_{MW}}$$

- an der Übergangsstelle F (siehe Bild 6-27):

$$\sigma_c = \sqrt{\sigma^2 + 3\tau^2} \leq \frac{t_e \cdot f_{0,2,\,WEZ,\,k}}{\sqrt{3} \cdot t \cdot \gamma_{Mw}} = \frac{t_e \cdot \rho_{WEZ} \cdot f_{0,2,\,k}}{\sqrt{3} \cdot t \cdot \gamma_{Mw}}$$

Die Bemessungswiderstände in der WEZ des Bauteils bei Kehlnähten sind wie folgt zu berechnen:

- an der Nahteinbrandkerbe T (siehe Bild 6-27):

$$\sigma_c = \sqrt{\sigma^2 + 3\tau^2} \leq \frac{f_{u,\,WEZ,\,k}}{\gamma_{Mw}} = \frac{\rho_{WEZ} \cdot f_{u,\,k}}{\gamma_{MW}}$$

- an der Übergangsstelle F (siehe Bild 6-27):

$$\sigma_c = \sqrt{\sigma^2 + 3\tau^2} \leq \frac{g_1 \cdot f_{u,\,WEZ,\,k}}{t \cdot \gamma_{Mw}} = \frac{g_1 \cdot \rho_{WEZ} \cdot f_{u,\,k}}{t \cdot \gamma_{MW}}$$

7 Konstruktive Hinweise

7.1 Gewichtsvergleich zwischen Aluminium- und Stahlquerschnitten

Im folgenden soll an einigen Beispielen herausgearbeitet werden, bei welchen Querschnittsformen und -abmessungen sich bei der Verwendung von Aluminium günstige Eigenschaften im Vergleich zu entsprechenden Stahlquerschnitten ergeben.

Nimmt man als Maßstab die Dehnsteifigkeit, so ist ohne weitere Berechnung sofort einzusehen, daß sich infolge des E-Modul-Verhältnisses ein Stab aus Aluminium dreimal so stark dehnt wie ein querschnittsflächengleicher Stab aus Stahl, das heißt: für gleiche Dehneigenschaften ist bei einem Zugstab die dreifache Menge Aluminium unabhängig von der Anordnung erforderlich.

Betrachtet man die Biegesteifigkeit von Aluminium- und Stahlquerschnitten, so kann man 2 Fälle unterscheiden:
1. Es steht ein freier Konstruktionsraum zur Verfügung, das heißt zum Beispiel, daß der Aluminiumquerschnitt bei gleicher Breite höher ausgebildet werden kann als der Stahlquerschnitt.
2. Es steht nur ein in der Höhe begrenzter Konstruktionsraum zur Verfügung, das heißt, daß der Aluminiumquerschnitt nur die gleiche Konstruktionshöhe wie der Stahlquerschnitt haben darf.

Im ersten Fall zeigt Bild 7-1 (links), daß sich bei 40%iger Vergrößerung der Höhe und bei etwa 50%iger Vergrößerung der Dicken für den Stahlquerschnitt und für den Aluminiumquerschnitt die gleiche Biegesteifigkeit ergibt; infolge der größeren Wanddicken verbessert sich auch noch das b/t-Verhältnis. Das Gewicht des Aluminiumquerschnitts beträgt dagegen nur 55% desjenigen des Stahlquerschnitts.

Mit der Torsionssteifigkeit eines quadratischen Aluminiumhohlquerschnittes im Vergleich zu einem quadratischen Stahlhohlquerschnitt (Bild 7-1, rechts) verhält es sich mit Bezug auf das Gewicht noch günstiger, bei 40%iger Vergrößerung der Seitenlänge und gleichen Wanddicken – allerdings ungünstigerem b/t – ergibt sich ebenfalls die gleiche Torsionssteifigkeit bei knapp 50% Gewicht des Aluminiumquerschnitts.

Bei den Vergleichen mit begrenztem Konstruktionsraum ist es erforderlich, daß der Aluminiumquerschnitt gegenüber dem Stahlquerschnitt in der Breite deutlich zunimmt (siehe Bild 7-2, oben links). Ohne eine solche Zunahme, das heißt bei gleicher Konstruktionshöhe und gleicher Konstruktionsbreite wird zur Erreichung gleicher Biegeeigenschaften der Aluminiumquerschnitt um 15% gegenüber dem Stahlquerschnitt schwerer.

Man erkennt auch bei Bild 7-2 (unten links und unten rechts), daß nur eine Verbreiterung des Aluminiumquerschnittes gegenüber dem Stahlquerschnitt deutliche Gewichtsreduzierungen bei gleicher Biegesteifigkeit bringt. Behält man dagegen beim Aluminiumquerschnitt die gleiche Höhe und die gleiche Breite wie beim Stahlquerschnitt bei, so sind in der Regel kaum Gewichtsreduzierungen zu erreichen. Im Falle von Bild 7-2 oben rechts ist es nicht möglich, bei gleichbleibender Höhe und Breite einen Aluminiumquerschnitt mit gleicher Biegesteifigkeit wie beim Stahlquerschnitt zu entwickeln, da

7 Konstruktive Hinweise

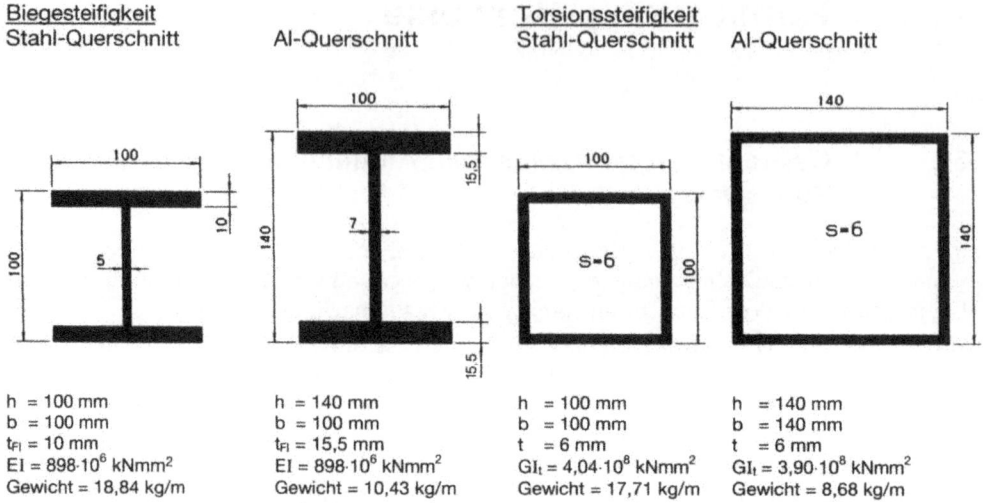

Bild 7-1
Gewichtseinsparung von Aluminiumquerschnitten gegenüber Stahlquerschnitten bei freiem Konstruktionsraum [42]
Links: bei gleicher Biegesteifigkeit
Rechts: bei gleicher Torsionssteifigkeit

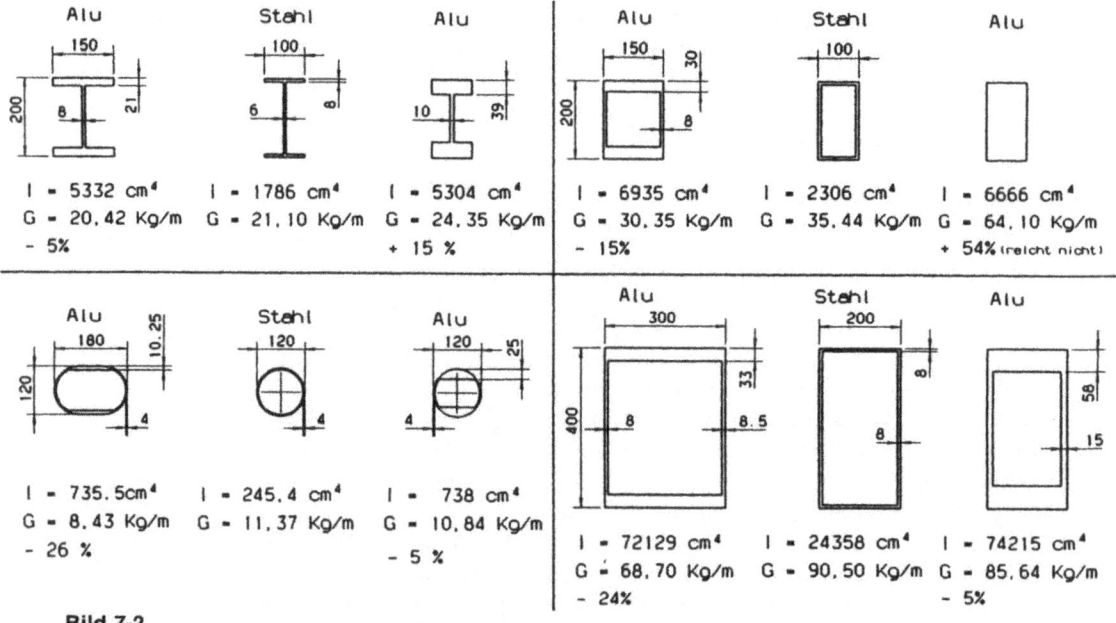

Bild 7-2
Gewichtseinsparung von Aluminiumquerschnitten gegenüber Stahlquerschnitten bei gleicher Biegesteifigkeit und in der Höhe begrenztem Konstruktionsraum [42]

selbst ein Vollquerschnitt in Aluminium keine Äquivalenz herstellen kann (die vorgenannten Ausführungen wurden [42] entnommen).

In anderen Fällen des Eigenschaftenvergleichs können bei der Verwendung von Aluminium Vorteile gebucht werden. Dies ist z.B. der Fall bei Eigenfrequenzen von Bauteilen, wenn bei gleicher Biegesteifigkeit des Aluminiumquerschnittes wie des Stahlquerschnittes eine Massenreduktion für den erstgenannten möglich ist.

Bei den Hertzschen Pressungen zwischen Kugel und Ebene bzw. zwischen Walze und Ebene können sich Spannungsreduktionen auf ca. 70% ergeben.

Während sich bei den vorgenannten Eigenschaften statische und mechanische Werte vergleichen lassen, können die Vor- bzw. Nachteile von Aluminium bei den folgenden Eigenschaften nur ökonomisch, das heißt nur über Umwege in etwa zahlenmäßig erfaßt werden. Dies ist z.B. bei der Herstellung von Profilen durch Strangpressen der Fall. Die praktisch beliebige Formgebungsmöglichkeit erlaubt eine zielgerichtete Profilierung des Aluminiumquerschnitts, bei der die einzelnen Querschnittsteile statische oder funktionale Aufgaben erfüllen oder gleichzeitig beides. Ein Querschnitt, der nicht durch Schweißen zusammengesetzt werden muß, sondern gleich in einem Durchgang komplett gepreßt werden kann, wird bei der Tendenz der Relationen von Bruttolohnkosten und Halbzeugkosten in Zukunft immer günstiger. Bei Oberflächen der Bauteile lassen sich oft Funktionalität (z.B. Kühlrippen, Rutschsicherheit, Nuten und dgl.) und optische Oberflächeneffekte bzw. Markierungen gleichzeitig erfüllen.

Darüber hinaus können Bauteile so gestaltet werden, daß sie durch Ineinanderstecken, durch Ineinanderdrehen, durch Ineinanderschieben und ähnliche Maßnahmen dauerhaft zu festen oder beweglichen Verbindungen führen. Hierunter fallen insbesondere Nut und Feder, Schraubkanäle, Scharniere, Clipsverbindungen und dergleichen. Besondere Vorteile hieraus ziehen z.B. Zeltfirmen, die ihre Zeltbahnen in Kedernuten der vorbereiteten Profile ohne besonderen Aufwand und schnell verankern können (Bilder 7-3 bis 7-6) [42].

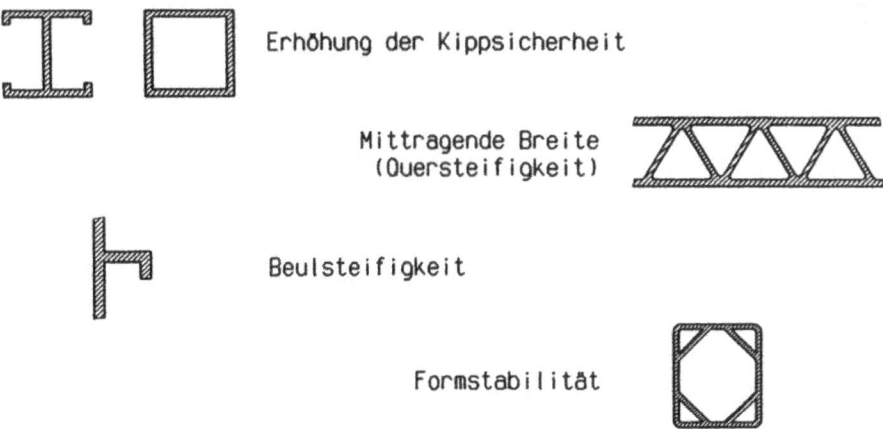

Bild 7-3
Multifunktionale Aluminiumprofile verschiedener Ausführungen [42]

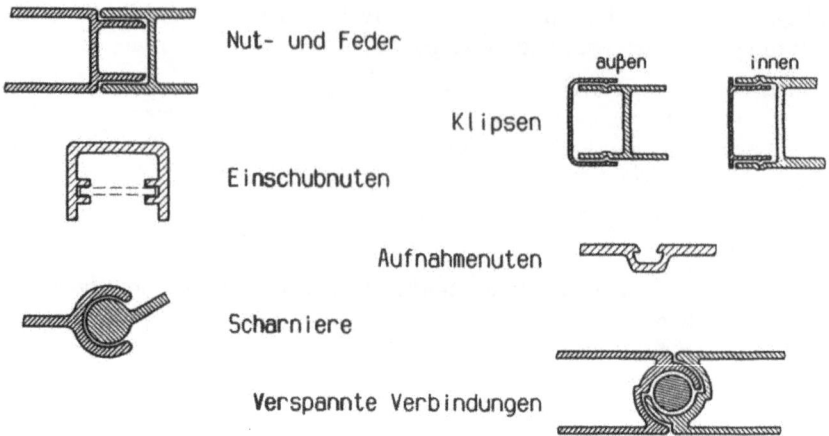

Bild 7-4 Multifunktionale Aluminiumprofile für Schnappverbindungen [42]

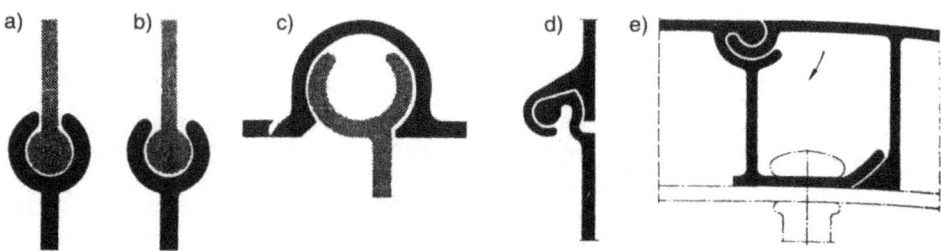

Bild 7-5 Steckverbindungen [42]: a) starr, b) und c) gelenkig, d) loser Anschluß, e) festgesetzter Anschluß

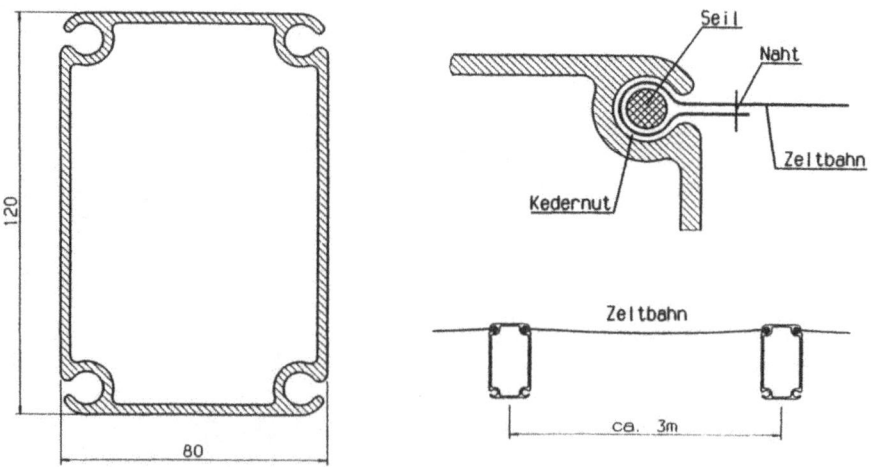

Bild 7-6 Kederverbindung für den Zeltbau [42]

7.1 Gewichtsvergleich zwischen Aluminium- und Stahlquerschnitten 123

Bild 7-7
Ausführung einer Kederverbindung

Im Brückenbau sind es z. B. insbesondere die Sandwich-Querschnitte, die zur Überbrückung von Reparaturzeiten oder als Verschleiß- bzw. Verstärkungsmaßnahmen bei Straßenbrücken oder auch als Fahrbahnplatten bei Fußgängerbrücken, bei Fußgängerübergängen und Verbindungstrakten zwischen Gebäuden Verwendung finden (siehe Bild 7-3, oben rechts)

Das Konstruieren in Aluminium ist deshalb so interessant, weil sich multifunktionale Querschnitte entwickeln lassen. Die Möglichkeiten dazu sind sehr vielfältig und lassen sich am besten anhand von Beispielen wie etwa dem Bild 7-8 skizzieren.

Sind größere Profilquerschnitte erforderlich, so müssen diese aus einzelnen Profilteilen zusammengesetzt werden, deren Querschnittsform wieder sehr variabel sein kann. Von besonderem Vorteil ist, daß die einzelnen Elemente des Profils bereits mit Schweißnahtvorbereitungskanten (siehe Bild 7-9) hergestellt werden können. Diese Möglichkeiten lassen problemlos einseitige Schweißnahtausführungen zu. So können z. B. aus dem dargestellten Fünfkammer-Hohlprofil mit Fachwerkquerschnitt durch Zusammenfügen größere Platten als Tragplatten für Fahrbahnen und insbesondere Fußgängerbrücken hergestellt werden.

Der Materialentfestigung durch das Einbringen der Schweißwärme kann dadurch entgegengewirkt werden, daß im Bereich um die Schweißnaht, soweit die Wärmeeinflußzone reicht, eine Materialverdickung vorgenommen wird und daraus die erforderliche

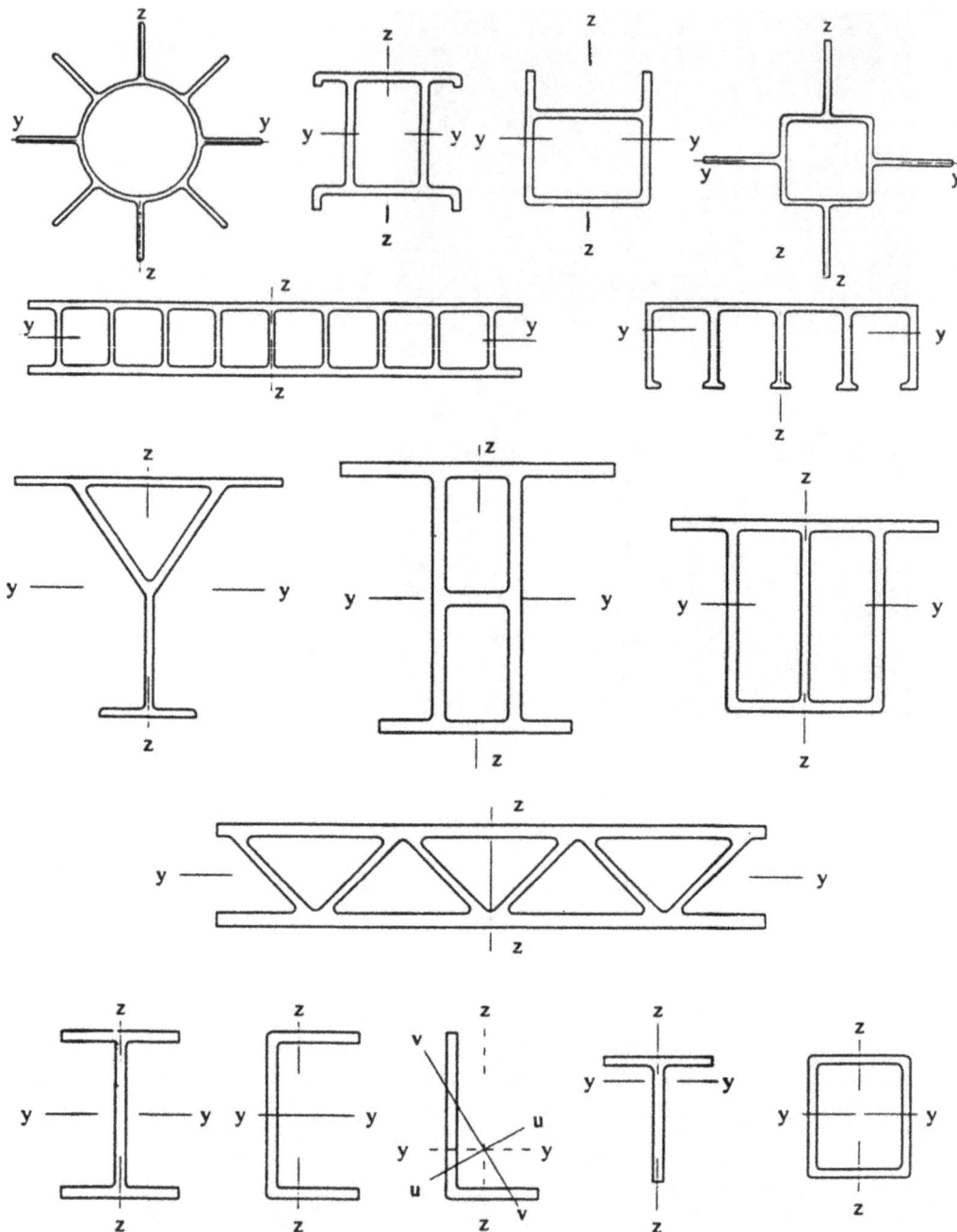

Bild 7-8
Auswahl aus Aluminium-Strangpreßprofilen [2]

7.2 Aluminiumkonstruktionen

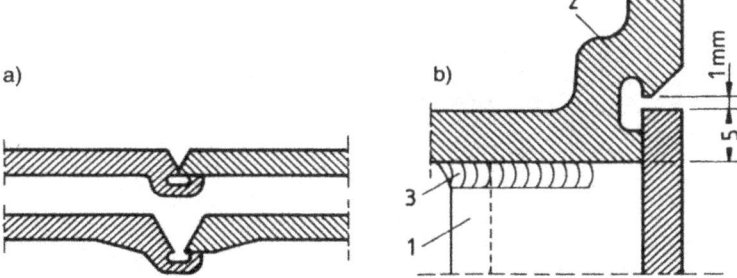

Bild 7-9
Aluminiumprofile mit angepreßten Schweißnahtkanten und mit angepreßten Schweißbadsicherungen
a) Flachblechverbindungen ohne und mit WEZ-Kompensation
b) Eckverbindung: 1 Aussteifung, 2 WEZ-Kompensation, 3 Heftnaht

Beanspruchbarkeitsreduktion gemildert wird. Über die Ausführung der Schweißverbindungen geben [2, 43, 53] umfassend Auskunft.

Auf weitere Maßnahmen zur Milderung der Tragfähigkeitsreduktionen infolge Schweißens soll später im Abschnitt Aluminiumkonstruktionen noch eingegangen werden.

7.2 Aluminiumkonstruktionen

7.2.1 Konstruktionen mit Schrauben- und Steckverbindungen

Die Junior SystemBau Karlsruhe GmbH in Karlsruhe/Ettlingen bringt das System TRELEMENT [56] zur Anwendung, bei dem eine Tragstruktur aus nur drei verschiedenen Elementen mit variabler Ausführung zusammengebaut werden kann. Die drei Elemente sind Stütze, Riegel und Knoten. Grundstruktur ist das Dreieck, damit lassen sich Strukturen wie Sechseckwaben und größere wabenähnliche Formen mit erheblichen Stützweiten herstellen. Ausbau und Ausfachungen wie Dachelemente, Wandelemente, Fensterelemente und Türelemente sind systemgerecht entwickelt und lassen sich im handwerklichen Betrieb vorfabrizieren. Der Zusammenbau der tragenden Aluminiumkonstruktion und das Anbringen der Ausbauelemente kann auch für großflächige einetagige Objekte bzw. in Einzelfällen auch zweietagige Objekte sehr schnell und kostengünstig erfolgen. Stützen (Bild 7-10), Riegel (Bild 7-11) und Knoten (Bild 7-12) werden durch gleitfeste vorgespannte Schraubenverbindungen biegesteif miteinander verbunden und bilden so eine räumliche Rahmenkonstruktion, die beliebige Flächen überspannen kann. Kindergärten, Schulen, Versammlungsräume, Pförtnerlogen, Kioske, Sonderbauten und dergleichen sind in zahlreichen Varianten insbesondere in Süddeutschland entstanden. Das Aluminium-Tragwerk ist der baustatischen Berechnung zugänglich und kann auf der Basis der DIN 4113 Teil 1 sicher dimensioniert werden. Für die biegesteifen Verbindungen zwischen Riegeln und Stütze bzw. zwischen Riegeln und Knoten mit gleitfesten vorgespannten Verbindungen wurde eine Allgemeine Bauaufsichtliche Zulassung erteilt. Ausführungen zur Trelement-Struktur zeigen die Bilder 7-13 und 7-14.

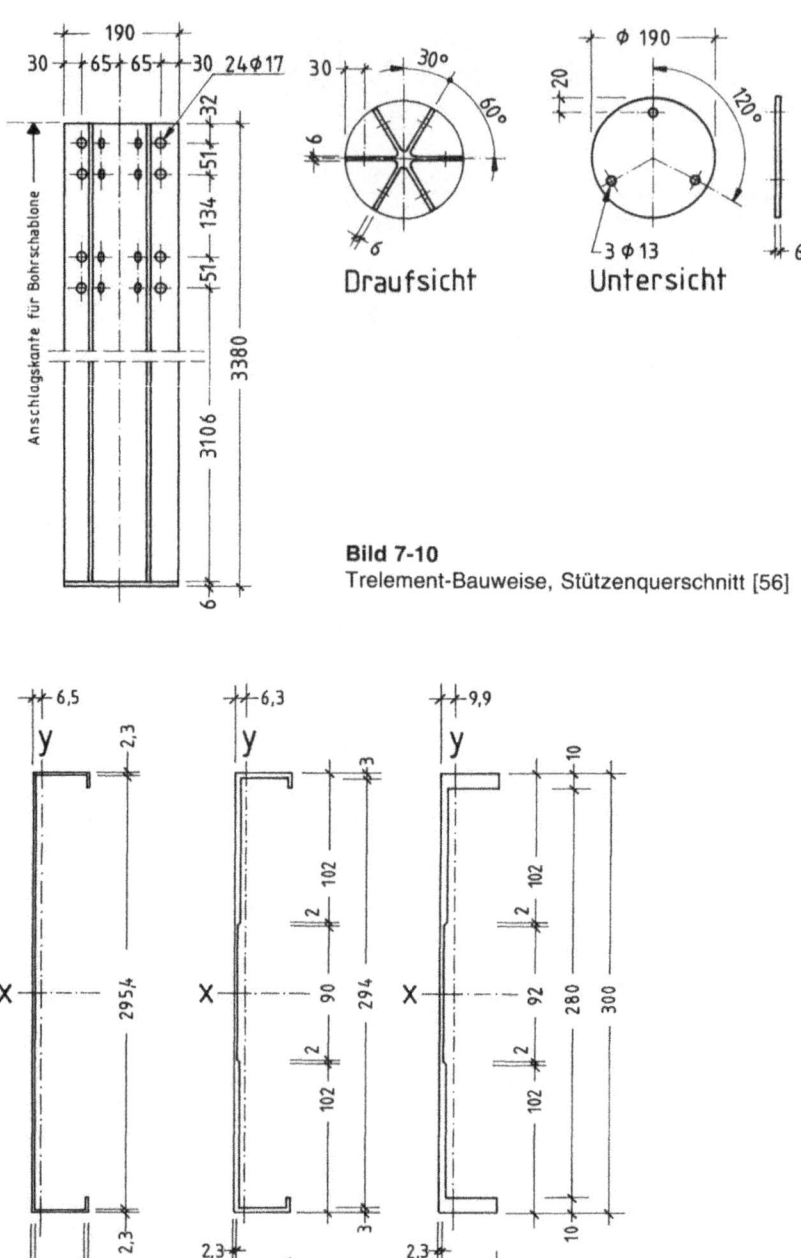

Bild 7-10
Trelement-Bauweise, Stützenquerschnitt [56]

Bild 7-11
Trelement-Bauweise, Riegelquerschnitte [56]

7.2 Aluminiumkonstruktionen

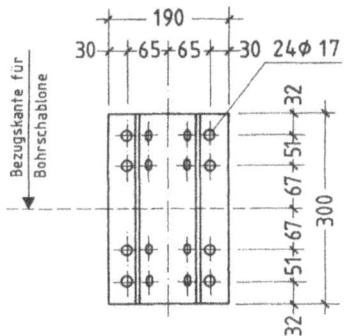 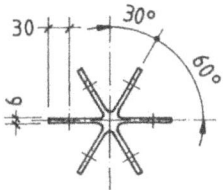

Bild 7-12
Trelement-Bauweise, Knoten [56]

a)

b)

Bild 7-13
Trelement-Struktur des Bauvorhabens Neubau/Anbau Gemeindehaus St. Ingbert/Hassel
a) Ansicht der Stützenkonstruktion
b) Schräge Draufsicht auf den Dachträgerrost

Bild 7-14
Sichtbare Trelement-Struktur im Kindergarten Ketsch, 1997 [56]

Weitere Bau-Systeme, die für Brückenbauwerke, für Übergänge, für Treppenläufe, Zugänge und dergleichen geeignet sind, wurden von der Firma PML Peter Maier GmbH Leichtbau in Singen entwickelt [54]. Es handelt sich bei den Bildern 7-17a bis c um ein Fachwerkträgersystem, bei dem der Obergurt durch den Handlauf und der Untergurt durch die tragende Brückenplatte in Sandwich-Bauweise gebildet werden. Während der Obergurt zug- und druckfest durchlaufend ausgebildet ist und die Diagonalen mit dem Obergurt durch Einschraubenverbindungen verbunden werden, wird die Kraftübertragung in den Untergurtknoten durch ein spezielles Formstück, das in die Hohlprofile der Diagonale gesteckt und dort verschraubt wird, bewerkstelligt. Gleichzeitig erfolgt die Systemeinbindung in den Untergurt. Dieses Formstück ist ein Strangpreßteil und kann von einer längeren Stange in der erforderlichen Länge abgesägt werden (siehe hierzu Bild 7-15c). Bauwerke dieser Art wurden z. B. als Fußgängerbrücke mit 1,80 m Laufbreite über eine Stützweite bis zu ca. 14 m erstellt. Die Montage der kompletten Brücke erfolgt an Land praktisch ohne Hilfsmittel, der Einhub an die vorbestimmte Stelle erfolgt durch einen leichten Autokran. Die dargestellte Ausführung überbrückt die große Kammer der neuen Weser-Schleuse in Bremen.

JUNIORstruktur TRELEMENT

Architektur als Strukturbau im Baukastensystem
Ein- und zweigeschossige Gebäude

Natürliches Bauen:
Das Haus paßt sich dem Nutzer an. So ein Haus kann sich vergrößern, verkleinern und verändern.
Die Formen ändern sich, die Werte bleiben.

- schlüsselfertig realisiert
- flexible statische Strukturen
- variable Außen- und Innenwand- sowie Fenster-Elemente für verschiedene Nutzungszwecke.

Auf hexagonalem und orthogonalem Raster werden variable Grundrisse entwickelt, flexibel in allen Konstruktionsteilen (Stützen, Träger, Dach, Wände + Fenster), nutzergerecht, wartungsarm und wirtschaftlich. Keine Typenhäuser, alle Grundrisse werden individuell nach den Vorgaben des Bauherrn, den Grundstücks- und Bebauungsplanverhältnissen stets neu entwickelt.

Beschreibung

Lieferumfang
Beraten, Planen und Bauen unter Zuhilfenahme der eigenen Bausysteme RRS, AR, TRELEMENT und RRA in Stahl, Holz und Aluminium auf hexagonalem und orthogonalem Grundraster, örtl. Ausschreibung u. örtl. Handwerk.

Bauart
TRELEMENT wird mit „Fertig"-Teilen gebaut und gilt deshalb vielfach als „Fertighaus". Die Bauweise wird besser charakterisiert als systematisierte, konventionelle Bauweise, vor Ort ausgeschrieben, unter Verwendung teilweise vorgefertigter Teile (Komponenten/Module), die dann im Baukastensystem flexibel zusammengefügt werden. Diese Bauweise kann sowohl von ihrem statischen Teil als auch von ihrem ausfachenden, raumbildenden Teil her problemlos später verändert, erweitert oder rückgebaut werden. Gebäude können sich wandelnden Nutzungsanforderungen anpassen:
- Aus einem Kindergarten kann eine Kindertagesstätte mit anderem Raumprogramm werden, Zugänge, Organisation, Grundriß können sich ändern.
- Aus dem Gebäude kann aber auch eine Schule, ein Jugend- oder Alten- treff, eine Sozialstation, können Büro- oder Ausstellungsräume werden.

Statisches System
TRELEMENT besteht aus Stütze, Träger und Knoten, die „NUR-GE-SCHRAUBT" auf hexagonalem Grundraster zusammengefügt werden (leichtes Flächentragwerk mit am Boden geschraubten Stützen), mit ausf. Wand- und Fensterelementen, setzungsunempfindlich, erdbebensicher - günstige Voraussetzungen fürs Bauen auch auf schlechtestem Baugrund. Wahlweise mit/ohne Unterkellerung, geringer Gründungsaufwand.

Ausfachung-(grundrißbildende Teile)
1-und 2schalige Wandelemente (innen und außen), Außenschale hinterlüftet, Schallschutz und Raumklima sehr gut, Fenster- und Dachelemente ebenfalls als"NUR-GESCHRAUBTE"-Konstruktionen, Grundmaterial aller Wandelemente = heimisches Nadelholz, Fensterelemente Holz oder Alu.

Umweltschutz/Ökologie
Wiederverwendbarkeit aller statischen und ausfachenden Bauteile als höchste Stufe im neuen Kreislaufwirtschaftsgesetz. Begrünte Dächer, Regenwassernutzung und Solarenergie-Gewinnung.
Bei späterem Umbau, Erweiterung, ggf. sogar Rückbau entstehen keine Lärm- und Staubemissionen, kein Bauschutt.
Eingriffe in den Untergrund erfolgen nur geringfügig, d.h. der Baugrund wird nicht mit oft irreparablen Fundamentausbildungen für die Nachwelt belastet.

Wirtschaftlichkeit + Preise
Niedrige Gesamtkosten aufgrund geringer stat. Anforderungen an den Baugrund (setzungsunempfindlich), kurzer Bauzeiten sowie Wiederverwendbarkeit von ca. 70 % aller Bauteile im Veränderungsfall (Umbau). Geringe Unterhaltskosten durch hohe Wärmedämmwerte (Niedrig-Energiehaus), durch wartungsarme Oberflächenqualitäten und ausgereifte Detailausbildungen.

Rathaus Schriesheim-Altenbach

Bürogebäude Ettlingen

Karl-von-Frisch-Gymnasium, Gomaringen/TÜ (BW)

Kliniken Darmstadt - Patiententreff

Ihre Partner bei Plan und Bau

Schon das Planen macht Spaß
40 Jahre TRELEMENT

JUNIOR SystemBau GmbH Karlsruhe, Nobelstr. 10, 76275 Ettlingen
Tel. (0 72 43) 1 59 91, Fax (0 72 43) 3 10 13
E-mail: info@junior-trelement.de

Ihre Partner bei Plan und Bau

Neue konstruktive Möglichkeiten im Ingenieurbau

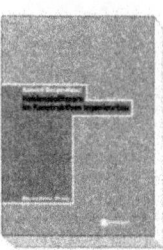

Konrad Bergmeister
Kohlenstofffasern im Konstruktiven Ingenieurbau
Reihe: Bauingenieur-Praxis
2003. Ca. 200 Seiten,
ca. 100 teilweise farbige Abbildungen
Br., € 55,-* / sFr 92,-
ISBN 3-433-02847-8
Erscheint: Januar 2003

Ernst & Sohn
Verlag für Architektur und
technische Wissenschaften GmbH & Co. KG

Für Bestellungen und Kundenservice:
Verlag Wiley-VCH
Boschstraße 12
69469 Weinheim
Telefon: (06201) 606-152
Telefax: (06201) 606-184
Email: service@wiley-vch.de

Kohlenstofffasern gewinnen durch ihre Vielfalt an Einsatzmöglichkeiten immer mehr an Bedeutung. Das Buch stellt den heutigen Stand des Wissens über die Anwendung von Kohlenstofffasern im Konstruktiven Ingenieurbau dar. Durch die Vorstellung von Forschungsergebnissen eröffnet es dem Praktiker neue konstruktive Möglichkeiten und dient auch den Studenten und Wissenschaftlern als Nachschlagewerk.

Aus dem Inhalt:

- Grundlagen
- Materialien
- Einwirkungen und Sicherheitskonzept in der Bauerhaltung
- Bemessungsmodelle

- Anwendungen im Betonbau
- Anwendungen im Holzbau
- Anwendungen im Mauerwerkbau
- Hybride Bauelemente

www.ernst-und-sohn.de

* Der €-Preis gilt ausschließlich für Deutschland

Verbindungstechniken für die Planungspraxis

Michael Stracke / Hans Owczarzak / Rolf Kindmann
Verbindungen im Stahl- und Verbundbau
Reihe: Bauingenieur-Praxis
2002. Ca. 300 Seiten,
80 Abbildungen, 10 Tabellen
Br., ca. € 55,-* / sFr 92,-
ISBN 3-433-01596-1
Erscheint: Oktober 2002

Ernst & Sohn
Verlag für Architektur und
technische Wissenschaften GmbH & Co. KG

Für Bestellungen und Kundenservice:
Verlag Wiley-VCH
Boschstraße 12
69469 Weinheim
Telefon: (06201) 606-152
Telefax: (06201) 606-184
Email: service@wiley-vch.de

Im modernen konstruktiven Ingenieurbau löst intelligente Verbindungstechnik viele Fertigungs-, Transport- und Terminprobleme. Deshalb kommt der fundierten Kenntnis der konstruktiven Grundsätze und rechnerischen Nachweise der Kraftübertragung für alle Verbindungsarten eine besondere Bedeutung zu.

Für die Planungspraxis von Ingenieuren faßt das vorliegende Buch die wichtigsten Verbindungstechniken für den Stahl- und Verbundbau wie Schrauben, Schweißen, Dübeln und andere Verbindungsarten des Bauwesens zusammen.

Unter Einbeziehung des technischen Regelwerkes und zahlreicher Beispiele entsteht damit ein Nachschlagewerk für jedes Anschlußdetail. Ein einzigartiges, bisher vergeblich gesuchtes Buch in der Baufachliteratur.

www.ernst-und-sohn.de

* Der €-Preis gilt ausschließlich für Deutschland

7.2 Aluminiumkonstruktionen

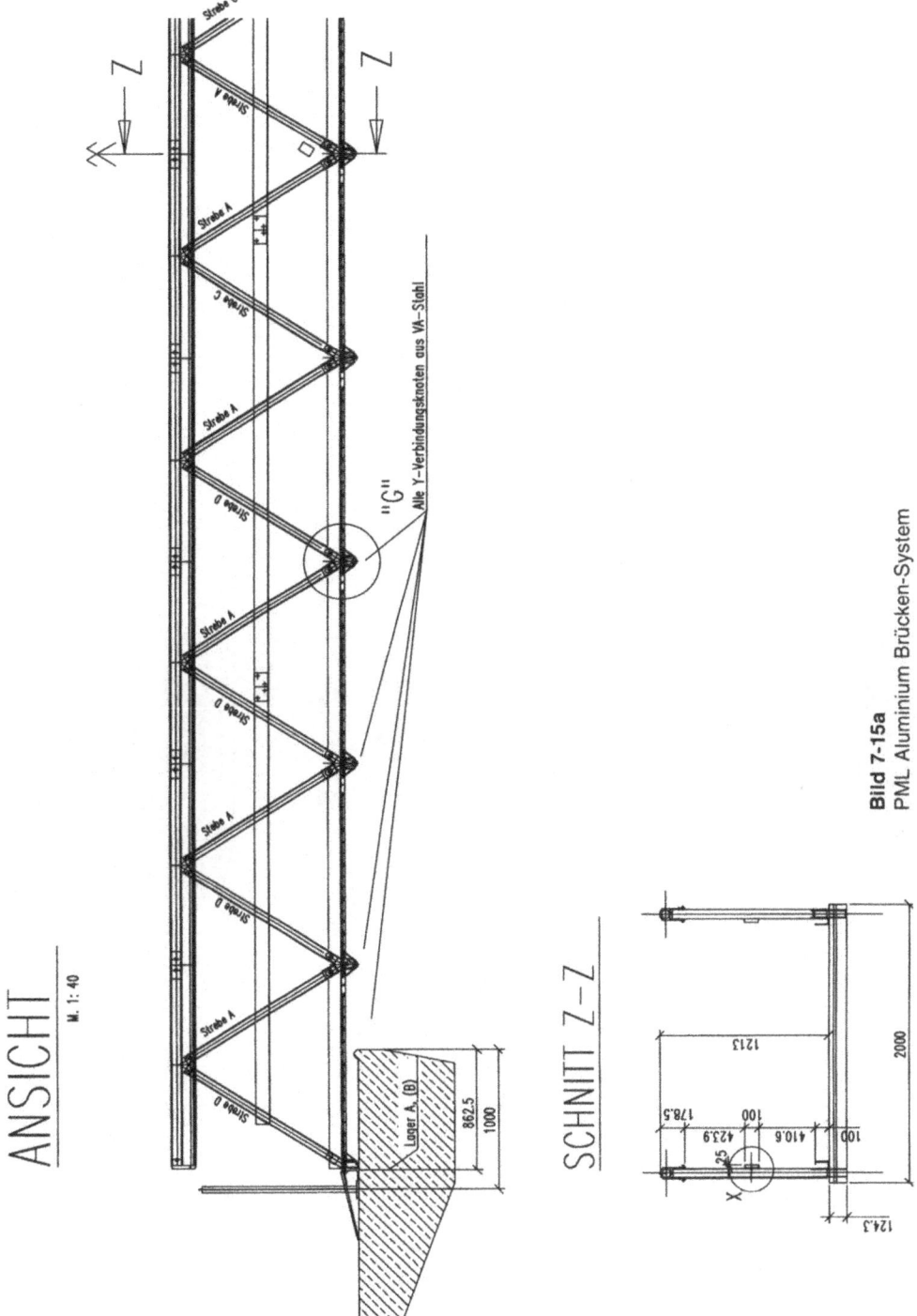

Bild 7-15a
PML Aluminium Brücken-System

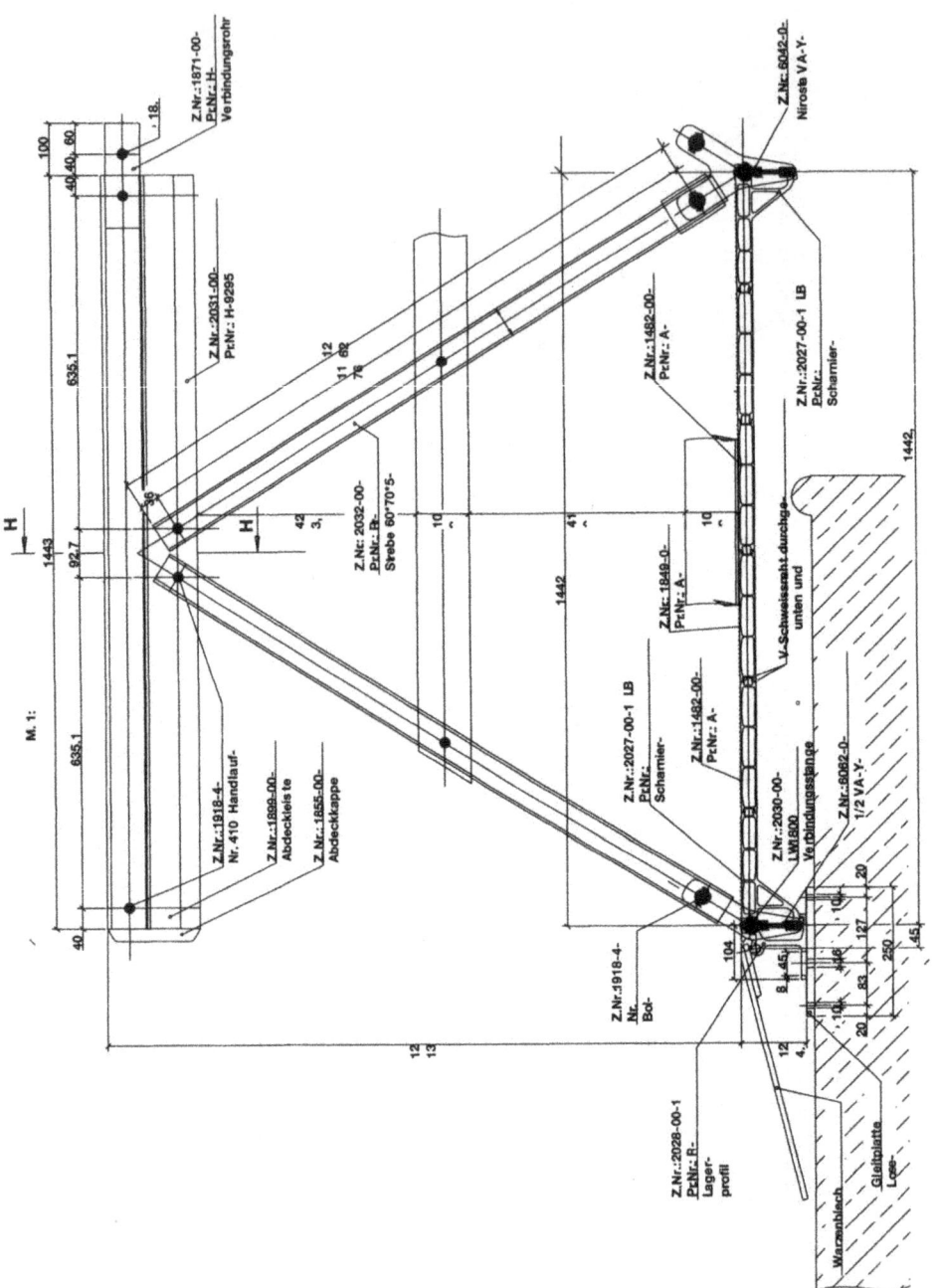

Bild 7-15b
Ansichtsdetail des PML Aluminium Brücken-Systems

7.2 Aluminiumkonstruktionen

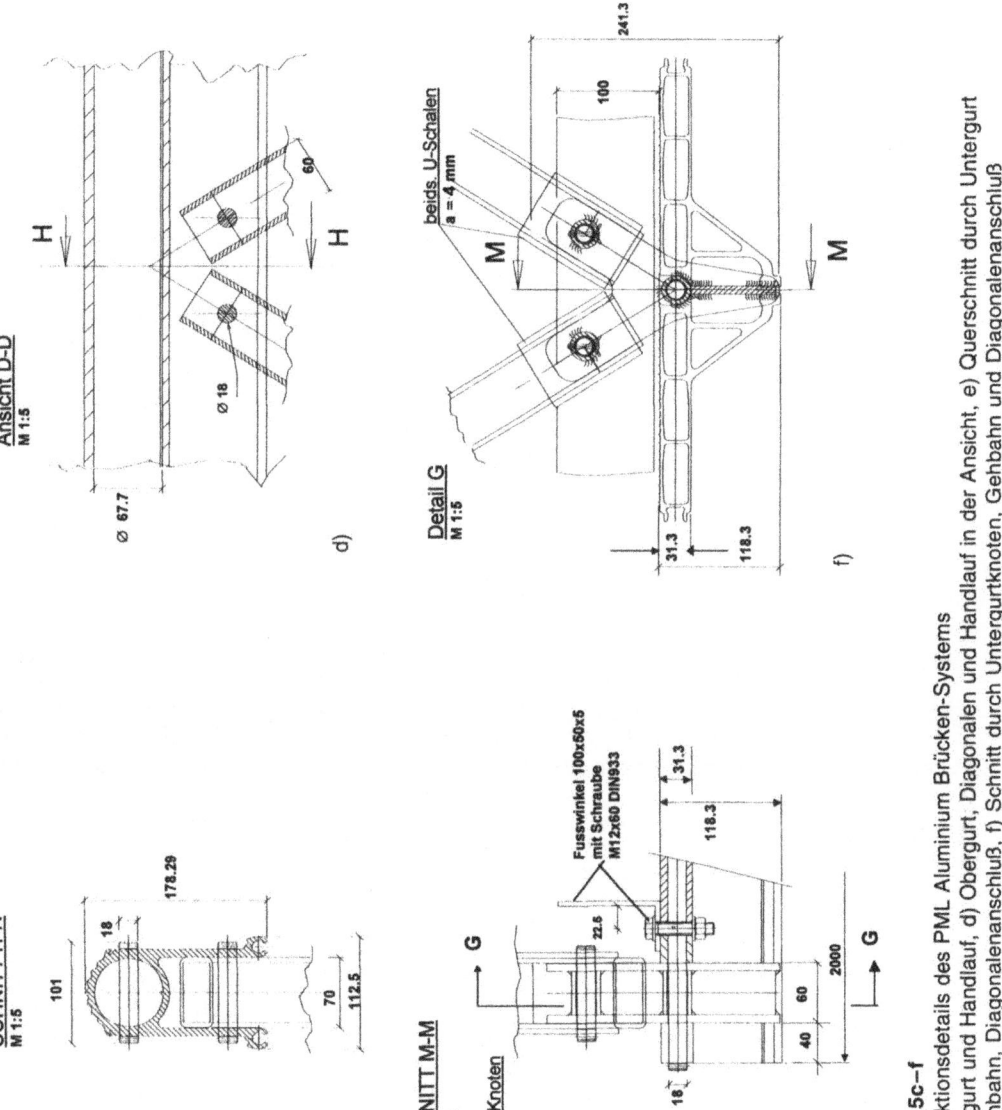

Bild 7-15c–f
Konstruktionsdetails des PML Aluminium Brücken-Systems
c) Obergurt und Handlauf, d) Obergurt, Diagonalen und Handlauf in der Ansicht, e) Querschnitt durch Untergurt und Gehbahn, Diagonalenanschluß, f) Schnitt durch Untergurtknoten, Gehbahn und Diagonalenanschluß

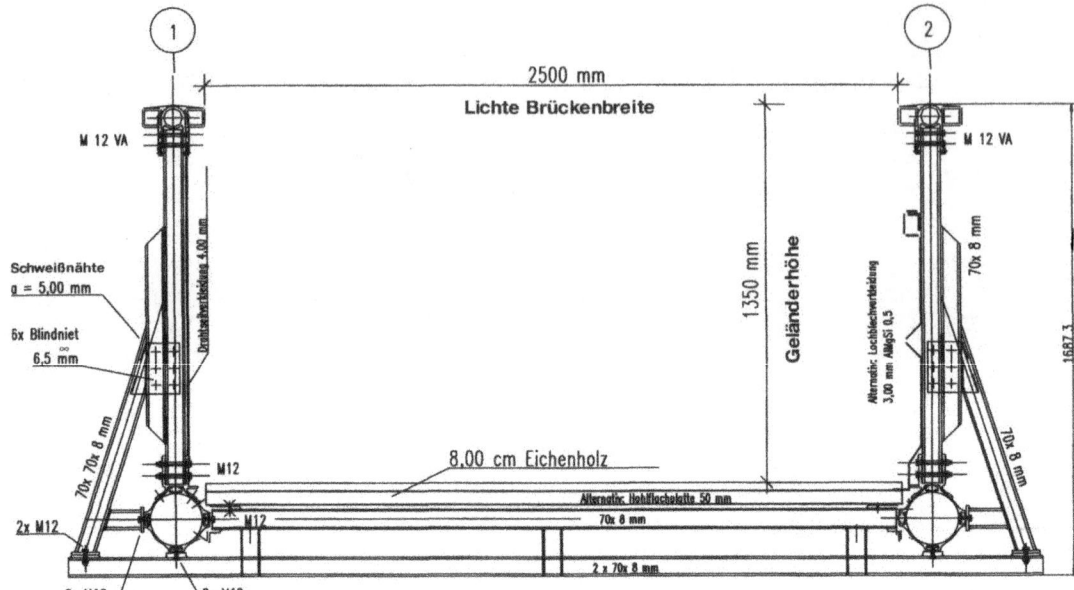

Bild 7-16
Querschnitt des PML Aluminium Brücken-Systems „S"

Die Bilder 7-16 sowie 7-17a und b zeigen den Querschnitt bzw. Ansicht und Querschnitt der ähnlichen Brücken-Systeme „S" bzw. „L" der Firma PML Peter Maier Leichtbau mit breiterer Fußwegausbildung und Eichenbohlenbelag oder Hohlflachplattenbelag. Diese Brücken-Systeme können ebenfalls durch lösbare Schrauben- und Steckverbindungen von einer kleinen Montagemannschaft schnell zusammengesetzt werden.

7.2.2 Aluminiumkonstruktionen mit Schweißverbindungen

Aluminium-Holztrockner

Die holzverarbeitende Industrie fordert heute von den Sägewerken Holzbauteile bzw. Bretter, die einen ganz bestimmten Feuchtigkeitsgehalt besitzen und bei normaler Lagerung und Weiterverarbeitung sich nicht durch Austrocknen verziehen. Die Sägewerke erreichen diesen Zustand des Holzes, in dem die Hölzer in großen Trockenkammern kontrolliert und gesteuert getrocknet werden. Dieser Vorgang kann über mehrere Tage bzw. Wochen dauern. Der Trocknungsprozeß erfolgt in einem abgeschlossenen Raum und beinhaltet Luftumwälzung, Trocknung und Befeuchtung. Bei diesem Vorgang entsteht eine sehr aggressive feuchte Raumatmosphäre, die bei Ausführung eines solchen Bauwerks in Stahl zu unmittelbarer und tiefgreifender Korrosion mit dem Ergebnis des baldigen Bauteilversagens führt. Holztrockenkammern werden deshalb heute in Aluminium erstellt, das diesem Korrosionsangriff lange Zeit erfolgreich widersteht. Holztrockenkammern in Aluminium sind kubische Bauwerke von ca. 6 bis 13 m Breite, 6 bis 7,50 m Höhe und 8 bis 12 m Länge. Die Frontseite ist durch ein

7.2 Aluminiumkonstruktionen

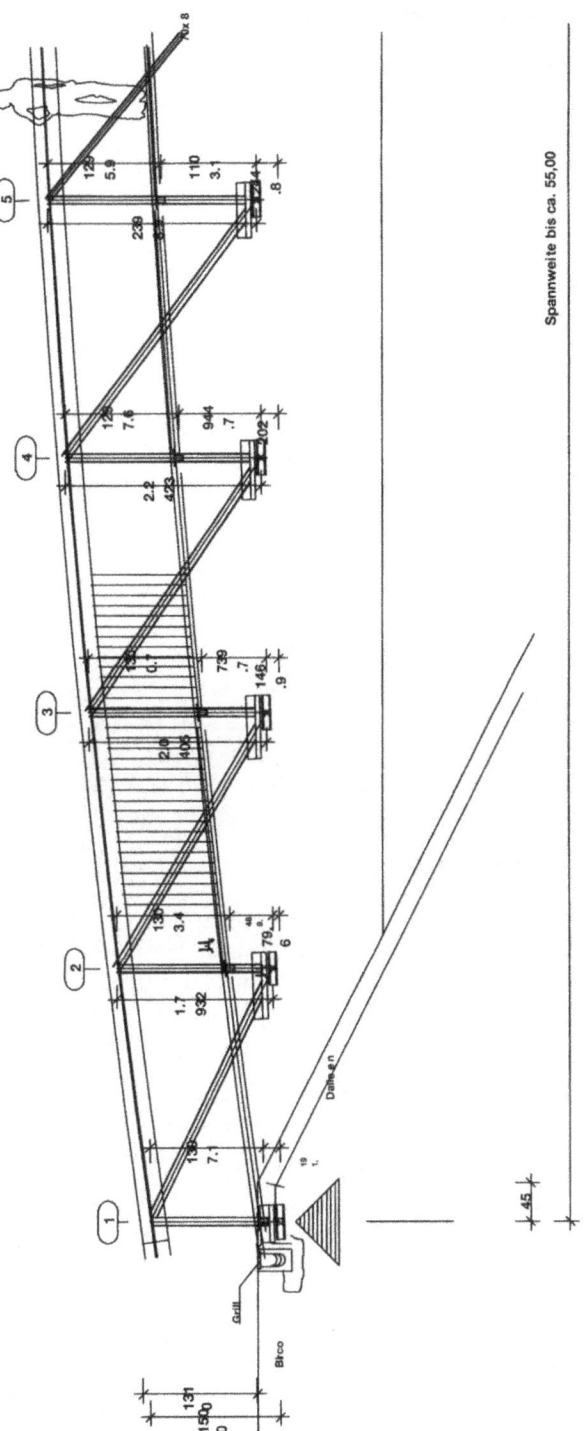

Bild 7-17a
Ansicht des PML Aluminium Brücken-Systems „L"

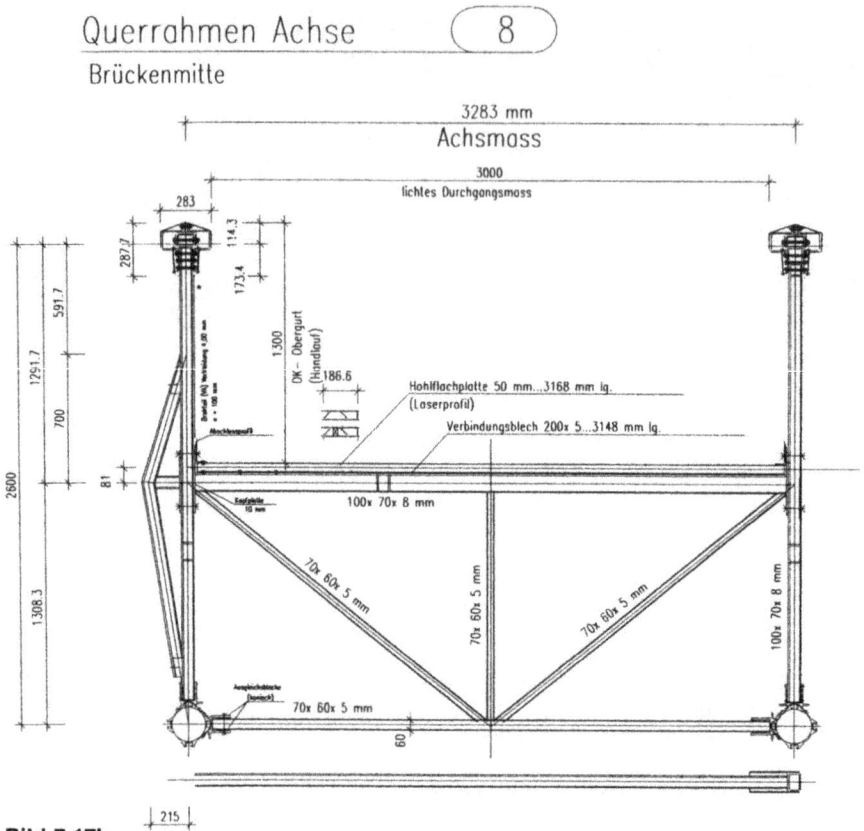

Bild 7-17b
Querschnitt des PML Aluminium Brücken-Systems „L"

großes Tor verschlossen. Die Holzstapel werden mit dem Gabelstapler oder auf Loren in diesen Raum hineingefahren, so daß bis auf einen Luftraum von etwa 1 m Breite ringsum alles mit Stapelholz ausgefüllt ist. In den Dachträgern befinden sich Ventilatoren, Heizregister und Trocknungsregister. Die tragende Konstruktion von Holztrocknern besteht aus in die Fundamente eingespannten Stützen in C-Form und Fachwerkträgern bzw. Vollwandträgern als Riegel. Die Fachwerkträger und die Stiel-Riegel-Verbindung sind als geschweißte bzw. geschraubte Aluminiumkonstruktion ausgeführt. Zur guten Isolierung dienen zweischalige Dach- und Wandelemente mit Aluminiumblechverkleidung und dazwischenliegendem Isolierstoff. Diese Tafeln bilden neben den Verbänden und den Rahmen sehr steife Wand- und Dachscheiben. Schraubenverbindungen werden mit Edelstahlschrauben hergestellt. Die Fachwerkträger bestehen in ihren Ober- und Untergurten in der Regel aus U-Profilen U74 × 60 × 5 × 3 oder U70 × 60 × 3 und aus dem Werkstoff AlMgSi1. Die Diagonalen bestehen aus U-Profilen U63,5 × 35 × 3 oder Rechteckhohlprofilen und ebenfalls aus AlMgSi1. In die zur Fachwerkträgerachse offenen U-Profile werden die Diagonalen und Pfosten eingelegt und – sofern ausreichend tragfähig – direkt miteinander mit Kehlnähten verschweißt. Wo es erforderlich ist, werden zusätzliche Eckbleche angeordnet (siehe Bild 7-18).

7.2 Aluminiumkonstruktionen

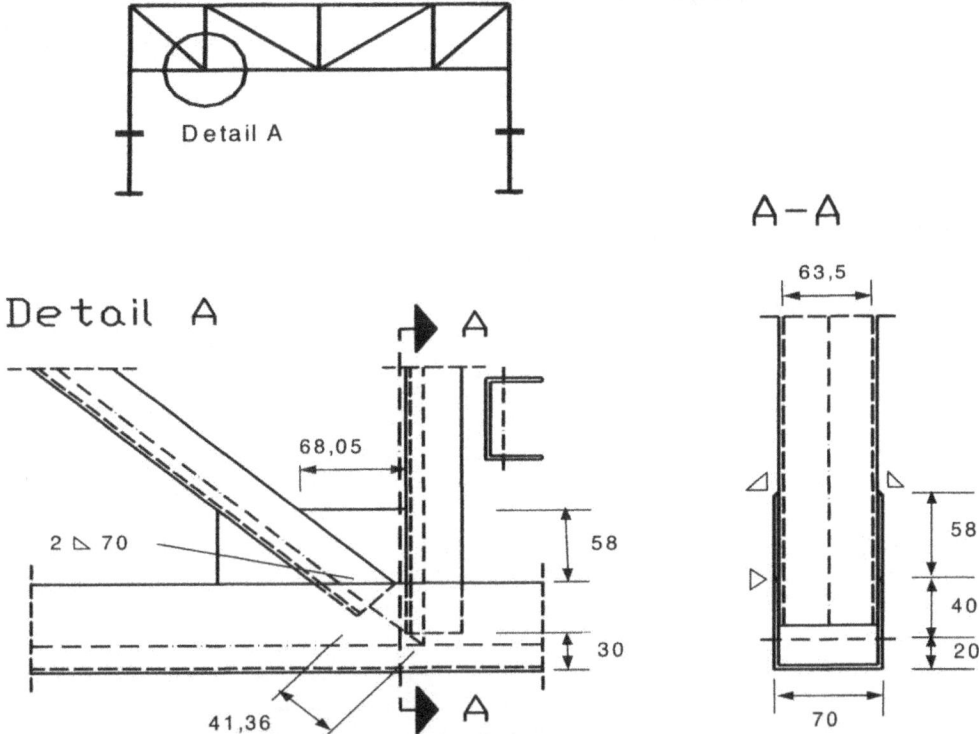

Bild 7-18
Fachwerkträger und Detailausführung eines geschweißten Fachwerkknotens für ein Holztrocknergerüst

Durch die Anordnung von Stumpfnähten und Kehlnähten werden die Querschnitte geschwächt. Es ist zu beachten, daß die Wärmeeinflußzone (WEZ) für diesen Werkstoff nach deutschen Vorschriften etwa eine Einbuße an Festigkeit auf 50% gegenüber dem Grundwerkstoff erhält. In den Spannungsnachweisen ist dies zu berücksichtigen. Außerdem ist zu berücksichtigen, daß in den Fachwerkknoten ohne Knotenbleche die Gurtstäbe auch in der Lage sein müssen, die Vertikalkomponenten zwischen Diagonalstab und Pfostenstab überzuleiten.

Man erkennt an diesem Beispiel, daß bei geschweißten Konstruktionen das aluminiumgerechte Konstruieren von wesentlicher Bedeutung ist, um nicht unnötig Material zu verschwenden.

Autobahnschilderbrücken

Eine wesentliche Bauweise, die dem Aluminium zugeordnet werden kann, sind Autobahnschilderbrücken. Der besondere Korrosionswiderstand von Aluminium gegen Tausalze auf den Straßen versetzt die Konstruktion in die Lage, auch ohne Korrosionsschutz lange standzuhalten.

Autobahnschilderbrücken können als

- Rahmenkonstruktion mit zwei eingespannten Stielen und einem aufgelegten Riegel oder
- Kragkonstruktion mit einem eingespannten Stiel und einem auskragenden Riegel

verwendet werden. Erstgenannte Brücken überspannen in der Regel die gesamte Fahrbahn inklusive Standspur, letztgenannte Kragarmbrücken dienen zur Aufnahme von Hinweisschildern an Ausfahrten. Ältere Autobahnschilderbrücken-Bauwerke wurden aus Alu-Spezialprofilen hergestellt, die eine Anpassung an Spannweiten zwischen 16 und 32 m erlauben. Die Konstruktionsweise von Autobahnschilderbrücken hat um alle Achsen eingespannte Stiele und gelenkig aufgelagerte Riegel; um die Längsachse besitzen die Riegel eine Torsionseinspannung (siehe Bild 7-19). Heutige Ausführungen von Autobahnschilderbrücken bestehen im allgemeinen aus abgekanteten Blechprofilen, die in klassischer Weise miteinander verschweißt werden. Während früher Strangpreßprofile bis zu einer maximalen Länge von 22 bis 24 m ohne Stoß verwendet werden konnten, ist heute durch die begrenzte Länge von Abkantbänken der 6 m-Abschnitt bzw. der 3 m-Abschnitt die Regel. Hier sind ringsum verlaufende Schweißstöße mit ihren Festigkeitseinbußen ein Handicap für die Tragkapazität. Nachfolgend sollen anhand einiger Grundlagen Konstruktionsprinzipien für geschweißte Aluminiumprofile erläutert werden, bevor auf die Schilderbrücken näher eingegangen wird.

Bild 7-19
Autobahnschilderbrücke aus Aluminium, Ansicht schräg zur Fahrtrichtung

Der längsgeschweißte Zugstab

Besitzt ein zentrisch gezogener Zugstab symmetrisch zu seiner Längsachse Schweißnähte (z.B. V-Nähte oder Kehl-Nähte), so wird der Bereich der WEZ geschwächt. Über den Schwächungsgrad geben die Bemessungsnormen für Aluminium [2, 4, 53]

7.2 Aluminiumkonstruktionen

Auskunft. Zur Ermittlung der Tragkapazität ist eine plastische Berechnungsweise erforderlich. Diese geht davon aus, daß im unbeeinflußten Bereich die σ-ε-Linie des Grundwerkstoffs gilt und daß über die WEZ gleichmäßig die σ-ε-Linie für WEZ gilt (siehe Bild 7-20). Beide Linien beginnen mit der gleichen Anfangssteigung des E-Moduls, die Linie für WEZ-Material knickt früher ab, erreicht nur eine niedrigere $f_{0,2,\,WEZ}$-Streckgrenze und ebenso eine niedrigere $f_{u,\,WEZ}$-Zugfestigkeit. Da beide Materialien genügend Dehnkapazität haben müssen und in der Regel auch haben, kann davon ausgegangen werden, daß die Dehnung $\varepsilon_{0,2}$, die an der $f_{0,2}$-Grenze erreicht wird, auch von dem WEZ-Material und der Naht selbst schadlos verkraftet wird.

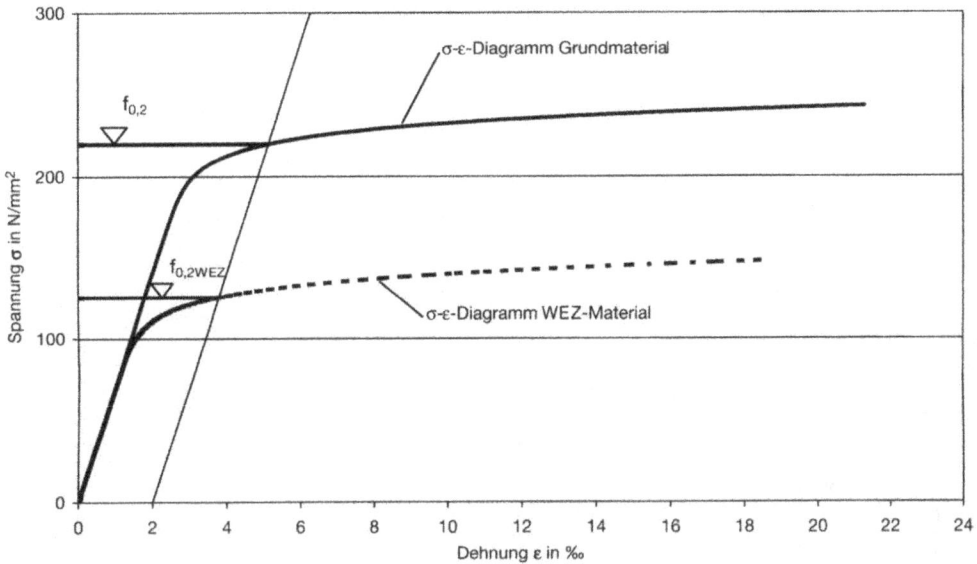

Bild 7-20
Spannungs-Dehnungs-Diagramm für Grundmaterial und WEZ-Material $f_{0,2}$-Wert, $f_{0,2,\,WEZ}$-Wert

Die Tragkapazität eines solchen „Zwei-Material-Querschnitts" wird gemäß nachfolgender Formel aus den Streckgrenzen ermittelt (vgl. Bild 7-21).

$$N_{R,\,d} = A_{red} \cdot \frac{f_{0,2}}{\gamma_M}$$

Hierin bedeuten:

$$A_{red} = b \cdot t - b_1 \cdot t \cdot (1 - \varkappa)$$

und

$$\varkappa = \frac{f_{0,2,\,WEZ}}{f_{0,2}}$$

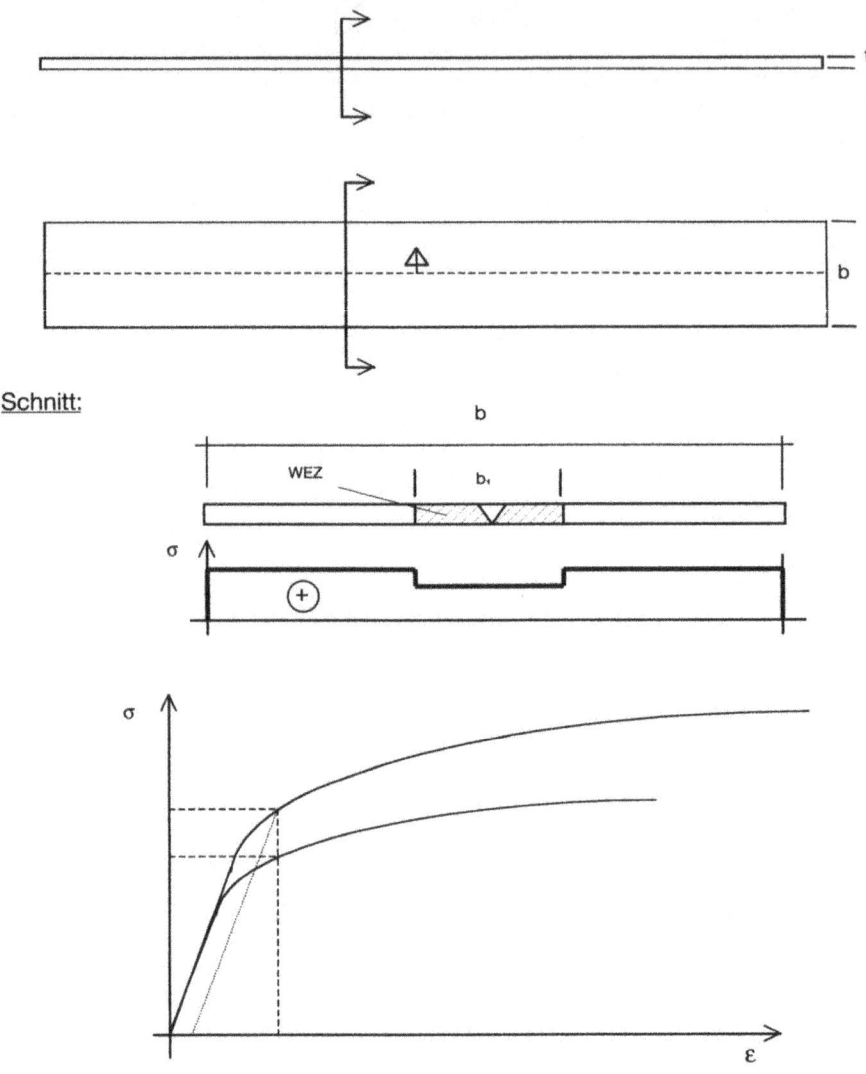

Bild 7-21
Maßgebender Querschnitt für die Grenzlast eines längsgeschweißten Stabes auf Zug

Wie man erkennt, wird hierbei die WEZ-Fläche im Verhältnis $\varkappa$ der beiden 0,2-Grenzen umgerechnet, und es wird die Traglast mit der reduzierten Fläche und der 0,2-Grenze des Grundmaterials ermittelt. Etwaige Querschnittsreduktionen bei schlanken Querschnittselementen sind zusätzlich zu berücksichtigen. Genauso gut können die einzelnen Flächen unverändert belassen bleiben, aber jede mit der für sie zuständigen 0,2-Festigkeit verknüpft werden.

7.2 Aluminiumkonstruktionen

Andere Formen längsgeschweißter Querschnitte unter zentrischer Zugbelastung, wie z.B. die Kastenquerschnitte in den Bildern 7-22 und 7-23, werden in gleicher Weise behandelt.

Der längsgeschweißte Biegeträger mit Biegung um die y-Achse

Bei Biegeträgern aus Profilen mit Längsschweißnähten – hier bei einachsiger Biegung um die horizontale y-Achse – ist es entscheidend, wo die WEZ im Bezug auf die Biegeachse liegt. Im ersten Fall (vgl. Bild 7-22) liegt der WEZ-Bereich symmetrisch um die y-Achse (= Biegeachse).

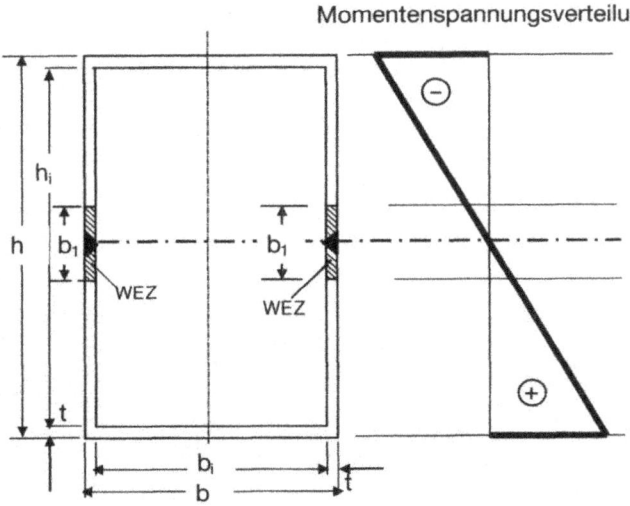

Bild 7-22
Kastenquerschnitt mit Längsnähten in den Stegen in Höhe der Biegeachse (= y-Achse)

In diesem Falle ist – selbst bei Ausnutzung der Biegerandspannung bis zur Streckgrenze – die Biegenormalspannung in der WEZ so niedrig, daß sie deutlich unterhalb desjenigen Punktes im σ-ε-Diagramm liegt, wo sich die Spannungsdehnungskurve der Schweißnaht von der Spannungsdehnungskurve des Grundmaterials abtrennt (siehe Bild 7-20). Damit sind für die Ermittlung des Querschnittsträgheitsmomentes und der Widerstandsmomente für die elastische Berechnung keine Reduzierungen erforderlich, und es gelten die Formeln:

$$I = I_{red} = \frac{1}{12} bh^3 - \frac{1}{12} b_i h_i^3$$

$$W = \frac{I}{z_{Rand}}$$

Der Schubspannungsnachweis

$$\tau = \frac{QS}{I \cdot 2t_{red}}$$

kann mit den nichtreduzierten Querschnittswerten Trägheitsmoment I und statisches Moment S, muß allerdings mit der reduzierten Stegdicke

$$\tau_{red} = \tau \cdot \beta_{0.2,WEZ}/\beta_{0.2}$$

berechnet werden. Bei der Ermittlung der Vergleichsspannung in der WEZ ist festzuhalten, daß hier die Normalspannung verschwindend klein ist und somit der alleinige Nachweis der Schubspannung mit der vorausgegangenen Formel ausreichend ist.

Liegt die WEZ dagegen in äußeren Querschnittsfasern (siehe Bild 7-23), wo hohe Dehnungen auftreten können und damit auch hohe Spannungen, so ist im Falle, daß letztere oberhalb $f_{0.2,WEZ}$ liegen, eine Reduktion analog wie beim Zugstab erforderlich. Dabei werden nicht wärmebeeinflußte Querschnittsteile mit ihren vollen Flächen bei der Querschnittsfläche und beim Trägheitsmoment berücksichtigt und wärmebeeinflußte Querschnittsteile mit ihren entsprechend dem $\varkappa$-Wert reduzierten Flächen.

Es ergibt sich dann folgende Formel:

$$I_{red} = \frac{1}{12}bh^3 - \frac{1}{12}b_i h_i^3 - \frac{2}{12}b_1 t^3 + \frac{2}{12}b_1 t^3 \varkappa - 2b_1 ta^2 + 2b_1 ta^2 \varkappa$$

$$= \frac{1}{12}bh^3 - \frac{1}{12}b_i h_i^3 - \frac{2}{12}b_1 t^3(1-\varkappa) - 2b_1 ta^2(1-\varkappa)$$

a ist der Abstand zwischen Flanschschwerpunkt und Schwerachse y–y.

Das daraus resultierende Widerstandsmoment ergibt sich wie folgt:

$$W_{red} = \frac{I_{red}}{z_{Rand}}$$

Das statische Moment S_{red} ist:

$$S_{red} = \frac{h}{2} \cdot b \cdot \frac{h}{4} - \frac{h_i}{2} \cdot b_i \cdot \frac{h_i}{4} - b_1 \cdot t \cdot a + b_1 \cdot t \cdot a \cdot \chi$$

$$= \frac{1}{8} \cdot b \cdot h^2 - \frac{1}{8} \cdot b_i \cdot h_i^2 - b_1 \cdot t \cdot a(1-\chi)$$

und die Schubspannung in den Stegen aus Querkraft beträgt

$$\tau = \frac{Q \cdot S_{red}}{I_{red} 2t}$$

Je nach Lage der Längsnaht im Querschnitt ist ein Schubspannungsnachweis in der WEZ erforderlich, oder es kann auf ihn verzichtet werden. Im Bild 7-23 ist die Schubspannung aus Querkraft bei einachsiger Biegung um die y-Achse äußerst klein und braucht in der Regel nicht nachgewiesen zu werden. Schubspannungen aus Torsion oder Schubspannungen aus Biegung um die z-Achse dagegen sind einflußreich

7.2 Aluminiumkonstruktionen

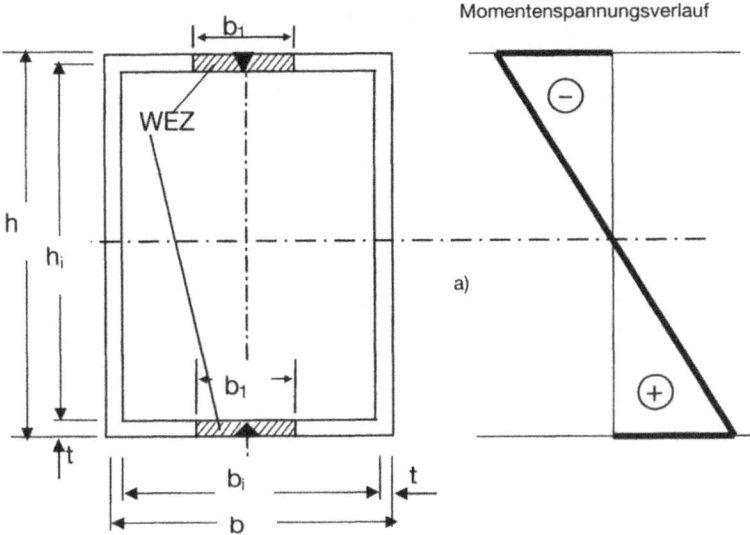

Bild 7-23
Kastenquerschnitt mit Längsnähten in den Außenfasern (Flanschen) bei Biegung um die y-Achse

und zu berücksichtigen. Liegt z.B. bei Kastenquerschnitten die WEZ im Bereich der Steg-Flansch-Verbindungen, so ist die Schubspannung auch nachzuweisen, wenn nur einachsige Biegung um die y-Achse vorliegt. In diesem Fall ist folgende Schubspannungsformel anzuwenden:

$$\tau = \frac{Q \cdot S_{red}}{I_{red} \cdot 2 t_{red}}$$

Die maßgebende Querschnittsdicke ist $t_{red} = t \, \frac{f_{0,2,WEZ}}{f_{0,2}}$

Beim Nachweis der Vergleichsspannung ist die reduzierte Festigkeit in der WEZ zu berücksichtigen.

Zugbeanspruchte Bauteile mit Quernähten

Wenn in zug- oder biegezugbeanspruchten Querschnittsteilen, wie z.B. in dem zugelegten Blech des Kastenquerschnitts bei der Autobahnschilderbrücke, mangels ausreichender Materiallänge Quernähte erforderlich sind, so bedeutet das eine komplette Reduktion der Tragkapazität dieses Querschnitts über die volle Breite. Es ist deshalb sinnvoll, nach Lösungen zu suchen, bei welchen mit etwas mehr Aufwand für die Herstellung des Stoßes die Tragkapazität nicht in dem hohen Maße reduziert wird. Eine Lösungsmöglichkeit sind Schrägstöße (siehe Bild 7-24). Hier ist zwar die Nahtlänge größer, aber es wird nicht die volle Breite des Bleches geschwächt, sondern nur eine um ca. 40 % verbreiterte WEZ, der Rest ist wie Grundmaterial zu behandeln. Der Schrägstoß ist in Bild 7-24 dargestellt.

Eine andere Möglichkeit besteht darin, auf die rechtwinklig zur Zugspannung verlaufende Stumpfnaht eine Stoßlasche mit schräg verlaufenden Anschlußnähten als „Pflaster" aufzuschweißen. Die Ausführung ist in Bild 7-25 dargestellt. Hier wird zwar die volle Breite des Bleches der WEZ-Reduzierung unterworfen, aber durch die aufgelegte Lasche entsteht eine Materialverstärkung. Die Lasche wird durch schräge Nähte angeschlossen, so daß in jedem hinter dem Stoß und vor dem Stoß verlaufenden Schnitt immer nur 2 WEZ-Bereiche geschnitten werden und der Rest Grundmaterial ist.

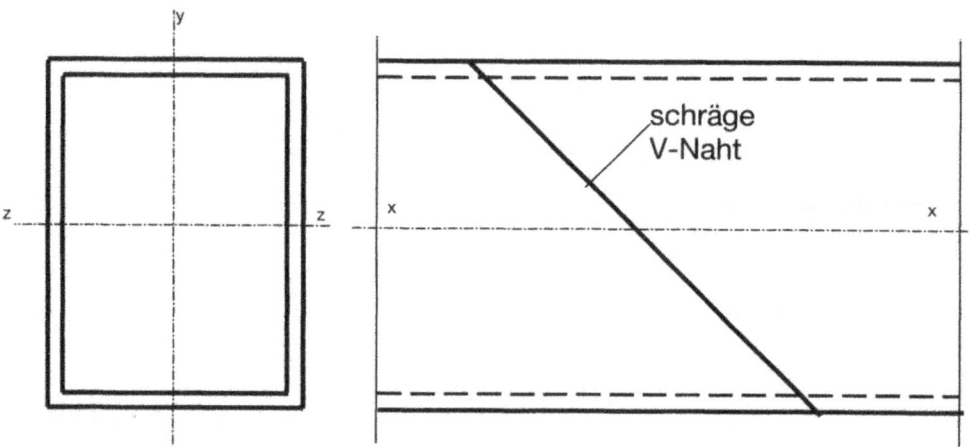

Bild 7-24
Schrägstoß bei einem Biegeträgergurt

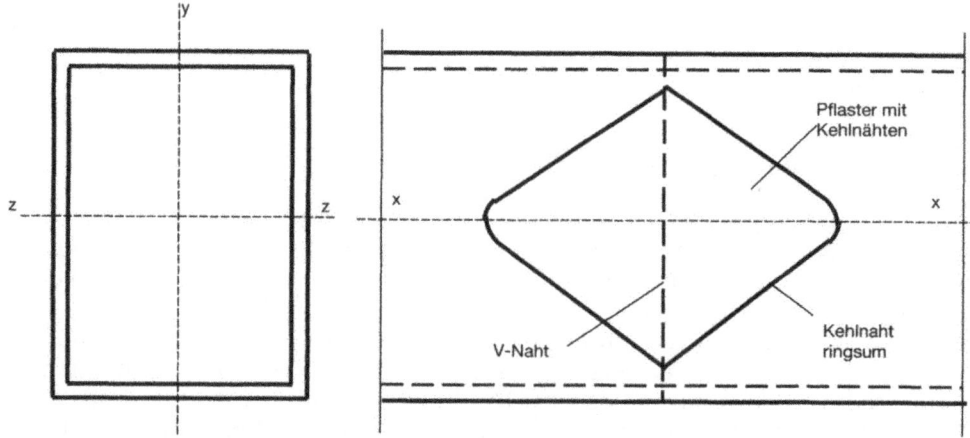

Bild 7-25
Stoß eines Biegeträgergurtes mit „Pflaster" und schräg verlaufenden Anschlußnähten

7.2 Aluminiumkonstruktionen

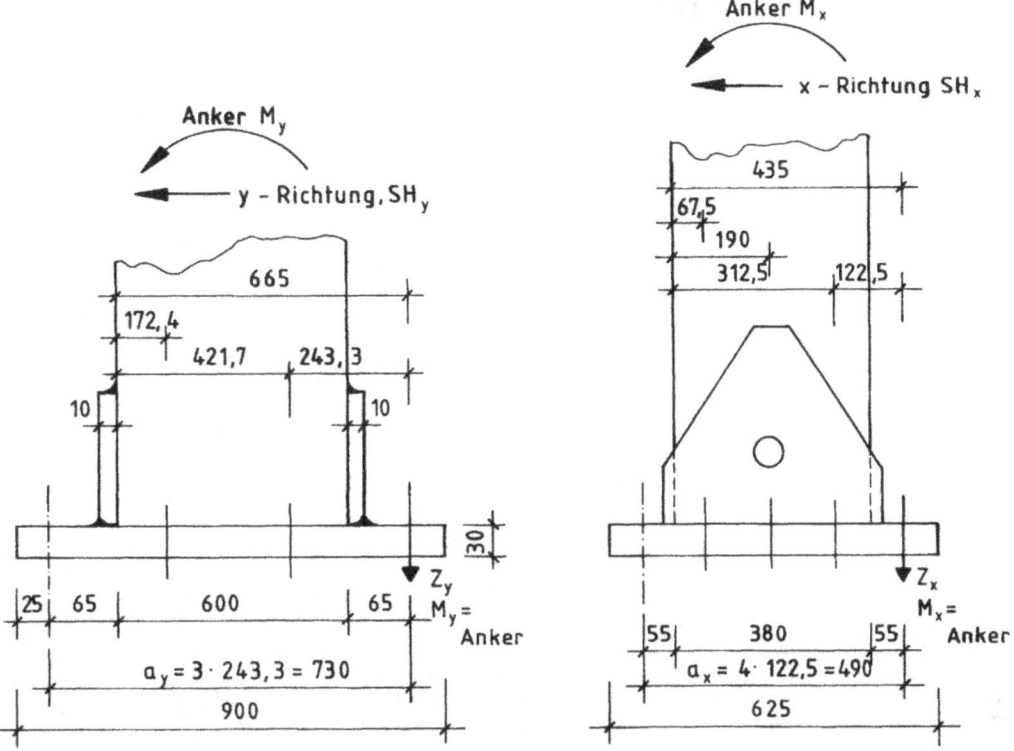

Bild 7-26
Eingespannter Hohlkastenstützenfuß für eine Aluminium-Schilderbrücke, aluminiumgerechte Konstruktion mit verstärkendem Stegblech und schrägverlaufenden Anschluß-Schweißnähten

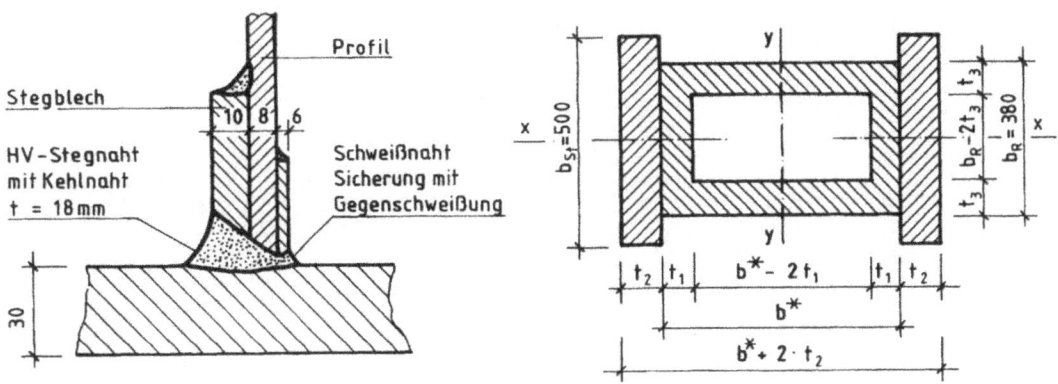

Bild 7-27
Detailausbildung
Links: Profilquerschnittsblech, verstärkendes Stegblech (außen) und Schweißbadsicherungsblech innen im Hohlkasten, Ausbildung der Schweißnaht. Rechts: Berechnungsquerschnitt im Anschluß

Eingespannte Stützen mit Fußplatten

Eingespannte Stützen mit Fußplatten müssen an ihrer Einspannstelle in der Regel das größte Biegemoment der gesamten Stütze übertragen. Die Verbindung zwischen Stützenprofil und Fußplatte wird in der Regel durch Verschweißung hergestellt. Das bedeutet, daß der Bauteilwerkstoff gehörige Festigkeitsabminderungen infolge der Wärmebeeinflussung erleidet. Diese Festigkeitseinbußen sind nicht lokal begrenzt, sondern laufen um die ganze Stütze herum, wenn die Schweißnaht so angelegt ist. Als Beispiel wird in den Bildern 7-26 bis 7-28 der Fußpunkt einer Dambach-Autobahnschilderbrücke aus Aluminium von zwei Seiten dargestellt. Die ringsum in einem Querschnitt entfestigte WEZ-Zone wird nun durch zugelegte Bleche saniert. Für die Verbindung zwischen Stützenprofil mit der Verstärkung und der Fußplatte stehen damit beliebig vergrößerbare Querschnittsdicken zur Verfügung. Die Befestigung der Verstärkung an dem Stützenprofil darf – wie bei dem Schweißstoß mit Pflaster (siehe Bild 7-25) – nicht innerhalb eines Querschnitts erfolgen, sondern muß mit schräg verlaufenden Nähten ausgeführt werden. Damit wird in einem Horizontalschnitt im Bereich der Befestigung der Zulage an dem Stützenprofil nie ringsum ausschließlich WEZ-Material getroffen, sondern immer nur bereichsweise. Im Bild 7-27 gibt es hierzu links das Schweißdetail mit dem 8 mm dicken Profil und der 10 mm dicken Zulage sowie eine 6 mm dicke Schweißnahtsicherung auf der Innenseite. Im rechten Teil des Bildes ist der nutzbare Querschnitt zur Berechnung von Querschnittsfläche und Trägheitsmoment angegeben. Das Bild 7-28 gibt die Kräfte und Abstände an, die in einer Berechnung angesetzt werden können.

In ähnlicher Weise werden biegesteife Rahmenecken bei Kragstützen ausgeführt.

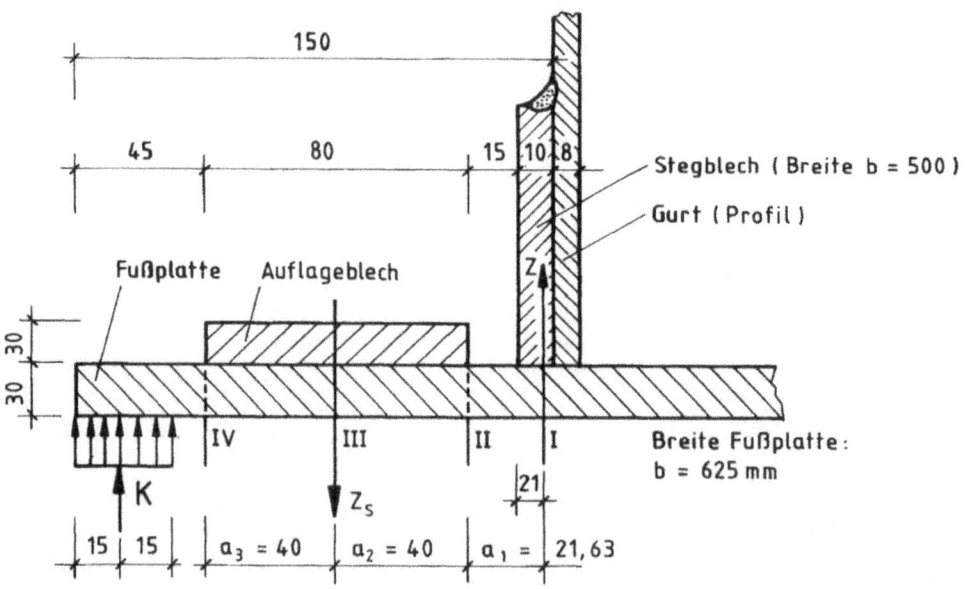

Bild 7-28
Zur Berechnung der Fußplattenkonstruktion

Anhang: Nichtlineare Momenten-Krümmungs-Beziehungen und plastische Momente von nicht geschweißten und geschweißten Aluminium-Profilen

A.1 Einführung

Die Arbeiten im Technischen Komitee TC 2 „Aluminium Alloys Structures" der Europäischen Konvention der Stahlbauverbände im CEN/TC 250/SC 9 „Entwurf von Aluminium-Konstruktionen" zur Entwicklung des Eurocode 9 bzw. des ENV 1999 förderten unter den Mitgliedern dieser Arbeitsgruppen zahlreiche wissenschaftliche Arbeiten in den Feldern des Tragverhaltens von Zuggliedern, Druckstäben, Biegeträgern, Stützen ohne und mit Biegung, von geschraubten und geschweißten Verbindungen, der Stabilität von Druckstäben ohne und mit Biegung, von dünnwandigen Querschnitten, Platten aus Aluminium und dergleichen.

Da Aluminium praktisch von Anfang an ein nichtlineares Werkstoffgesetz hat, kann das Tragvermögen von Querschnitten nicht so einfach berechnet werden wie bei Stahl mit seinem horizontalen Fließplateau.

Zusätzliche Komplikationen kommen bei geschweißten Bauteilen durch die Tatsache hinzu, daß durch die Schweißwärme die Festigkeit des Werkstoffes manchmal auf die Hälfte und weniger derjenigen des Grundmaterials zurückgeht. Die Bruchdehnung von Aluminium ist geringer als diejenige von Stahl, im Falle der Schweißungen ist eine weitere Reduktion der Bruchdehnung zu erwarten.

Das plastische Moment von Stahlquerschnitten mit dem plastischen Spannungsdiagramm und den beiden rechteckigen Spannungsverläufen, eines für die Druckspannungsseite und eines für die Zugspannungsseite, wird in diesem Anhang das „einfache plastische Moment" genannt. Dieses „einfache plastische Moment" würde für einen Aluminium-Querschnitt die 0,2-Grenze des Werkstoffes im Druckbereich und im Zugbereich gleichermaßen analog zur Fließgrenze bei Stahl benutzen.

Ziel dieser Arbeit ist es zu prüfen, ob es ausreichend ist, in Rahmentragwerken oder in Durchlaufträgern aus Aluminium ohne und mit Schweißungen das einfache plastische Moment zu verwenden. Hierzu ist es nötig, das Bauteil entlang seiner Länge in einzelne Sektionen und diese wiederum in einzelne finite Streifen in Längsrichtung aufzuteilen. Jedem Streifen wird, abhängig von seiner Lage im Querschnitt, eine individuelle nichtlineare Spannungs-Dehnungslinie zugeordnet. Falls der Streifen innerhalb einer Schweißnaht liegt, erhält er die Spannungs-Dehnungs-Beziehung des geschweißten Materials, liegt er ein wenig von der Schweißnaht entfernt in der Wärmeeinflußzone (WEZ), so wird ihm seine entsprechende Spannungs-Dehnungs-Linie zugeordnet.

Das Bild A-1 zeigt einen I-Querschnitt mit Halskehlnähten, dessen Flansche jeweils in 40 Streifen und dessen Steg in 88 Streifen eingeteilt sind. Je nach Abstand der Streifen von den Schweißnähten zwischen den Flanschen und dem Steg werden ihnen

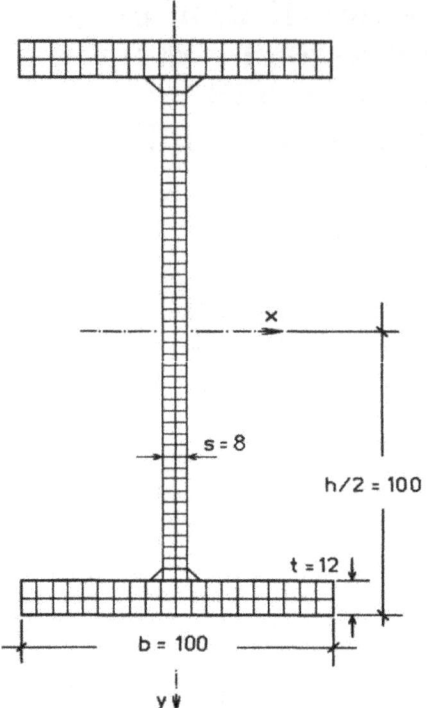

Bild A-1
Anordnung der finiten Streifen im Querschnitt

Zahlen von 2 bis 8 zugeordnet. Die Zahl 1 steht für gesundes Grundmaterial, die Zahl 8 für Schweißgut, die Zahlen 2 bis 7 werden für die verschiedenen Materialien in der WEZ benutzt, die niedrigere Zahl hat das bessere Spannungs-Dehnungs-Diagramm.

Falls das Spannungs-Dehnungs-Diagramm eines jeden Streifens bekannt ist, kann in jedem Streifen auch die zu der in ihr befindlichen Dehnung gehörende Spannung berechnet werden. Nach dem Bernoulli-Gesetz, bleibt der Querschnitt auch nach einer Biegedeformation um eine Achse x-x eine Ebene, daraus ergibt sich bei einem linearen Spannungs-Dehnungs-Gesetz auch eine geradlinige Spannungsverteilung, jedoch nichtlineare Spannungs-Dehnungs-Gesetze produzieren natürlich auch nichtlineare Spannungsverteilungen in Biegequerschnitten, wie das bei Aluminium der Fall ist.

A.2 Spannungs-Dehnungs-Diagramme für nicht geschweißten und geschweißten Aluminum-Werkstoff AlMgSi 1 (6062)

Um Spannungs-Dehnungs-Diagramme für nicht geschweißten und geschweißten Aluminum-Werkstoff AlMgSi 1 (6062) aufzufinden, wurde ein umfangreiches experimentelles DFG-Programm durchgeführt. Bleche mit einer Länge von 2.000 mm, einer Breite von 153 mm und einer Dicke von 8 bzw. 12 mm wurden in der Mitte längs mit einer V-Naht zusammengeschweißt. Das gesamte Blech wurde dann in 200 mm lange Abschnitte aufgeteilt, wie aus Bild A-2 hervorgeht. Von diesen Ab-

A.2 Spannungs-Dehnungs-Diagramme 147

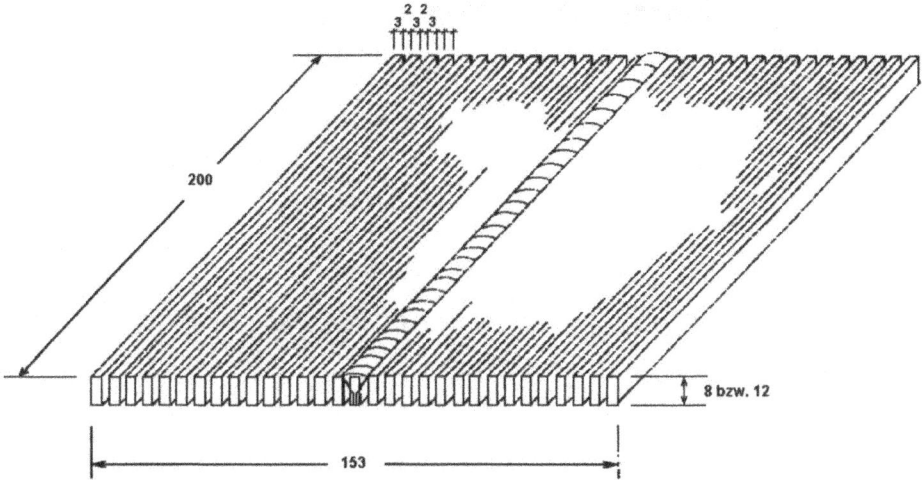

Bild A-2
Längsabschnitt des geschweißten Aluminium-Bleches, Länge: 200,
mit den ausgetrennten Streifen für die Zugversuche

schnitten wurden parallel zur Naht für Zugversuche Prüfstäbe herausgearbeitet, die in einem Abstand von 5 mm, 10 mm, 15 mm, 20 mm, 25 mm und 30 mm zur Naht lagen. Die Bezeichnung erfolgte so, daß der Streifen der Naht selbst die Bezeichnung M8 erhielt, die nächsten Streifen links und rechts davon die Bezeichnung M7 und so weiter erhielten, bis die Streifen mit einem Abstand von 35 mm als Gundmaterial mit M1 bezeichnet wurden. Es wurden insgesamt 450 Zugversuche mit Feindehnungsmeßinstrumenten ausgeführt, dies erlaubte, die Materialgesetze M1 bis M8 für alle Bereiche von der Naht über die WEZ bis in das Grundmaterial auf einer statistischen Basis zu berechnen. Die Messungen fanden bis zu einer Dehnung von 6% statt, dann wurden die Meßinstrumente abgebaut. Die Bilder A-3 a bis f zeigen die Ergebnisse bis zu Dehnungen von 0,6%, die Bilder A-4 a bis f die Ergebnisse bis zu 6% Dehnung.

Die Diagramme zeigen die Mittelwerte, die Konfidenzintervalle, die 5%- und die 95%-Quantile und die mathematischen Verläufe entsprechend dem Ramberg-Osgood-Gesetz.

Die Untersuchungen wurden angestellt, um diejenigen Paramer für die Ramberg-Osgood-Gesetze aufzufinden, die die Versuchswerte am besten anpassen. Die wichtigsten herausgefundenen Werte, nämlich der E-Modul und die 0,2-Grenze $f_{0,2}$, sind in der Tabelle A-1 niedergelegt.

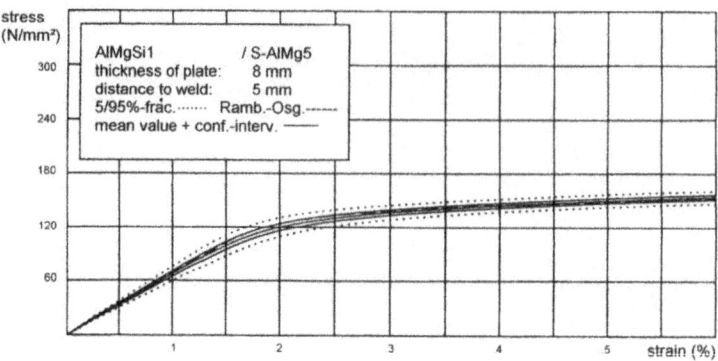

a) Prüfstäbe mit 5 mm Abstand zur Nahtmitte

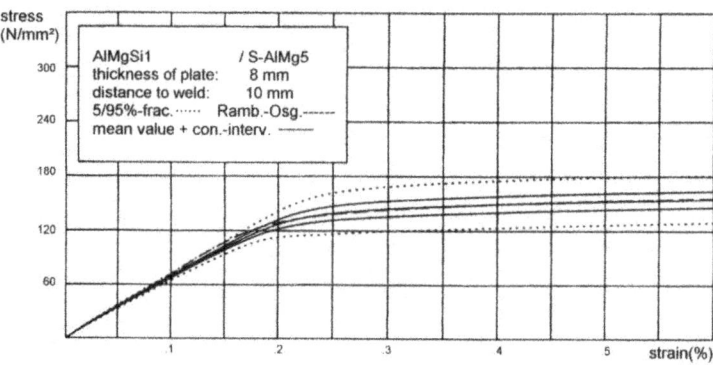

b) Prüfstäbe mit 10 mm Abstand zur Nahtmitte

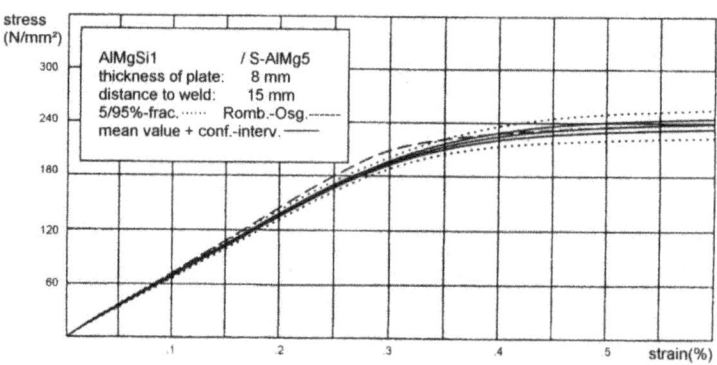

c) Prüfstäbe mit 15 mm Abstand zur Nahtmitte

Bilder A-3 a-f
Spannungs-Dehnungs-Verläufe der ausgetrennten Streifen mit den bezeichneten Abständen zur Nahtmitte bis zu einer Dehnung von 0,6%.
Statistische Auswertung, Mittelwert, Konfidenzintervall, 5%- and 95%-Quantile, Ramberg-Osgood-Gesetz mit den Materialdaten der Tabelle A-1

A.2 Spannungs-Dehnungs-Diagramme

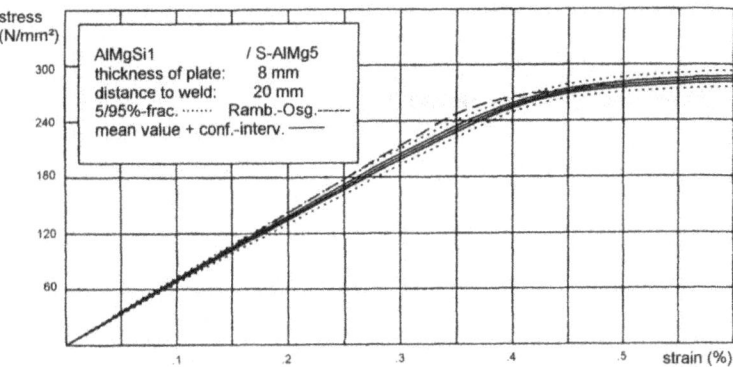

d) Prüfstäbe mit 20 mm Abstand zur Nahtmitte

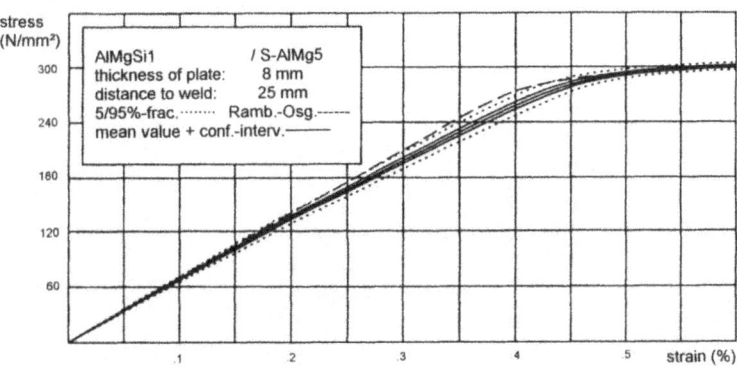

e) Prüfstäbe mit 25 mm Abstand zur Nahtmitte

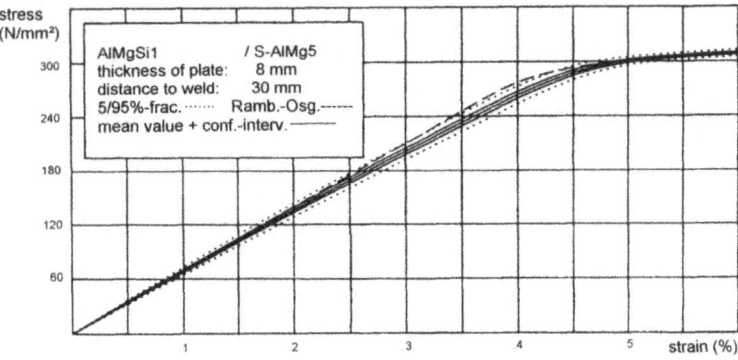

f) Prüfstäbe mit 30 mm Abstand zur Nahtmitte

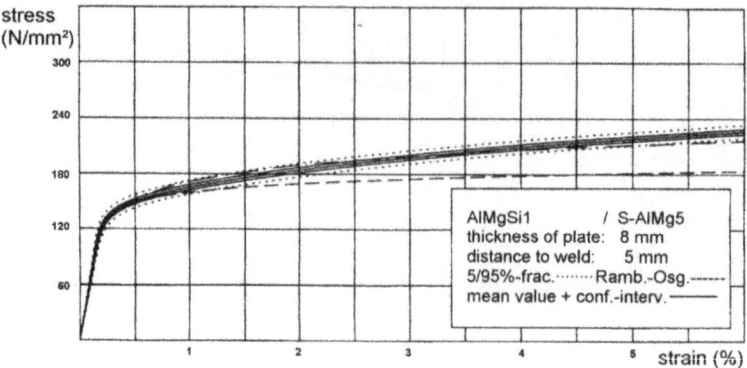

a) Prüfstäbe mit 5 mm Abstand zur Nahtmitte

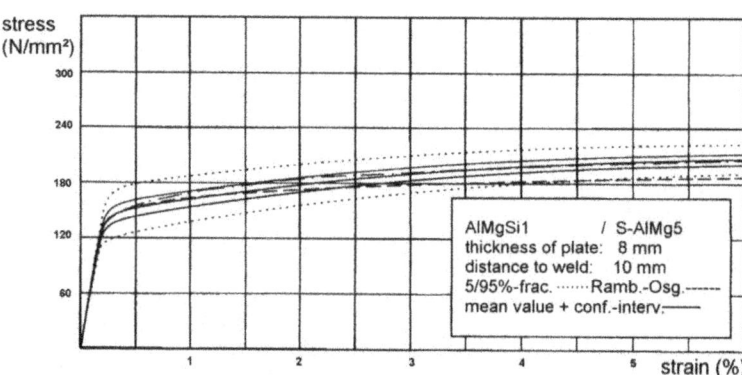

b) Prüfstäbe mit 10 mm Abstand zur Nahtmitte

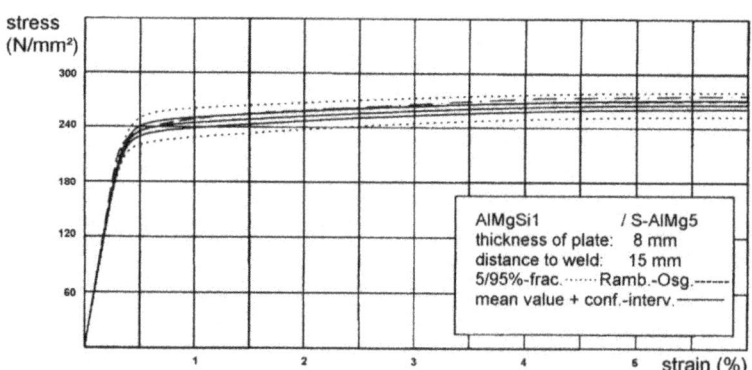

c) Prüfstäbe mit 15 mm Abstand zur Nahtmitte

Bilder A-4 a bis f
Spannungs-Dehnungs-Verläufe der ausgetrennten Streifen mit den bezeichneten Abständen zur Nahtmitte bis zu einer Dehnung von 6%.
Statistische Auswertung, Mittelwert, Konfidenzintervall, 5%- and 95%-Quantile, Ramberg-Osgood-Gesetz mit den Materialdaten der Tabelle A-1

A.2 Spannungs-Dehnungs-Diagramme

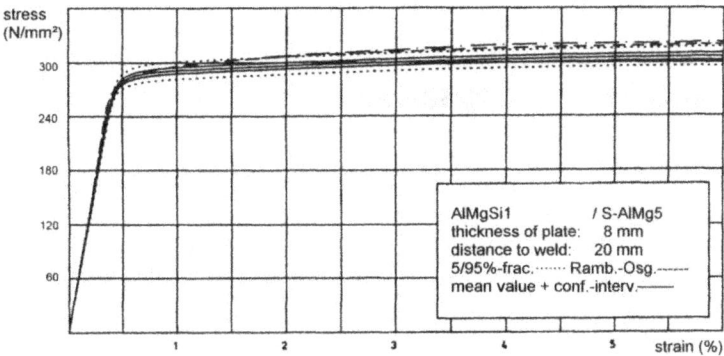

d) Prüfstäbe mit 20 mm Abstand zur Nahtmitte

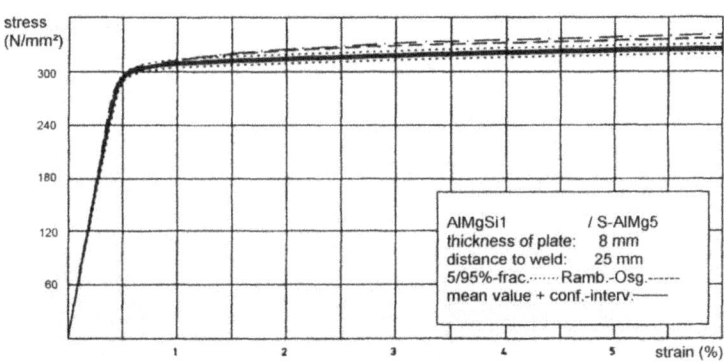

e) Prüfstäbe mit 25 mm Abstand zur Nahtmitte

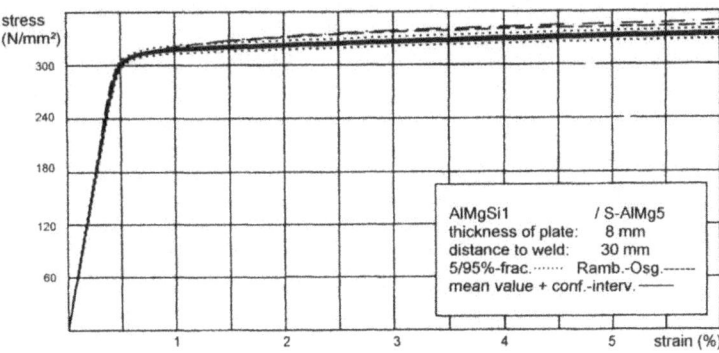

f) Prüfstäbe mit 30 mm Abstand zur Nahtmitte

Tabelle A-1
Mechanische Kennwerte für nicht geschweißte und geschweißte Aluminium-Werkstoffe mit den Materrialnummern M1 bis M8 aus 450 Zugversuchen [1, 6]

Nr.	Material-Gesetz:	M1	M2	M3	M4	M5	M6	M7	M8
1	Abstand zur Nahtmitte in mm:	35–50	30	25	20	15	10	5	0
2	$\beta_{0,2}$ in N/mm²	314,1	311,9	303,3	284,8	238,8	150,8	147,4	125,1
3	E-Modul in N/mm²	71145	69618	70616	70982	71110	71448	69307	67057
4	ε_{gr} in ‰ (exakt)	64,15	64,80	62,95	60,12	53,58	41,11	41,27	38,66
5	σ_{max} in N/mm²	337,9	336,0	326,5	307,0	268,4	180,0	205,0	186,0
6	ε_{max} in ‰	60	60	60	60	60	35	35	35
7	n	48,24	44,57	45,06	44,32	38,55	15,75	8,41	7,01
8	n*	–	–	–	–	–	13,2	6,05	4,71

Werte bezogen auf das Material-Gesetz M1:

Nr.	Abstand zur Nahtmitte in mm:	35	30	25	20	15	10	5	0
9	für $\beta_{0,2}$	1	0,993	0,966	0,907	0,760	0,480	0,469	0,398
10	für E-Modul	1	0,979	0,993	0,998	1,000	1,004	0,974	0,943

Bild A-5 zeigt Ergebnisse aus Härteversuchen in der Blechmittelebene über den interessierenden Querschnittsbereich. Der rapide Abfall im Nahtbereich deckt sich mit den Ergebnissen aus den Zugversuchen. Der Vergleich dieser Ergebnisse mit denjenigen anderer Forscher zeigt eine sehr gute Übereinstimmung.

A.3 Momenten-Krümmungs-Beziehungen von nichtgeschweißten und geschweißten Aluminium-Querschnitten

Wenn man einem untenstehenden Biegequerschnitt eine Krümmung aufzwingt, wird jeder Streifen in Abhängigkeit seines Abstandes zur neutralen Faser mit einer bestimmten linear verteilten Dehnung belegt. Eine Veränderung der Krümmung verändert entsprechend die Dehnung in den Streifen. Zugehörig zur Dehnung eines jeden Streifens kann nun entsprechend seinem Abstand zur Schweißnaht, d. h. entsprechend seinem individuellen Materialgesetz M1 bis M8, die Spannung ermittelt werden. Wird diese Spannung mit dem Querschnitt des Streifens und mit dem Abstand zur neutralen Faser multipliziert, so erhält man den Beitrag eines jeden Streifens zum inneren Moment des Querschnitts. Die Integration liefert das Gesamtbiegemoment.

A.3 Momenten-Krümmungs-Beziehungen

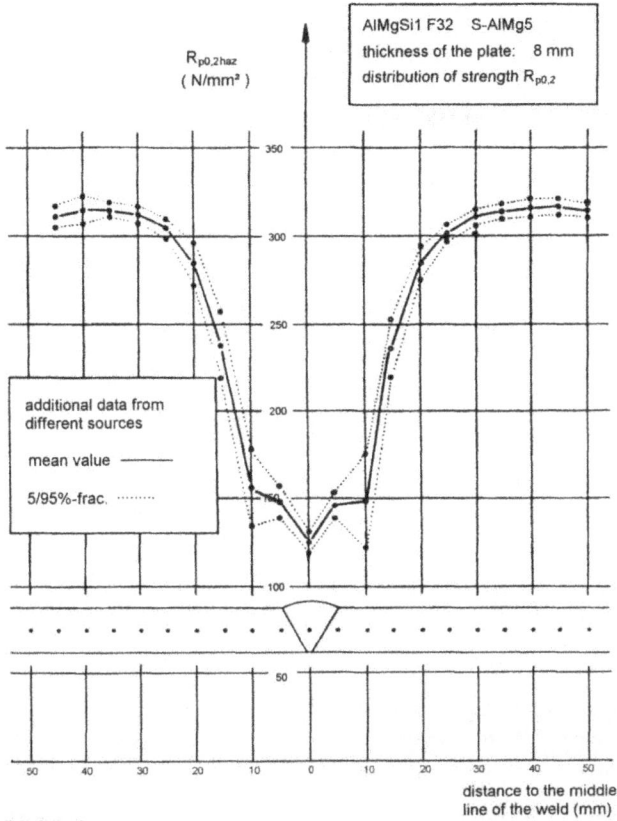

Bild A-5
Ergebnisse aus Härtemessungen in der Blechmittelebene entlang des interessierenden Querschnittsbereichs mit Versuchspunkten im Abstand von 5 + 5 + ... mm von der Nahtmitte

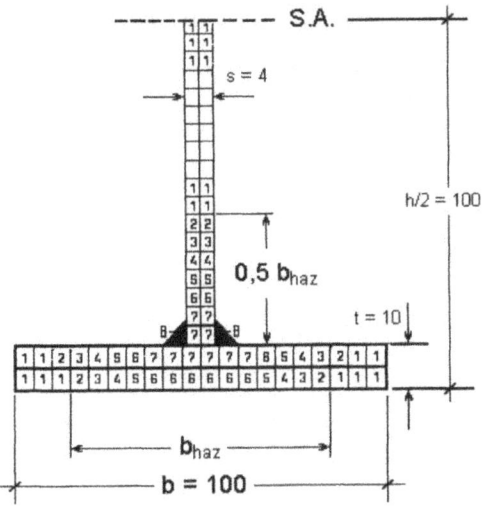

Bild A-6
Hälfte eines I-Querschnitts mit Halskehlnähten, Zuordnung der Material-Gesetze M1 bis M8 zu den einzelnen Streifen in Abhängigkeit vom Abstand zur Schweißnaht

Bild A-7a zeigt noch mal die Spannungs-Dehnungs-Beziehungen für Grundmaterial (M1), für WEZ-Material (M2 bis M7) und für die Naht selbst (M8). Wendet man diese Material-Gesetze auf Querschnitte aus M1 bis M8 in der vorbeschriebenen Weise an, so ergeben sich die Momenten-Krümmungs-Beziehungen für Querschnitte aus M1 bis M8 (siehe Bild A-7b).

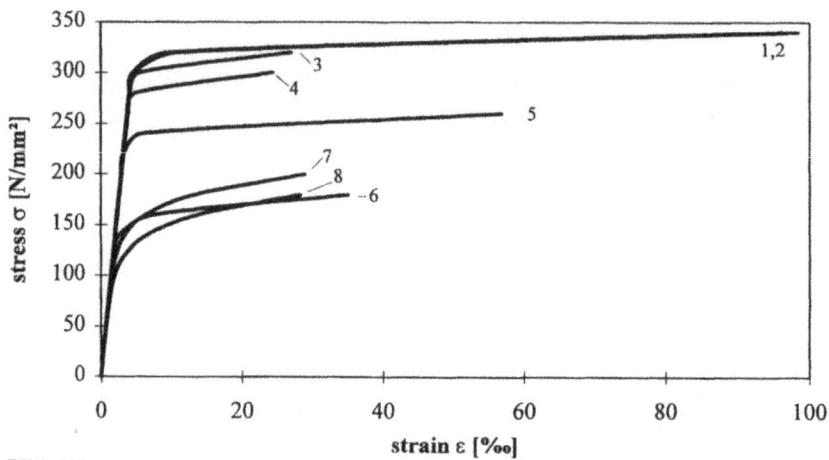

Bild A-7a
Mittlere Spannungs-Dehnungs-Beziehungen für Grundmaterial (M1),
für WEZ-Material (M2 bis M7) und für WEZ-Material (M8)

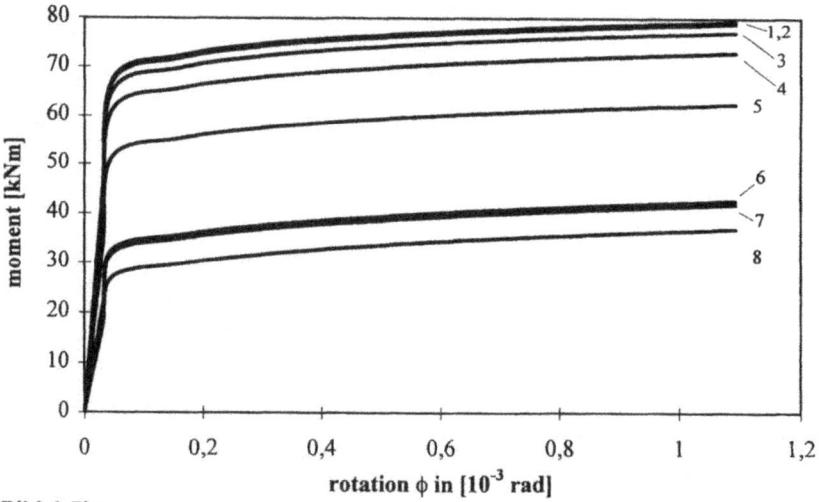

Bild A-7b
Momenten-Krümmungs-Beziehungen für Querschnitte aus Grundmaterial (M1),
für WEZ-Material (M2 bis M7) und für Nahtmaterial (M8)

A.4 Einfaches plastisches Moment M_{pl}, elastisches Moment M_{el} und Momente, die sich infolge Durchbiegungsbeschränkungen und Dehnungsbegrenzungen ergeben

Mazzolani hat in vielen Veröffentlichungen gezeigt, daß die maximale Dehnungen bei Aluminium-Querschnitten auf Werte um 5 $\varepsilon_{0,2}$ bis 10 $\varepsilon_{0,2}$ begrenzt werden müssen, da nicht geschweißtes und geschweißtes Aluminium nur eine begrenzte Bruchdehnung besitzen. $\varepsilon_{0,2}$ ergibt sich dabei aus

$$\varepsilon_{0,2} = \frac{f_{0,2}}{E}$$

Die folgende Parameter-Studie enthält einfach gelagerte Träger von drei verschiedenen Spannweiten:

1. L = 4,0 m
2. L = 3,0 m
3. L = 2,50 m

Die Parameter-Studie enthält ferner:

a) Profile ohne Schweißnähte
b) Profile mit Halskehlnähten
c) Träger, deren Querschnitt in der Mitte vollständig geschweißt ist
d) Träger, deren Querschnitt bei x = L/4 vollständig geschweißt ist

Bild A-8 zeigt die Ergebnisse für Träger ohne Schweißnähte und mit Halskehlnähten für die drei Spannweiten, das Bild A-9 zeigt die entsprechenden Ergebnisse für Träger mit Quernähten in x = L/2 und in x = L/4 ebenso für die drei Spannweiten. In den Bildern ist der Momentenverlauf über die Trägerlänge dargestellt.

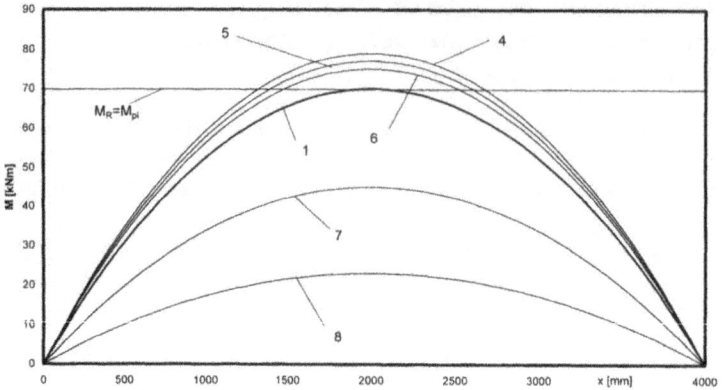
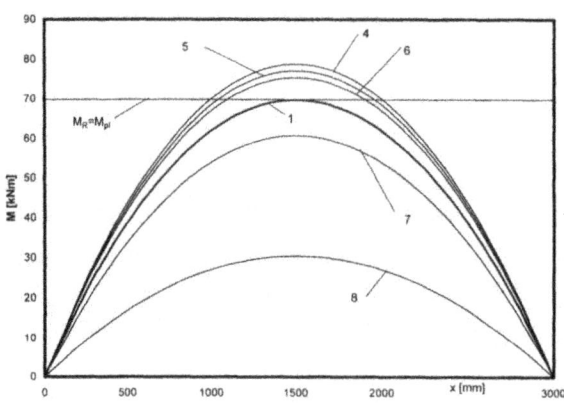
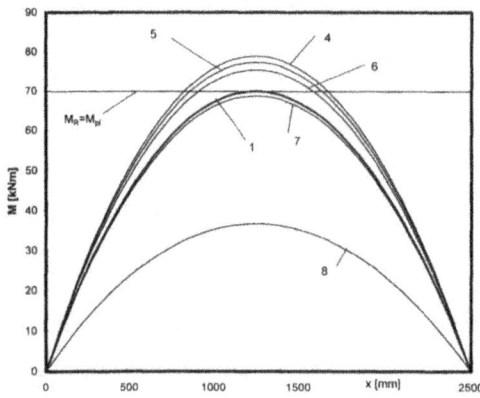

Bild A-8
Momentenverlauf eines Aluminium-Profils ohne und mit Halsnähten unter Gleichstreckenlast mit Einhaltung der Bedingungen nach Tabelle A-2

A.4 Momente infolge Durchbiegungsbeschränkungen und Dehnungsbegrenzungen

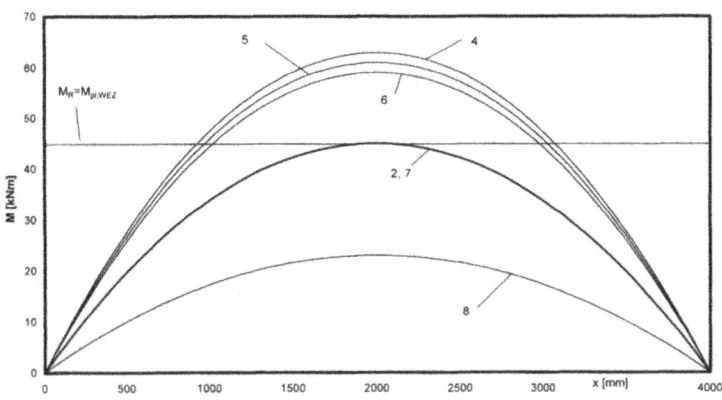

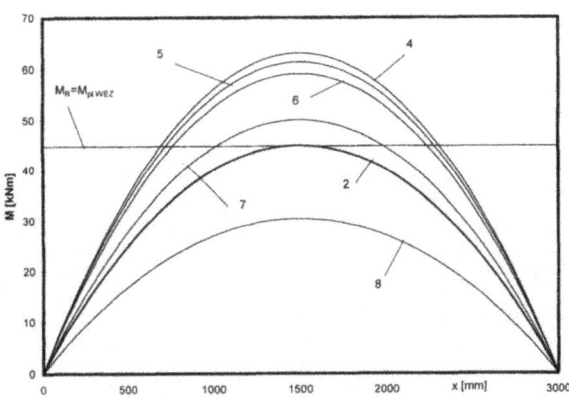

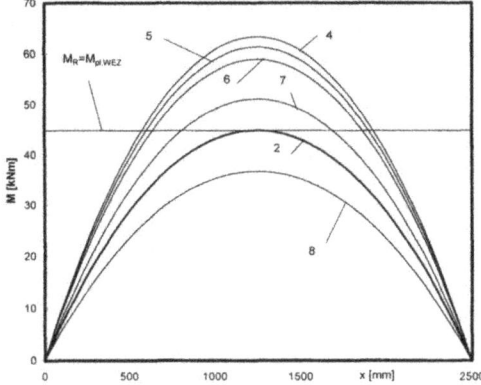

Bild A-8 (Fortsetzung)

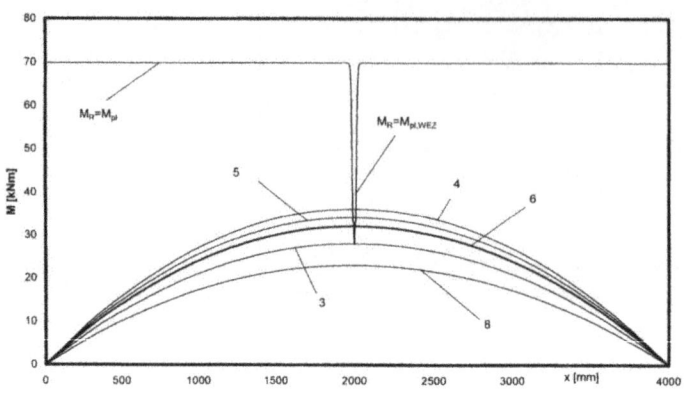

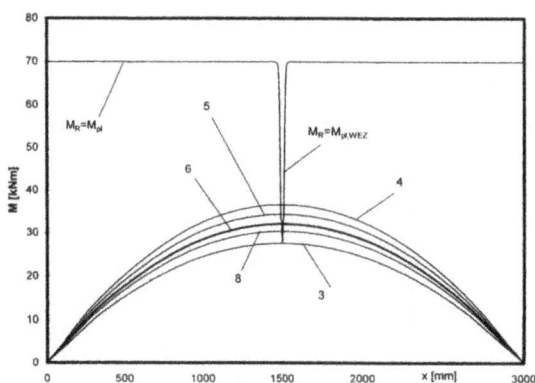

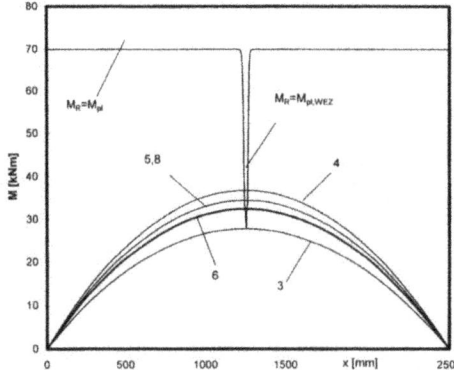

Bild A-9
M-Verlauf eines Aluminium-Profils mit Quernähten in $x = L/2$ und in $x = L/4$ unter Gleichstreckenlast mit Einhaltung der Bedingungen nach Tabelle A-2

A.4 Momente infolge Durchbiegungsbeschränkungen und Dehnungsbegrenzungen

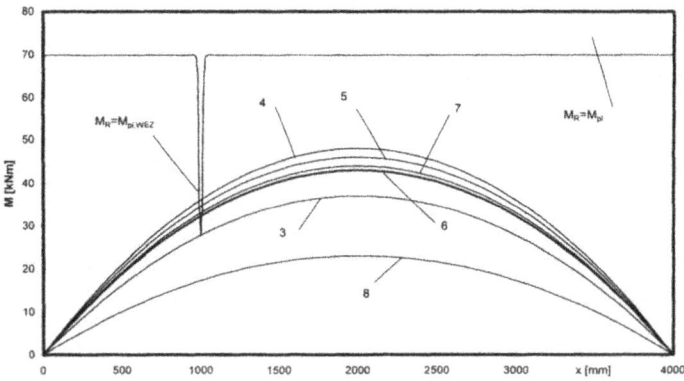

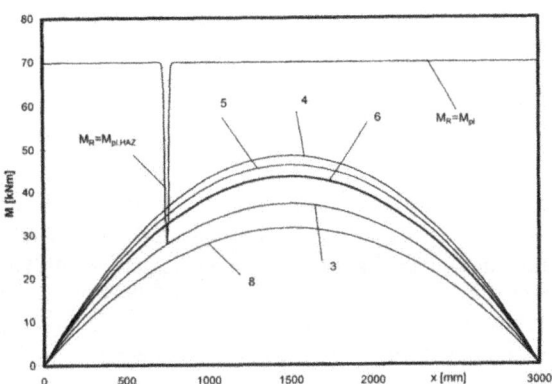

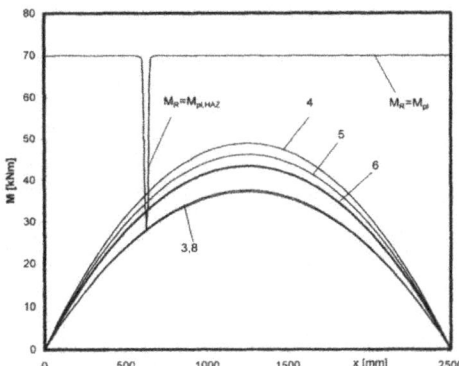

Bild A-9 (Fortsetzung)

Die Numerierung der Kurven entspricht der Bezeichnung der Gleichstreckenlasten in der Tabelle A-2. Im einzelnen gilt folgendes:

1. Die Kurve 1 berührt das plastische Moment M_{pl} des nicht geschweißten Querschnitts.
2. Die Kurve 2 berührt das plastische Moment $M_{pl,\,WEZ}$ des Trägers mit Halskehlnähten.
3. Die Kurve 3 berührt das niedrige plastische Moment $M_{pl,\,WEZ}$ des Trägers mit Quernaht in $x = L/2$ bzw. $x = L/4$.
4. Die Gleichstreckenlast und das zugehörige Biegemoment ergeben in keiner Faser eine größere Dehnung als 20 $\varepsilon_{0,2}$. bzw 20 $\varepsilon_{0,2,\,WEZ}$, je nachdem welche maßgebend ist
5. Die Gleichstreckenlast und das zugehörige Biegemoment ergeben in keiner Faser eine größere Dehnung als 10 $\varepsilon_{0,2}$. bzw 10 $\varepsilon_{0,2,\,WEZ}$, je nachdem welche maßgebend ist.
6. Die Gleichstreckenlast und das zugehörige Biegemoment ergeben in keiner Faser eine größere Dehnung als 5 $\varepsilon_{0,2}$. bzw 5 $\varepsilon_{0,2,\,WEZ}$, je nachdem welche maßgebend ist.
7. Die Gleichstreckenlast und das zugehörige Biegemoment ergeben eine Grenzdurchbiegung von L/75.
8. Die Gleichstreckenlast und das zugehörige Biegemoment ergeben eine Grenzdurchbiegung von L/150.

Tabelle A-2
Werte der Gleichstreckenbelastung q in kN/m für nicht geschweißte und geschweißte Aluminium-Träger mit Tragfähigkeitsbeschränkungen durch Erreichen der Festigkeitsgrenze, durch Erreichen von Grenzdehnungen in der äußeren Faser oder durch Erreichen von Grenzdurchbiegungen

Länge [m]	Ort der Schweißnaht	Gleichstreckenbelastung q in kN/m in Abhängigkeit von Beschränkungen							
		1	2	3	4	5	6	7	8
					max ε <			f =	F =
		Längsnaht/Quernaht			$20\varepsilon_{0.2,\,i}$	$10\varepsilon_{0.2,\,i}$	$5\varepsilon_{0.2,\,i}$	L/75	L/150
4,0	Ohne Naht	35,0	–	–	39,5	38,5	37,5	22,5	11,5
	Längsnaht	–	22,5	–	31,5	30,5	29,5	22,5	11,5
	$x = L/2$	–	–	14,0	18,0	17,0	16,0	–	11,5
	$x = L/4$	–	–	18,5	24,0	23,0	21,5	22,0	11,5
3,0	Ohne Naht	62,0	–	–	70,0	68,5	67,0	54,0	27,0
	Längsnaht	–	40,0	–	56,0	54,5	52,5	44,5	27,0
	$x = L/2$	–	–	24,5	32,5	30,5	28,5	–	27,0
	$x = L/4$	–	–	33,0	43,0	41,0	38,5	–	28,0
2,5	Ohne Naht	89,5	–	–	101,0	99,0	96,5	88,0	47,0
	Längsnaht	–	57,5	–	81,0	78,5	75,5	65,5	47,0
	$x = L/2$	–	–	35,5	47,0	44,0	41,5	–	44,0
	$x = L/4$	–	–	47,5	62,5	59,0	55,5	–	48,0

Falls eine Beschränkung auf eine Grenzdehnung von 20 $\varepsilon_{0,2}$ oder 10 $\varepsilon_{0,2}$ oder 5 $\varepsilon_{0,2}$ gefordert wird, muß dieser Wert in jeder Faser erreicht werden, auch in Fasern, die in WEZ-Bereichen oder in Schweißnähten liegen, da deren Bruchdehnung niedriger sein kann als im Grundwerkstoff. Die Forderung lautet also für die WEZ: Beschränkung auf die Werte $20\varepsilon_{0,2,\text{WEZ}}$ oder $10\ \varepsilon_{0,2,\text{WEZ}}$ oder $5\ \varepsilon_{0,2,\text{WEZ}}$.

Aus Bild A-8 kann man sehen, daß es immer das einfache plastische Moment M_{pl} ist, das bei nicht geschweißten und bei geschweißten Trägern die Tragfähigkeit begrenzt. Falls Durchbiegungsbeschränkungen von L/75 oder L/150 einzuhalten sind, sind bei Trägern ohne Schweißnähte immer diese Forderungen maßgebend, in Trägern mit Längsnähten wird diese Beschränkung immer bei großen Spannweiten maßgebend, eine solche Beschränkung auf L/150 ist auch immer bei Trägern mit kurzen Spannweiten maßgebend.

Das Bild A-9 zeigt, daß bei Trägern mit Quernähten meistens das plastische Moment der Quernaht bzw. der WEZ $M_{pl,\text{WEZ}}$ die Tragfähigkeit begrenzt. Nur bei langen Spannweiten wird die Durchbiegungsbeschränkung L/150 maßgebend.

A.5 Schlußfolgerungen

Bei Trägern ohne Schweißnaht, mit Längsschweißnähten oder mit durchgehenden Quernähten ist, wenn die Tragfähigkeit angesprochen ist, immer das einfach plastische Moment als Grenzwert ausreichend. Es ist nicht erforderlich, eine Fasergrenzdehnung von 5 $\varepsilon_{0,2}$ oder mehr einzuführen.

Bei Durchbiegungsbeschränkungen auf L/150 wird diese Forderung immer vor dem Erreichen von Tragfähigkeitsgrenzen maßgebend.

Diese Ergebnisse wurden für einen dargestellten I-Querschnitt erhalten. Für eine Verallgemeinerung müssen die Untersuchungen auf mehr Profile und mehr Profiltypen ausgedehnt werden.

Literaturverzeichnis

[1] Bulson, P. S.: Aluminium Structure Analysis – Recent European Advances, daraus Mazzolani, F. M. und G. Valtinat: Bars, Beams and Beam-columns. Seiten 35–192. Elsevier Applied Science, London und New York 1992 (dort weitere Literatur).

[2] ENV 1999-1-1 (Eurocode 9): Design of Aluminium Structures – General Rules – General Rules and Rules for Buildings. April 1997.
ENV 1999-1-2 (Eurocode 9): Design of Aluminium Structures – General Rules – Structural Fire Design. April 1997.
ENV 1999-2 (Eurocode 9): Design of Aluminium Structures – Structures susceptible to fatigue. April 1997.

[3] DIN 4113, Teil 1, Ausgabe Mai 1980: Aluminiumkonstruktionen unter vorwiegend ruhender Belastung – Berechnung und bauliche Durchbildung.

[4] E-DIN 4113, Teil 2, Ausgabe März 1993: Aluminiumkonstruktionen unter vorwiegend ruhender Belastung – Berechnung, bauliche Durchbildung und Herstellung geschweißter Aluminiumkonstruktionen.

[5] Steinhardt, O.: Aluminium im Konstruktiven Ingenieurbau (Aluminium Constructions in Civil Engineering). Aluminium 47, 1971, 131-9, 254-61.

[6] Dangelmaier, P.: Traglastberechnung geschweißter räumlich belasteter Stäbe aus Aluminium. Dissertation, Universität Karlsruhe, Karlsruhe 1985.

[7] British Standard BS 8118: Part 1: 1991 Structural Use of Aluminium – Part 1: Code of Practise for Design.
British Standard BS 8118: Part 2: 1991 Structural Use of Aluminium – Part 2: Specification for Materials, Workmanship and Protections.

[8] Riman, R.: Theoretische und experimentelle Traglast-Untersuchungen an Aluminium-Druckstäben mit Quernähten. Universität Karlsruhe, Dissertation Karlsruhe 1986. Veröffentlicht als Fortschrittsberichte VDI, Reihe 4: Bauingenieurwesen Nr. 75. Düsseldorf 1986.

[9] European Recommendations for Aluminium Alloy Structures. First edition. Europäische Konvention for Stahlbau, Komitee T 2 „Aluminium Alloy Structures". Brüssel 1978.

[10] NA-Bau-Arbeitsausschuß „Sicherheit von Bauwerken": Grundlagen zur Festlegung von Sicherheitsanforderungen für bauliche Auflagen (1. Auflage 1981).

[11] Steck, G: Die Zuverlässigkeit des Vollholzbalkens unter reiner Biegung. Dissertation Universität Karlsruhe, Karlsruhe 1981.

[12] DIN ENV 1991-1 (Eurocode 1): Grundlagen von Entwurf, Berechnung und Bemessung sowie Einwirkungen auf Tragwerke – Teil 1: Grundlagen der Tragwerksplanung.
ENV 1991-2-1 (Eurocode 1): Grundlagen von Entwurf, Berechnung und Bemessung sowie Einwirkungen auf Tragwerke – Teil 2.1: Einwirkungen auf Tragwerke, Raumgewichte, Eigenlasten und Nutzlasten.
ENV 1991-2-2 (Eurocode 1): Grundlagen von Entwurf, Berechnung und Bemessung sowie Einwirkungen auf Tragwerke – Teil 2.2: Einwirkungen auf Tragwerke, Brandeinwirkungen.
ENV 1991-2-3 (Eurocode 1): Grundlagen von Entwurf, Berechnung und Bemessung sowie Einwirkungen auf Tragwerke – Teil 2.3: Einwirkungen auf Tragwerke, Schneelasten.
ENV 1991-2-4 (Eurocode 1): Grundlagen von Entwurf, Berechnung und Bemessung sowie Einwirkungen auf Tragwerke – Teil 2.4: Einwirkungen auf Tragwerke, Windlasten.
ENV 1991-2-5 (Eurocode 1) Grundlagen von Entwurf, Berechnung und Bemessung sowie Einwirkungen auf Tragwerke – Teil 2.5: Einwirkungen auf Tragwerke, Temperatureinwirkungen.
ENV 1991-2-6 (Eurocode 1) Grundlagen von Entwurf, Berechnung und Bemessung sowie Einwirkungen auf Tragwerke – Teil 2.6: Einwirkungen und Verformungen während der Ausführung

ENV 1991-2-7 (Eurocode 1) Grundlagen von Entwurf, Berechnung und Bemessung sowie Einwirkungen auf Tragwerke – Teil 2.7: Einwirkungen auf Tragwerke, Außergewöhnliche Einwirkungen.

ENV 1991-3 (Eurocode 1) Grundlagen von Entwurf, Berechnung und Bemessung sowie Einwirkungen auf Tragwerke – Teil 3: Einwirkungen auf Tragwerke, Verkehrslasten auf Brücken.

ENV 1991-4 (Eurocode 1) Grundlagen von Entwurf, Berechnung und Bemessung sowie Einwirkungen auf Tragwerke – Teil 4: Einwirkungen auf Tragwerke, Lasten in Silos und Flüssigkeitsbehälter.

[13] ENV 1993-1-1 (Eurocode 3): Bemessung und Konstruktion von Stahlbauten. – Teil 1.1: Allgemeine Bemessungsregeln, Bemessungsregeln für den Hochbau. April 1992.

[14] Mazzolani, F. M.: Aluminium Alloy Structures. Boston–London–Melbourne 1985 (dort weitere Literatur).

[15] Valtinat, G.; Dangelmaier, P.: Zur plastischen Tragfähigkeit kompakter Aluminiumquerschnitte. Aluminium, Jahrgang 1965 (1989).

[16] Valtinat, G.; Dangelmaier, P.: Improved plastic hinge method for non-welded and welded aluminium members in bending. Proc. Third International Conference on Aluminium Weldments, München 1985; Herausgeber: Prof. Dr.-Ing. D. Kosteas und Aluminium-Zentrale Düsseldorf, Aluminium-Verlag, Düsseldorf 1985.

[17] Mazzolani, F. M.; De Martino, A.; Cappelli, M.: Ultimate bending moment evaluation for aluminium alloy members: a comparison among different definitions. Aluminium structures, edited by R. Narayanan, Elsevier Applied Science, 1987.

[18] Mazzolani, F. M.; Cappelli, M.; Spasiano, G.: Plastic analysis of aluminium alloy members in bending. Aluminium (1985) 10, S. 734/41.

[19] Becker, S.: Tragverhalten biegebeanspruchter Stahl- und Aluminiumstäbe mit Rechteckquerschnitt im elasto-plastischen Bereich. Dissertation Universität Karlsruhe 1988.

[20] Mazzolani, F. M.; De Martino, A.; Faella, C.: Inelastic behaviour of aluminium double-T welded beams. Proc. Third International Conference on Aluminium Weldments, München 1985; Herausgeber: Prof. Dr.-Ing. D. Kosteas und Aluminium-Zentrale Düsseldorf, Aluminium-Verlag, Düsseldorf 1985.

[21] Peköz, T.: Workshop on New Developments, Research and Standardization for Aluminium Structures in Europe and in the United States of America. Workshop on October 13/14, 1997 at Cornell University in Ithaca/USA mit Beiträgen von Baehre, Benson, Green, Hinkle, Höglund, Hopperstad, Kissell, Kosteas, Kvale, Larson, Malloy, Mazzolani, Meyburg, Nethercot, Peköz, Schafer, Soetens/van Hoeve, Valtinat, Walker, Zfira. (im Druck).

[22] Aluminium Design Manual – Specifications & Guidelines for Aluminium Structures. Washington 1994.

[23] Mazzolani, F. M.; Piluso, V.: Prediction of the Rotation Capacity of Aluminium Alloy Beams. Bericht des Department of Structural Analysis and Design, University of Naples, Italy, and Department of Civil Engineering, University of Salerno, Italy.

[24] Mazzolani, F. M.; Faella, C.; Piluso, V.; Rizzano, G.: Experimental Analysis of Aluminium Alloy SHS-Members subjected to local buckling under uniform Compression. Bericht des Department of Structural Analysis and Design, University of Naples, Italy, and the Department of Civil Engineering, University of Salerno, Italy.

[25] Rondal, J.; Dubina, D.; Gioncu, V.: Assessment of the Stub Column Test for Aluminium Alloys. Coupled Instabilities in Metal Structures CIMS '96. Liège, Belgium 1996.

[26] Mazzolani, F. M. and Piluso, V.: Numerical Simulation of Aluminium Stocky Hollow Members under Uniform Compression. Bericht des Department of Structural Analysis and Design, University of Naples, Italy, and Department of Civil Engineering, University of Salerno, Italy.

[27] Mandara, A.; Mazzolani, F. M.: Behavioural Aspects and Ductility Demand of Aluminium Alloy Structures. Bericht der University of Naples „Federico II", Engineering Faculty.

[28] Landolfo, R.; Mazzolani, F. M.: Different Approaches in the Design of Slender Aluminium Alloy Sections. 3rd International Conference on Steel and Aluminium Structures, Istanbul, May 24–26, 1995.

[29] Landolfo, R.; Mazzolani, F. M.: Proposal of Design Curves for Slender Aluminium Alloy Sections. CEN-TC 250/SC9 Document, June 1996.
[30] Mazzolani, F. M.; Landolfo, R.; de Matteis, G.: Influence of Welding on Stability of Aluminium Thin Plates, 5th International Colloquium on Stability and Ductility of Steel Structures, Nagoya, Juli 29-31, 1997.
[31] Mazzolani, F. M.; de Matteis, G.; Mandara, A.: Classification System for Aluminium Alloy Connections. Bericht des Department of Structural Analysis and Design, University of Naples „Federico II", Naples, Italy.
[32] Mazzolani, F. M; de Matteis, G.; Mandara, A.: A Proposal of Extension of EC3-Annex J to Aluminium Alloy Connections, Bericht des Department of Strucutral Analysis and Design, University of Naples „Federico II", Italy and Department of Civil Engineering Second University of Naples, Italy. COST Project C1 „Semi Rigid Behaviour", 1996.
[33] Bruzzese, E.; de Martino, A.; Mandara, A.; Mazzolani, F. M.: Aluminium-Concrete Systems: Behavioural Parameters. International Conference on Steel and Aluminium Structures ICSAS 91, Singapore, 22-24 May 1991.
[34] Eberwien, U.; Valtinat. G.: Bending Moment and Curvature of Aluminium Cross Sections Symmetrical to the Bending Axis beyond the Elastic Range. Theorie und Praxis im Konstruktiven Ingenieurbau. S. 593-598, 2000.
[35] Aluminium-Merkblätter, Gruppen A (Architektur), B (Bearbeiten), E (Elektrotechnik), O (Oberfläche), V (Verbinden) und W (Werkstoff). Aluminium-Zentrale e. V., Düsseldorf
[36] Valtinat, G.: Untersuchungen zur Festlegung zulässiger Spannungen und Kräfte bei Niet-, Bolzen- und HV-Verbindungen aus Aluminium-Legierungen. Aluminium 47 (1971), S. 735-740.
[37] Ringbuch des DStV/DASt, Abschnitt Biegesteife Stirmplattenanschlüsse mit hochfesten vorgespannten Schrauben.
[38] Valtinat, G.: Schraubenverbindungen. Im Stahlbau-Handbuch, Band 1, Teil A, Köln 1993.
[39] Valtinat, G.; Karaman, S. G.; Petersen, S.: Bolted Connections of Aluminium Members with Steel Members. Vortrag bei der 8th INALCO International Conference on Aluminium Joints. 28. bis 30. März 2001, München.
[40] Soetens, F.: Schweißverbindungen bei Aluminium-Konstruktionen. Vorlesung an der Technischen Universität Hamburg-Harburg und Vorlesungsmanuskript, 1999.
[41] TALAT Zusammenstellung von Lernstoff für Konstruktive Ingenieure mit dem Fachgebiet Aluminiumbau. Aluminium-Verlag, Düsseldorf 1996.
[42] Gitter, R.: Vom Bolzen zum Profil – eine Einführung zum Thema Aluminiumhalbzeug. Vortrag auf der Tagung „Aluminium im Konstruktiven Ingenieurbau" am 25./26. März 1999 an der Fachhochschule München, FB 02 Bauingenieurwesen/Stahlbau.
[43] Aluminium-Taschenbuch, 14. Auflage. Aluminium-Verlag, Düsseldorf 1988.
[44] Gitter, R.: Aluminium-Strangpreßlegierungen im konstruktiven Ingenieur-, Maschinen- und Apparatebau. Aus Aluminium in der Praxis – Aluminium in Practice. Stahlbau-Spezial (Sonderheft). Herausgeber: D. Kosteas. Ernst & Sohn, Berlin 1998.
[45] Kosteas, D.; Meyer-Sternberg, M.: Hilfsmittel für die Bemessung von Aluminiumkonstruktionen. Aus Aluminium in der Praxis – Aluminium in Practice. Stahlbau-Spezial (Sonderheft). Herausgeber: D. Kosteas. Ernst & Sohn, Berlin 1998.
[46] Mazzolani, F. M.: Bemessungsgrundlagen für Aluminiumkonstruktionen. Aus Aluminium in der Praxis – Aluminium in Practice. Stahlbau-Spezial (Sonderheft). Herausgeber: D. Kosteas. Ernst & Sohn, Berlin 1998.
[47] Fick, K.: Konstruktionsbeispiele für Aluminium in Deutschland – Bauwesen. Aus Aluminium in der Praxis – Aluminium in Practice. Stahlbau-Spezial (Sonderheft). Herausgeber: D. Kosteas. Ernst & Sohn, Berlin 1998.
[48] Valtinat, G.: Nichtlineare Momenten-Krümmungs-Beziehungen und plastische Momente von Aluminium-Profilen. Aus Aluminium in der Praxis – Aluminium in Practice. Stahlbau-Spezial (Sonderheft). Herausgeber: D. Kosteas. Ernst & Sohn, Berlin 1998.
[49] Soetens, F.: Design of Welded Aluminium Connections. Aus Aluminium in der Praxis – Aluminium in Practice. Stahlbau-Spezial (Sonderheft). Herausgeber: D. Kosteas. Ernst & Sohn, Berlin 1998.

[50] Nethercot, D. A.: Balken und druckbeanspruchte Bauteile – Beams and Compression Members. Aus Aluminium in der Praxis – Aluminium in Practice. Stahlbau-Spezial (Sonderheft). Herausgeber: D. Kosteas. Ernst & Sohn, Berlin 1998.
[51] Bulson, Ph.: Zur Stabilität von Platten – The Stability of Plates. Aus Aluminium in der Praxis – Aluminium in Practice. Stahlbau-Spezial (Sonderheft). Herausgeber: D. Kosteas. Ernst & Sohn, Berlin 1998.
[52] Gitter, R.: Bauen mit Aluminium – Die neue DIN 4113-3 mit der neuen Herstellerqualifikation (Erläuterung zum Entwurf). Manuskript 1999
[53] E-DIN V 4113-3: Aluminiumkonstruktionen unter vorwiegend ruhender Belastung – Ausführung und Herstellerqualifikation. Vornorm. vom November 2000. Unveröffentlichter Entwurf aus dem DIN-Ausschuß 08.07.00 des NABau. 1999
[54] Peköz, T.: First Aluminum Design Workshop. 13./14. Oktober 1997. Cornell University, Ithaka, USA
[55] Peköz, T.: Second Aluminum Design Workshop. 11./12. Oktober 1999. Cornell University, Ithaka, USA
[56] Simon, V.: Planen, Konstruieren & Bauen mit statischen Gebäudestrukturen aus Aluminium. Vortrag auf der Tagung „Aluminium im Konstruktiven Ingenieurbau" am 25./26. März 1999 an der Fachhochschule München, FB 02 Bauingenieurwesen/Stahlbau.
[57] Maier, P. (PLM): Modulares Bauen – Fkexibler Einsatz. Vortrag auf der Tagung „Aluminium im Konstruktiven Ingenieurbau" am 25./26. März 1999 an der Fachhochschule München, FB 02 Bauingenieurwesen/Stahlbau.
[58] Dambach-Konstruktionsentwicklungen für Autobahnschilderbrücken aus Aluminium.
[59] Gitter, R.: Bemessung von Schweißverbindungen nach EC9: Vergleichende Untersuchungen für den Nachweis WEZ. Unveröffentlichter Bericht, 2001.
[60] Soetens, F.: Antrittsvorlesung als Professor für das Fachgebiet „Aluminium im Konstruktiven Ingenieurbau" an der Technischen Universität Eindhoven. Eindhoven, Niederlande, am 3. Mai 1996
[61] Schneider, U.; Bruckner, H.; Bölcskey, E.: Aluminium/Glas. Baustoffe und ihre Anwendungen, Band 1. Springer Wien–New York, 2002 (dort weitere Literatur)

Stichwortverzeichnis

Abminderungsbeiwert $\varkappa_{WEZ}$ 37 f., 43
Abminderungsbeiwert ρ_{WEZ} 26, 27, 90, 117
Abscherquerschnitt 97
abstehende Querschnittsteile 81, 86
Achse
– schwache 89
– starke 88
Aluminium-Bauwerke 129 ff.
Aluminium-Brücken-Systembau 128 ff.
Aluminium-Gußlegierungen 19
Aluminium-Legierungen 5, 8
Aluminium-Profile, multifunktionale 121 ff.
Aluminium-Strangpreßprofile 124
Anschluß
– geschraubter 36
– geschweißter 35
Anwendungsfelder 1
Augenstab 104 f.
Ausbeulen 82

Bauteil, dünnwandiges 82
Bauteile 35
– mit Längsnähten 139 ff.
– mit Quernähten 141
Beanspruchungszustand, kombinierter 86
Belastung, kombinierte 84
Bemessungsgleitwiderstand 96
Bemessungskonzept 30
Bemessungslasten, Bemessungsmoment 32, 42, 84
Bemessungsschnittgrößen 84
Bemessungswiderstand 32, 85, 87
Berechnung und Bemessung 29
Berechnungsnormen 2
Bernoulli-Hypothese 46
Beulen 44 ff.

Beulform, Knotenlagen 82
Beulwellenausdehnungen 82
Biegedrillknicken 70 f., 76, 79, 83
Biegeknicken 76, 82 ff.
Biegemoment, inneres 152
Biegequerschnitt, nicht lineare Spannungsverteilung 146
Biegestäbe, Tragsicherheit 38
biegesteifer Stirnplattenanschluß 114
Biegesteifigkeit 119, 120
Biegeträger, geschweißt
– Normalspannungsnachweis 139
– Schubspannungsnachweis 140
Biegeträgerstoß mit Pflaster 142
Blech
– ausgesteiftes 82
– randverstärktes 82
– sickenverstärktes 82
block shear 102
Brückenbau 128

charakteristische Werte der 0,2-Grenze für die WEZ 26
charakteristische Werte der Festigkeit 9, 10, 11, 26
chemische Bezeichnung 8

Dauerhaftigkeit 8, 19
Dehnungsbegrenzungen, maximale 39 f., 155, 160, 161
Dicken, effektive 89
Druckstäbe 59 ff.
– ohne Knickgefahr 38
– planmäßig außermittig belastete 62, 76
– planmäßig mittig belastete 73, 75
Duktilität, plastische 91
Duktilitätsforderung für Zugstäbe 36
dünnwandige Querschnitte 41, 45

Eigenschaften von Aluminium 1, 7,
Eigenschaftenvergleich 121
Einbrand 106
Einbrandkerbe 118
eingespannte Stützenfüße 144
Einschraubenverbindung 95
Einwirkungen 32
elastische und plastische Grenzlast 42 f.
elastische und plastische Querkraft 38 f.
elastischer und plastischer Widerstand 44, 61
elastisches und plastisches Grenzmoment 38, 40 ff., 155
Elastizitätsmodul 7, 18, 25, 99, 152
Eulerknicklast 74
Europäische Grundnormen 3
experimentelle σ-ϵ-Linien 147 ff., 154

Fachwerkknoten, geschweißte 135
Fachwerkträger, geschweißte 135
Festigkeit, Plastizierungsvermögen, Steifigkeit 92
Festigkeitsgrenze $f_{u,WEZ}$ in der Kehlnaht 118
Festigkeitsgrenze f_w in der Schweißnaht 111 ff.
Festigkeitsklasse von Schrauben 97
Flächenpressungen 98
Fließgelenktheorie 40
Fließgrenzenrelation ϵ 81
Fließzonentheorie 40 f.
Fußplatten, angeschweißte 144

0,2-Grenze 7, 9 ff., 20, 21, 26, 93, 152
0,2-Grenze $f_{0,2\ WEZ}$ in der WEZ 25, 26, 27, 115 ff., 152
Gebrauchstauglichkeit 29 ff.
geschweißte Aluminium-Bauwerke 129 ff.
geschweißte Querschnitte 54, 55
geschweißter Biegeträger, Normalspannungsnachweis 139
geschweißter Biegeträger, Schubspannungsnachweis 140

Gewichtsreduzierung 119, 120
Gewichtsvergleich Aluminium–Stahl 119
Gewindequerschnitt 96
Gleitgrenze einer vorgespannten Schraube 96
Grenzdehnungen 161
Grenzdurchbiegungen 160
Grenzfestigkeit, charakteristische 111 ff.
Grenzgleitkräfte 100
Grenzlast 42 f.
Grenzlochleibungskraft 103
Grenzmoment 38, 40 ff., 155
GVP-Verbindungen 93
GV-Verbindung 93

Härteverlauf 153
HAZ-Querschnitt 55
Hohlquerschnitt 83, 88
HV-Schrauben 93, 98

Interaktionsformel, -gleichungen 83 ff.
Interaktionsnachweis 69 f., 77, 79

Kehlnähte 107
Kippspannung 72 f.
Klasseneinteilung der Querschnitte 41, 81
Klassifizierung der Querschnitte 41, 81
Kleben 27
Knickbeiwert $\varkappa$ 83, 88
Knickbeiwert ω 72
Knickspannungskurven, europäische 74
Kombinationsfaktoren 30 ff.
kombinierte Beanspruchungen bei Schweißnähten 114
Konstruktionsraum 119, 120
Kontaktflächen 93
Kontaktflächenvorbereitung 99
Kontaktkraft 101
Korrosionsfestigkeit 5
Kraftübertragung
– in Richtung der Schraubenachse 97

Stichwortverzeichnis

– in Verbindungen 92
– senkrecht zur Schraubenachse 96
lange Schraubenanschlüsse 101
Langzeitwirkungen 98
lichte Breite 81
lineare Spannnungsverteilung 81
Lochabstände 94
Lochleibungsbeanspruchbarkeit 96

Material
– ausgehärtetes 84
– geschweißtes 84
– ungeschweißtes 84
– warm ausgehärtetes 84
Materialgesetze für Grundmaterial, WEZ und Schweißnähte 24, 25
mechanische Werkstoffkennwerte 152
MIG-Schweißung 25, 90, 106, 110
MIG-Schweißverfahren 25, 90, 106, 110
Mindestfestigkeit, Mindestzugfestigkeit 9 ff., 26
Mindestzugdehnung, Bruchdehnung 9 ff., 20
Modul-Bauweisen 125 ff.
Momenten-Krümmungs-Beziehungen, nicht lineare 52 ff., 145
Momenten-Verkrümmungs-Beziehung 46, 51, 67
Momentenverläufe in geschweißten Biegeträgern 156 ff.

Nahtdicke, wirksame 110, 113, 118
Nahteinbrandkerbe 118
Nahtübergangsstelle 118
Nahtvorbereitung 107
Nietverbindungen 95
Normalspannung
– parallel zur Nahtrichtung 112, 114
– rechtwinklig zur Nahtrichtung 112, 114
Normal-, Schub-, Vergleichsspannung 43, 111, 113

Paßschrauben 93
planmäßig außermittig belasteter Druckstab 62, 76
planmäßig mittig belasteter Druckstab 73, 75
plastische Eindrücke 98
plastischer Formbeiwert α_{pl} 40, 44, 47 ff.,
plastisches Moment M_{pl} 155
Plastizierungsvermögen, Steifigkeit, Festigkeit 92
Produktformen 8

Querkraft 38 f.
Querkraftanschluß 103
Querschnitte, Klassenzuordnung 41, 81, 84
Querschnittselemente 84
Querschnittsreduktion 41, 45, 84 ff.
Querschnittsteile
– abstehende 81, 86
– innere 81
Querschnittswerte, effektive 84 ff.

Ramberg-Osgood-Gesetz 12 ff., 47, 147 ff.
Randabstände 94
Randdehnung, Randstauchung, Randspannung 46, 62 f.
Randfaserdehnung, Randfaserstauchungen 62 f.
Rechteckhohlprofil 82, 84
Rechnungsgang I 69
Rechnungsgang II 70
Reduktionsbeiwert ρ_c 87
Reduktionsbeiwert ρ_{WEZ} 87, 90, 117
Reibbeiwert μ 93, 98, 99 ff.
Reibflächenvorbereitung 99
Reparaturschweißung 107

Sandwich-Querschnitt, stegloser Querschnitt 62, 64 f., 67
Schaftquerschnitt 96
Scherbeanspruchbarkeit 96

Scherfuge 96
Scherspannung
– parallel zur Nahtrichtung 112
– rechtwinklig zur Nahtrichtung 112
Scherverbindungen 95
Schlankheit 67, 76
– dimensionslose 83, 88
Schlankheitsparameter β 81
Schrägstöße 141
Schrauben 20, 21
– aus Aluminium 21
– aus nichtrostendem Stahl 21
– aus Stahl 21
Schraubenlöcher, versetzte Anordnung 94
Schraubenverbindungen, kombinierte Beanspruchungen 98
Schweißbadsicherung 125
Schweißnahtdicke a 113
Schweißnähte 4, 109
Schweißnahtkanten 107, 110, 125
Schweißnahtwurzel 108
Schweißung, Reduktionsfaktor infolge von 27, 82
Schweißverbindungen 106
– Bemessungsschnittgrößen 112
– Bemessungswiderstand 111
Schweißverfahren 106, 107
Schweißzusatzwerkstoffe 22, 23, 110 ff.
Sekantenzug
– dreiteiliger 12 ff., 59 f.
– zweiteiliger 12 ff.
SLP-Verbindungen 93
SL-Verbindung 93
Spannungs-Dehnungs-Gesetz 13 ff., 60, 63, 65
Spannungsverteilung, Rand-, Randfaserspannung 47 f., 55 f.
Steganschluß 115
Steifigkeit, Festigkeit, Plastizierungsvermögen 92, 119 ff.
Stirnplattenverbindung 101
Stirnplattenanschluß, biegesteifer 114

Stoßlaschen 92
stranggepreßte Profile 107, 124
Stumpfnähte 107

Teilsicherheitsbeiwert γ_M 91
Teilsicherheitsbeiwert γ_F 30 ff.
Temperaturausdehnungskoeffizient 7, 99
Tiefeinbrand bei einer Schweißnaht 113
Tiefeinbrand, Elektrode 113
Tiefeinbrandelektrode, Verfahrensprüfung 113
Torsionssteifigkeit 119, 120
Tragfähigkeit
– auf Ausknicken 83
– Beschränkungen der 160
Tragsicherheit, Grundlagen der 29 ff.
TRELEMENT-Bauweise 125 ff.

Überfestigkeiten 91, f.

Verbindungen 91 ff.
– mit verminderter Festigkeit 92
– unter Bemessungslast 96
– unter Gebrauchslast 96
– Eingenschaften der 92
– Einteilung der 92
– genietete 93
– geschraubte 93
– Keder- 122, 123
– Kraftübertragung in 96
– Steck- 122
– teilweise tragfähige 92
– tragende 91
– vollsteife, volltragfähige 92
Verbindungsmittel 19
Vergleichswert σ_c bei Schweißverbindungen 112 f.
Verkrümmung $\varkappa$ 55, 64
Versagenszustände bei Zugstäben 35
Völligkeit φ 48
Völligkeitskoeffizient β 51, 81
Völligkeitsmethode 46

Stichwortverzeichnis

vollplastisches Grenzmoment 38, 40 ff., 155
Vorspannung, planmäßige 93

Wärmeeinflußzone WEZ 4, 22, 90, 108 ff.
– Ausdehnung der 110
Werkstoffe Aluminium 4
Werkstoffgesetze 12
Werkstoffnummern 8
Wert β 51, 81
WEZ-Abminderungsfaktoren 25, 27
WEZ-Bruchlagen in der Nähe einer Schweißnaht 118

Widerstand 44, 61
– innerer 63, 67
WIG-Schweißverfahren 25, 106 f., 110
Wolfram-Elektrode 106

Zugfestigkeit 9, 10, 11, 20 f
Zugstab mit Längsnähten 136 ff.
Zugstäbe 35
Zugverbindungen 94
– nicht vorgespannte 94
– vorgespannte 94
zweiachsige Biegung 83
Zwei-Material-Querschnitt 54 f., 137